Franz Lampeitl

Bienen halten

Franz Lampeitl

Bienen halten

7., aktualisierte Auflage

83 Farbfotos
66 Zeichnungen

Ulmer

Inhaltsverzeichnis

Vorwort

Die Bienenhaltung meines Vaters unterschied sich in meiner Kindheit wesentlich von der Imkerei, die meine Frau und ich heute betreiben. Damals gehörten Bienenvölker genauso zum Bauernhof wie Kühe, Pferde, Schweine, Schafe, Hunde und Katzen. Trotzdem nahmen Bienen eine Sonderstellung ein, an der es nichts zu rütteln gab. Entdeckte man einen Schwarm, der am Baum hing, so wurde er unverzüglich geschöpft, sogar noch vor dem Einfahren einer Ladung Heu, und selbst wenn ein Gewitter am Himmel stand. Erst wenn die Völker reichlich mit Winterfutter versorgt waren, konnte nach und nach Ruhe auf dem Hof einkehren. Der Reinigungsflug im Februar oder März war für alle ein besonderes Ereignis, ebenso der Tag, an dem Honig geschleudert wurde. Man war sich bewusst, dass die Natur ohne Bienen eine Veränderung erfahren würde, die für Mensch und Tier das Versiegen mancher Nahrungsquelle zur Folge hätte. Deshalb war man auch dankbar – am Erntedankaltar in der Kirche durfte Honig nicht fehlen.

All dies und eine angeborene Liebe zu Bienen haben mich von Kindheit an bewegt. Bei der Vertreibung aus der Tschechoslowakei im Jahre 1945 konnte ich als zwölfjähriger Junge es lange nicht verwinden, auch die Bienenvölker verloren zu haben. So war es nur eine Frage der Zeit, bis ich eigene Völker bewirtschaften und meine Neigung zum Beruf machen konnte. Als Imkermeister und Bienenzuchtberater im Regierungsbezirk Stuttgart musste ich mich ständig mit Fragen der Bienenhaltung auseinandersetzen. Auch als langjähriger, erfahrener Imker erlebt man beim Umgang mit Bienenvölkern immer wieder Dinge, die sich anders zeigen, als man vorausgeschaut oder berechnet hatte.

Imkerschulung in der Praxis. Hier beim Weissacher Imkertag 1995.

Bienenhaltung wird trotz aller Routine nie langweilig. Da die Lebensläufe im Bienenvolk vom Geschehen in der Natur abhängig sind, sieht und erfährt der Imker viele Zusammenhänge im Naturhaushalt aus allernächster Nähe.Wer ein echtes Verhältnis zur Natur und etwas für die praktische Bienenkunde übrig hat, wird sein Leben lang die Bienen nicht mehr aus den Augen lassen. Dabei wird er weniger vom Einzelinsekt als von der geradezu vorbildlich funktionierenden Lebensgemeinschaft des Volkes gefesselt sein.

In Verbindung mit dem praktischen Erfolg als Imker ist der Umgang mit Bienenvölkern und ihre Haltung nicht nur eine sinnvolle Nebenbeschäftigung, sondern eine der Allgemeinheit zugutekommende Arbeit. Nur durch jahrelangen praktischen Umgang mit Bienenvölkern konnte dieses Buch entstehen. Es ist gezielt auf den Anfänger zugeschnitten, um ihm die wichtigsten Grundkenntnisse zu vermitteln. Nach drei Neuauflagen wurde die im Jahr 1995 erschienene 4. Auflage ergänzt und vor allem mit neuen Daten und Zahlen versehen, sodass der angehende Imker es weiterhin als verlässliche Hilfe beim Aufbau einer Imkerei und Wegbereiter bei der Betreuung seiner Bienenvölker nutzen kann.

Besonders die der Natur angepasste Bienenhaltung, die mir von Anfang an ein Leitmotiv ist, hat im letzten Jahrzehnt zusätzliche Bedeutung gewonnen. Bei 5. Auflage wurden aktuelle Erkenntnisse eingearbeitet. So werden die Haltung von Bienenvölkern in Dadant-Beuten, die in der Praxis immer mehr Anhänger findet, in mehreren Kapiteln beschrieben und Fragen zu damit zusammenhängenden Betriebsmitteln und Bienenrassen behandelt, aber auch kritisch betrachtet.

Im Jahr 2006 war es für mich Ansporn, die 6. Auflage zu überarbeiten und mit Erkenntnissen zur Bekämpfung der Varrose zu bereichern. Dabei musste ein Weg gefunden werden, eine sichere Reduzierung des Milbenbefalls in den Völkern herbeizuführen und gleichzeitig zu garantieren, dass Wabenmaterial und damit der Honig frei von Rückständen des Behandlungsmittels bleibt. Der Honigkunde hat ein Recht darauf. Die Praktizierung des Kunstschwarmverfahrens, das in einem zugefügten Kapitel ausführlich beschrieben wird, zeigt diesen Weg auf.

Auch in der nun vorliegenden 7. Auflage ist von einer der Natur angepassten, praxisbezogenen und damit erfolgreichen Bienenhaltung – gerade in dieser schwierigen Zeit – nicht abgewichen worden. Neue Erkenntnisse und Informationen sind dazugekommen, ohne die Gültigkeit dieser Art der Bienenhaltung infrage zu stellen.

Danken möchte ich meiner Frau Edeltraud, meinem Sohn Hubert, Frau Denise Wiedmann und Frau Dr. Eva-Maria Götz für die Bemühungen, ein passendes Titelbild herzustellen.

Franz Lampeitl
Weissach-Flacht

Die Bedeutung der Biene im Naturhaushalt

Im Jahr 1793 hat der Berliner Rektor Christian Konrad Sprengel (1750–1860) in seinem Buch „Das entdeckte Geheimnis der Natur im Bau und in der Befruchtung der Blumen“ nachgewiesen, dass viele Pflanzen nicht in der Lage sind, aus eigenem Vermögen eine Befruchtung herbeizuführen und dass dazu bei bestimmten Arten Insekten notwendig sind. Der Theologe und Philologe Sprengel, der als Naturwissenschaftler damals nicht anerkannt wurde, hat vermutlich als Erster die Bedeutung der Bienenhaltung für den Fortbestand der Natur und damit für die Allgemeinheit erkannt. Goethe ahnte dies wohl, als er 1794 das Gedichtchen schrieb:

„Ein Blumenglöckchen vom Boden hervor,
war fein gesprosset im lieblichen Flor,
da kam ein Bienchen und naschte fein,
die müssen wohl beide für einander sein.“

Es blieb dem Engländer Darwin vorbehalten, den Forschungen Sprengels ein halbes Jahrhundert nach dessen Tod im Jahr 1816 den ihnen gebührenden Platz in der Geschichte naturwissenschaftlicher Entwicklungen einzuräumen. In der Zwischenzeit haben sich diese Erkenntnisse allgemein durchgesetzt.

Selbstbestäubung, Fremdbestäubung

Um eine Frucht entstehen zu lassen, aus der eine Pflanze gleicher Art heranwachsen soll, muss die Übertragung des männlichen Samens (Pollen) auf die weiblichen Geschlechtsteile der Blüte (Narbe) erfolgen. Dies nennt man Bestäubung, wobei zwischen der Selbstbestäubung bei selbstfruchtbaren und der Fremdbestäubung (durch Wind,

linke Seite: Ohne einen gut funktionierenden Raucher öffnet man kein Bienenvolk.

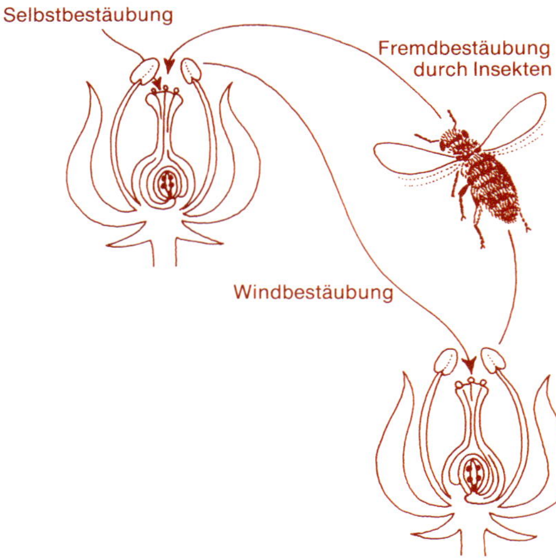

Die drei Bestäubungsarten.

Insekten) bei selbstunfruchtbaren Pflanzen zu unterscheiden ist.
Bei den Pflanzen der erstgenannten Kategorie, wie Bohnen, Erbsen, einige Sorten der Sauerkirsche, braucht die Narbe nur den eigenen Pollen aufzunehmen. Damit wären diese Pflanzen für unsere Betrachtung uninteressant, wenn nicht inzwischen festgestellt worden wäre, dass sich auch bei ihnen intensiver Insektenflug ertragssteigernd auswirkt. Bei der Fremdbestäubung wird Pollen von dem einen Exemplar zu einem anderen der gleichen Art oder Varietät übertragen. Dies geschieht bei manchen Pflanzen durch den Wind (Windblütler), bei der Mehrzahl durch Insekten (Insektenblütler), bei einigen auch durch Fledermäuse oder Vögel.

Gut zu wissen

Rund 80 % unserer Pflanzen sind auf eine Blütenstaubübertragung durch Insekten angewiesen. Sie bringen durch Bienenbeflug bessere Ernten in Qualität und Quantität. Das sind vor allem

- *Obstsorten wie Apfel, Birne, Pflaume, Zwetschge, Kirsche, auch Stachelbeere, Himbeere und Brombeere,*
- *landwirtschaftliche Kulturpflanzen wie Raps, verschiedene Kleearten, Gurken, Kürbis und Mohrrüben,*
- *Sonnenblumen, Schlehen, Weißdorn und viele Wiesenblumen.*

Windblütler, Insektenblütler

Im mitteleuropäischen Raum kann davon ausgegangen werden, dass 20 % der vorkommenden Pflanzen Windblütler sind. Bekannte Vertreter sind sämtliche Getreidearten wie Weizen, Gerste, Hafer und Roggen, unter den früchtetragenden Gehölzen die Hasel und Walnuss. Auch von den Windblütlern sammeln die Bienen Pollen, oft sogar reichlich, beispielsweise beim Mais.

Würden die Insekten diesen Pflanzen fernbleiben, so wäre der Ansatz zur Ausbildung von Früchten oder Samen nicht möglich oder sehr gering. Unter den für eine Bestäubung infrage kommenden Insekten nimmt die Biene eine ausschlaggebende Rolle ein.

Ein ganzes Volk sammelt

Im Gegensatz zu den Hummeln, bei denen nur die Königin überwintert, stehen bei der Honigbiene durch die Überwinterung als ganzes Volk vom zeitigen Frühjahr an sehr viele Einzelexemplare zur Bestäubung zur Verfügung. Ein normal ausgewintertes Volk wird etwa 4000 bis 5000 Flugbienen stellen können. Wenn auch im Vergleich dazu die Bestäubungsleistung der Hummelkönigin als Einzelinsekt größer ist, wird dieser Vorsprung durch die Masse der Bienen mehr als ausgeglichen.

Blütenstetigkeit

In diesem erfolgreichen Konkurrenzkampf kommt der Honigbiene eine weitere besonders ausgeprägte Eigenschaft zustatten: Blütenstetigkeit. Das heißt, eine Flugbiene, die eine Blütenart angeflogen hat, besucht sie so lange, bis sie verblüht ist und damit keine Nahrung mehr bietet. Nach Zander (zit. in Jacoby 1964) unterscheidet man sowohl Art- wie Farbenstetigkeit. Fliegt eine Biene zum Beispiel einen Kirschbaum an, wird sie diese Blüte auch in der Umgebung des zuerst beflogenen Baumes so lange befliegen, wie sie Nahrung darauf findet.

Die Blütenstetigkeit der Honigbiene beträgt nach Zander (in Jacoby 1964) bis zu 41 %. Dies wurde von Maurizio und Kollmann (Jacoby 1964) durch Untersuchungen der Pollenhöschen von Bienen bestätigt. Danach wurden nur 0,3 % Mischhöschen, darunter vereinzelt solche mit drei verschiedenen Pollenarten aus Raps, Hahnenfuß und Löwenzahn, gefunden. Nach Büdel / Herold (1960) enthalten dagegen 40 % aller eingetragenen Pollenhöschen bei Hummeln mehr als eine Pollenart. Das heißt, auf dem gleichen Trachtflug wird Pollen mehrerer Arten gesammelt; das heißt, eine intensive Bestäubung ist so nicht möglich. Bei der gleichen Untersuchung belief sich der Anteil der Mischhöschen bei der Honigbiene auf nur 1,5 bis 3 %.

Ortsstetigkeit

Darunter versteht man die Eigenart der Honigbiene, sich bei der Sammeltätigkeit auf einen begrenzten Raum zu beschränken. Er umfasst nicht mehr als 100 m² (Jacoby 1964). Dies kann man beobachten,

Bienenvölker im Raps.

Die Biene auf einer Himbeerblüte.

Fruchtbildung nach erfolgter Bestäubung.

wenn raubenden Bienen das beraubte Gut, beispielsweise Honigwaben, weggenommen wird: Sie suchen noch stundenlang an gleicher Stelle und in der näheren Umgebung weiter. Die Größe des Sammelareals ist von der Ausgiebigkeit und der Attraktivität der beflogenen Pflanzenart abhängig; je besser die Trachtquelle, umso enger begrenzt bleibt das Sammelareal (Büdel und Herold 1960).

Die Ortsstetigkeit kann sich auf den Bestäubungserfolg der Honigbiene positiv und negativ auswirken. Stehen im Sammelarial genügend sich gegenseitig bestäubungsfähige Sorten, beispielsweise in Obstpflanzungen, wird eine intensive Bestäubung erreicht. Bei zu einseitiger Bepflanzung ist dies weniger der Fall.

Bestäubungsleistung der Honigbiene

Gerade in einer Zeit da einzellebende Insekten durch Umwelteinflüsse immer stärker im Rückgang sind, kommt es darauf an, dass eine höchstmögliche Anzahl von Bienenvölkern für die Blütenbestäubung vorhanden ist. Ihr Anteil an der Bestäubungsarbeit beträgt etwa 80 bis 90 %, Bienen sind unentbehrlich.

Bei Nutzpflanzen

Ungenügende Bestäubung verursacht nicht nur bei vielen landwirtschaftlichen Kulturpflanzen Ertragseinbußen, sondern führt auch zur Ausbildung einseitiger Früchte, die eine Qualitätsminderung darstellen.

Auch beim Raps wird durch intensiven Bienenflug nicht nur der Samenertrag pro Bodenfläche, sondern auch die Länge der einzelnen Schoten, die Körnerzahl pro Schote, die Keimfähigkeit und das 1000-Korn-Gewicht erhöht (Büdel / Herold 1960). Aufschlussreich sind die Ergebnisse eines Versuches von 1975 mit Schattenmorellen: Bei Bäumen mit Bienenbeflug wurden Ernten von 16,8 kg je Baum erzielt, ohne nur 3,75 kg (Drescher und Engel 1976). Ähnlich bei der Birnensorte „Köstliche von Charneux“. Mit Bienenflug betrug die Ernte je Baum 156 kg, ohne nur 45 kg (Steche 1959).

Als Anhaltspunkt für den Wert, den Bienen durch ihre Bestäubungsleistung jährlich mit schaffen, mag der Erzeugerpreis für Obst und Beerenfrüchte in der Bundesrepublik Deutschland im Jahr 1980 genannt werden: über 1 Milliarde € (AID 290)! Der Wert des Honigs lag dagegen nur bei rund 50 Millionen € (AID 323).

Eng mit der Bestäubungsleistung verknüpft ist der Sammeleifer der Flugbienen und die Leistung beim Blütenbesuch. Fliegt eine Biene an einem Trachttag im Durchschnitt zehnmal aus und besucht jedes Mal nur 20 Blüten, ergibt dies 200 Blüten / Tag. Ein Volk im Mai / Juni mit etwa 30 000 Arbeitsbienen wird rund 10 000 Flugbienen ausschicken können. Dieses Volk kann somit pro Tag zwei Millionen Blüten aufsuchen und bestäuben – eine wahrlich enorme Leistung.

Einfluss von Witterung und Entfernung

Zur Hauptblütezeit im Frühjahr herrscht im mitteleuropäischen Raum sehr oft wechselhaftes Wetter, das den intensiven Bienenflug wesentlich beeinflusst. Bei Temperaturen unter 10 °C und bedecktem Himmel wird kaum eine Biene ausfliegen. An windstillen Tagen mit Abwechslung zwischen Eintrübung und Sonnenschein dagegen bewirkt eine Steigerung der Lichtintensität vermehrten Bienenflug. Lichtdämpfung durch heraufziehende Wolken veranlasst die Flugbienen sofort zur Heimkehr. Windiges, gar stürmisches Wetter hemmt den Bienenflug.

Bei wechselhaften Wetterlagen spielt die Entfernung der zu bestäubenden Pflanze vom Bienenvolk eine wesentliche Rolle. Gesicherte Bestäubung wird bei Entfernungen bis zu 800 m erreicht. Über größere Strecken wird die Bestäubungsleistung wegen vermindertem oder ausbleibendem Bienenbeflug nicht mehr so effektiv sein, und zwar umso eher dann, wenn attraktive Pflanzen in unmittelbarer Nähe der Völker stehen. Blüten- und Ortsstetigkeit fixieren die Bienen auf die Trachtpflanzen in ihrer unmittelbaren Umgebung.

Voraussetzungen für eine gesicherte Bestäubung

Da die Biene, im Gegensatz zu wild lebenden Insekten, vom Menschen in gewissem Sinne geführt und gelenkt werden kann, ist es möglich, gute Voraussetzungen für die Bestäubung zu schaffen. Eine solche Maßnahme ist die Aufstellung von Bienenvölkern in oder in unmittelbarer Nähe der

Gut zu wissen

Größe und Qualität der Früchte hängt von der Kennzahl ab, das heißt, je besser die Blüten bestäubt wurden, desto größer und gehaltvoller wachsen die Früchte heran. Im modernen Obstbau ist dies von großer Bedeutung.

Bei Wildpflanzen

Die Bestäubungsleistung der Honigbiene trägt wesentlich dazu bei, dass viele unserer Wildpflanzen in der Natur und ebenso zahlreich die Blütenpflanzen in den Hausgärten durch Samen- und Fruchtbildung erhalten bleiben und damit beispielsweise den Vögeln eine Nahrungsgrundlage bieten.

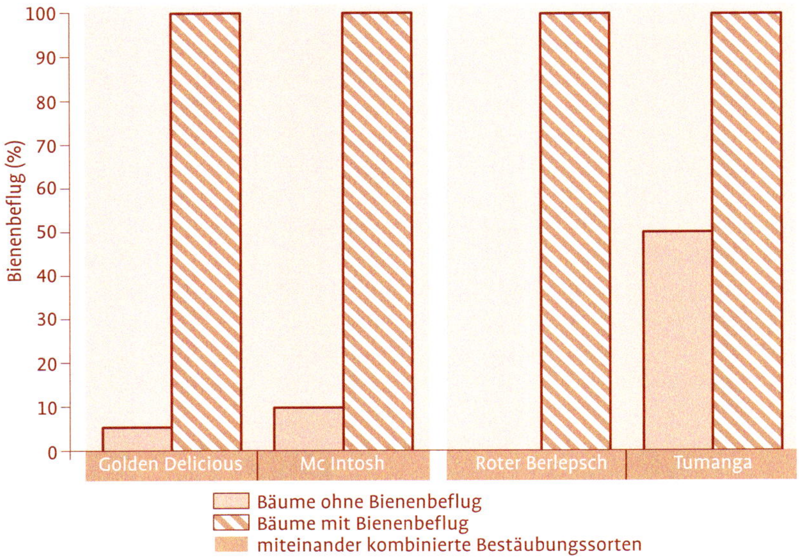

Einfluss der Bienenbestäubung auf den Ertrag von Apfelsorten. (Quelle: DIB, nach Lampeitl und Schwarz)

zu bestäubenden Kulturen. Die Wanderung mit Bienenvölkern in Obstanlagen und Rapskulturen nützt Obstbauer, Landwirt und Imker.

Versuche des Regierungspräsidiums Stuttgart (1973 – 1977) an unterschiedlichen Orten zeigten, dass bei heimischen Apfelsorten mit intensivem Bienenbeflug eine Ertragssteigerung von bis zu 91 % möglich ist. In verschiedenen Versuchsanordnungen führte der Ausschluss der Bienen bei der Bestäubung zu Missernten bei den in die Anordnung einbezogenen Bäumen.

In Deutschland nahm die Herbstaussaatfläche an Winterraps bis 2005 gegenüber 1980 um 16 % zu, in Baden-Württemberg sogar um 40 %. Dort standen 2005 rund 70 000 ha Winterraps den Bienenvölkern zur Trachtnutzung zur Verfügung.

Die Praxis geht davon aus, dass in Intensivobstanlagen pro Hektar zwei Völker mit mindestens acht bienenbesetzten Zanderwaben ausreichen. Dabei ist gelockerte Aufstellung einer Massierung vorzuziehen, vor allem bei anhaltenden Schlechtwetterperioden. Windgeschützte Plätze zwischen den Baumreihen oder direkt in den Rapsfeldern erhöhen die Flugaktivität der Bienen.

Bei Wanderungen: Vor oder zur Blüte aufstellen?

- Völker, die vor Blühbeginn in die Kulturen gestellt werden, suchen sich anderenorts Nahrung. Ein Befliegen der zu bestäubenden Kulturpflanzen wird nicht sogleich erfolgen, da die Flugbienen auf andere, eventuell weiter weg liegende Nahrungsquellen eingeflogen sind.

Gut zu wissen

Durch intensiven Bienenflug ist ein durchschnittlicher Mehrertrag an Samen von 53,2 % gegenüber Selbstbestäubung zu erzielen. Solche gesicherten Bestäubungsleistungen sind nur zu erreichen, wenn genügend viele und starke Bienenvölker aufgestellt werden.

- Erfolgt eine Aufwanderung bei Blühbeginn, so finden die ausfliegenden Bienen in ihrer zunächst ungewohnten Umgebung gleich leicht erreichbare Nahrung. Eine intensive Bestäubung ist vom Anfang bis zum Ende der Blüte gewährleistet.

Völker- und Imkerzahlen

Nach wie vor werden im Jahr 2011 in den beiden Bundesländern Baden-Württemberg und Bayern mit 303 000 mehr als die Hälfte der Gesamtanzahl an Bienenvölkern in allen Bundesländern gehalten. Doch überall ist eine rückläufige Tendenz der Völkerzahlen und Imker festzustellen. Die Gründe sind: Überalterung der Imkerschaft, fehlender Nachwuchs, vielerorts mangelnde Absatzmöglichkeiten des Honigs und Probleme mit der Bekämpfung der Varroose.

Weil wir zurzeit in Deutschland sichere Trachtmöglichkeiten haben (Anbaufläche Winterraps: rund 1 470 000 ha, Situationsbericht Deutscher Bauernverband 2011), kann auch der Anfänger mit Erfolgserlebnissen rechnen. Trotzdem hält sich das Interesse an eigener Bienenhaltung in Grenzen, weil beim potenziellen Anfänger oft berufliche Gegebenheiten dem Aufbau einer Bienenhaltung im Wege stehen.

Doch nach wie vor ist unsere Honigbiene für die Bestäubung der Insektenblütler, der Kultur- und Wildpflanzen, verantwortlich und damit auch für den Erhalt unserer Natur. Daher muss von allen beteiligten Stellen alles unternommen werden, um ein weiteres Absinken der Völkerzahlen zu verhindern.

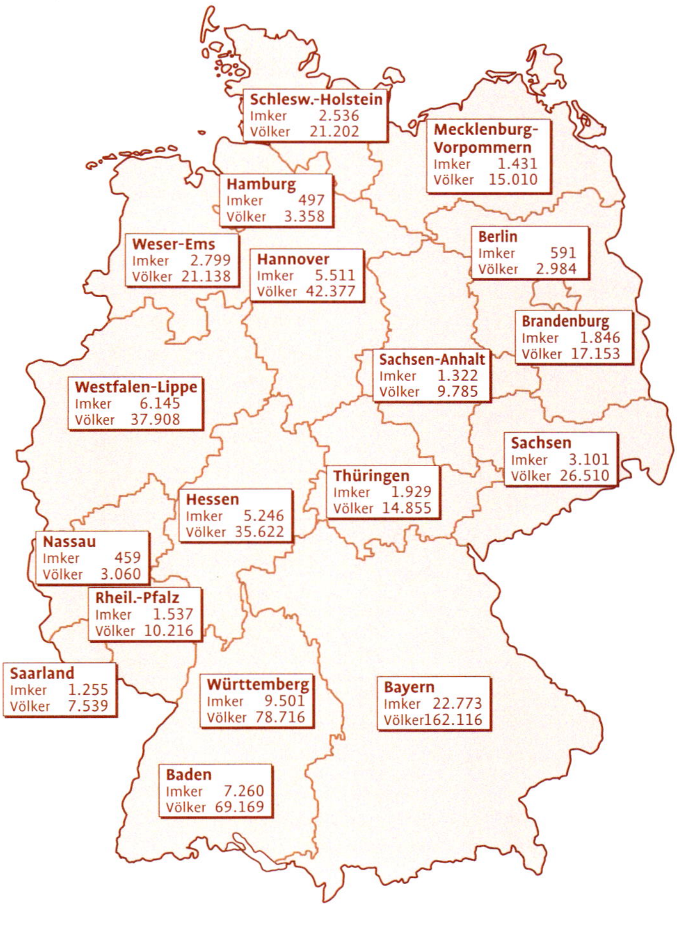

Anzahl der Bienenvölker und Imker in den einzelnen Bundesländern (Quelle: DIB, 2010).

Bau der Honigbiene

Die erwachsene Biene ist nach dem allgemeinen Bauplan der Insekten aufgebaut, mit der Dreiteilung Kopf, Brust (Thorax) und Hinterleib (Abdomen). Als fertiges Insekt (Imago) schlüpft es aus der Zelle. Die geschlüpfte Jungbiene kann und braucht nicht mehr zu wachsen; verhindert wird dies durch den braun gefärbten Chitinpanzer, der den ganzen Körper der Biene umgibt. Er kann mit dem Knochengerüst der

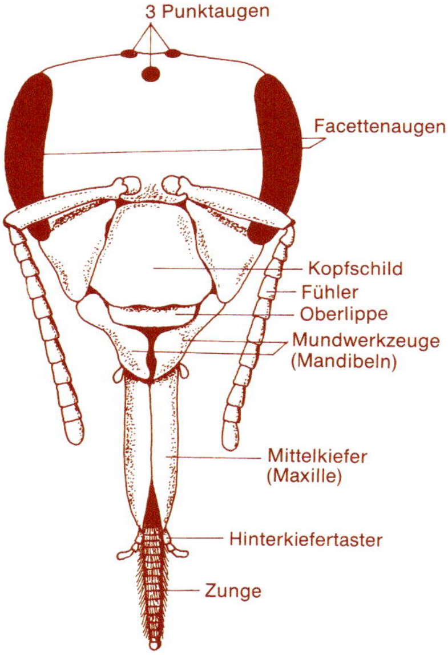

Kopf einer Arbeitsbiene.

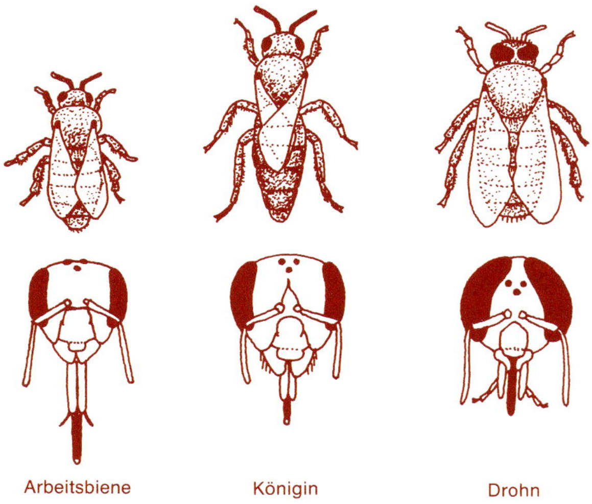

Kopfformen der drei Wesen im Bienenvolk.

Säugetiere verglichen werden, er gibt dem Körper Stabilität. Doch dieses Gerüst finden wir bei den Bienen außen, während es bei den Säugetieren innen liegt und von Muskeln und Haut (Kutikula) umgeben wird. Jeder Körperteil enthält lebenswichtige und notwendige Organe. Nachfolgend werden die Organe behandelt, deren Bau und Funktion der Imker zu einer erfolgreichen Bienenhaltung kennen und verstehen muss.

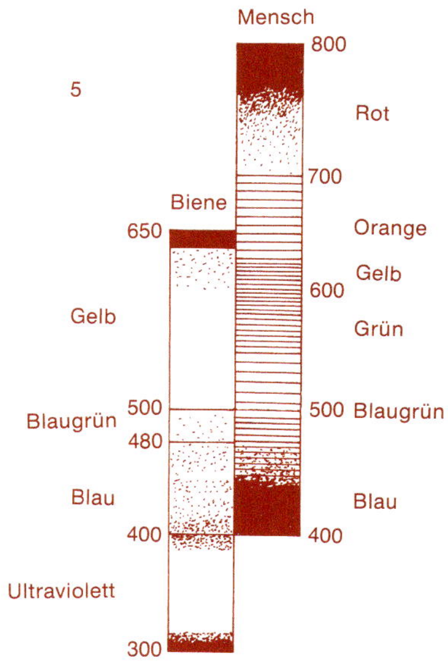

Farbenskala für das menschliche Auge und das Bienenauge. Die Zahlen geben die Wellenlänge in Millionstel eines Millimeters an.

Kopf

Von vorn zeigt sich der Kopf als eine etwa dreieckige Form mit flacher Vorder- und leicht konkaver Rückseite. Mit der Brust ist er durch den schmalen, häutigen, beweglichen Hals verbunden, durch den in das Hinterhauptsloch Speiseröhre, Nerven und Drüsengänge aus der Kopfhöhle in den Körper ziehen. Der Kopf trägt nicht nur Sinnesorgane, sondern auch andere lebensnotwendige Instrumente und Drüsen.

Augen

Hier müssen wir zwischen den beiden Facettenaugen und den drei Punktaugen am Oberteil des Kopfes unterscheiden. Die empfindlichen Punktaugen reagieren auf Lichtreize; dem „Sehen“ hingegen dienen einzig die Facettenaugen. Sie können auch polarisiertes Licht wahrnehmen – sehr wichtig für die Orientierung bei bedecktem Himmel. Die Facettenaugen setzen sich aus vielen kleinen Einzelaugen zusammen. Jedes nimmt einen winzigen Ausschnitt als Bildpunkt auf, aus deren Summe sich ein rasterartiges Gesamtbild ergibt. Im Vergleich zum Menschen sieht die Biene bei weitem nicht so scharf. Spinnennetze erscheinen ihnen nur als Schleier, deshalb verfangen sie sich nicht selten darin.

Im Vergleich zum menschlichen Auge wiederum, ist auch das Farbensehen unterschiedlich. Was wir deutlich als leuchtendes Rot sehen, ist für das Bienenauge schwarz oder dunkelgrau. Dagegen sind ultraviolette Farben für uns nicht sichtbar – das Auge der Biene nimmt gerade diese Farbtöne als am meisten reizwirksam auf. Während der Mensch zwischen Rot und Violett mindestens 60 Farbstufen unterscheiden kann, sind es für das Bienenauge kaum mehr als zwölf.

Strukturierte, vielfach aufgelöste Figuren sind für die Bienen besonders einprägsam. Für den praktischen Imker hat dies eine gewisse Bedeutung bei der Markierung seiner Beuten, um zu verhindern, dass

Gut zu wissen

Bei der Arbeitsbiene zählen wir rund 3000 Einzelaugen oder Augenkeile, beim Drohn dagegen rund 6500 pro Auge.

Bienenfarben

Die herausragenden Farben sind Orange, Gelb, Grün, Blaugrün, Blauviolett und Ultraviolett. Dabei kann die Biene aber Orange, Gelb und Grün nur schwer voneinander unterscheiden. Gelbe und blaue Blumen oder Blütenfelder sind fürs Bienenauge am auffälligsten; allerdings spielt hierbei auch die Form der Blüte eine Rolle.

sich die Bienen verfliegen. Reich gegliederte Formen in den Farben Gelb, Blau, Schwarz und Weiß genügen. Der heutige Magazinimker bringt solche Farbmarkierungen meist nur an Beuten an, in denen sich Jungköniginnen in Ablegern befinden. Die zum Hochzeitsflug startenden Königinnen sollen sich möglichst nicht verfliegen.

Fühler

Sie werden auch als Antennen bezeichnet und sind zwei frei bewegliche Anhänger, die an der Basis über eine weiche Membran an der Stirnseite des Kopfes befestigt sind. Sie reagieren auf Geruchs- und Berührungsreize. Da sich das Leben des Bienenvolkes überwiegend im Dunkeln abspielt, müssen lichtunabhängige Sinne wie die Tast- und Geruchswahrnehmung besonders ausgeprägt sein.

Nervensystem

Es ist entsprechend der genannten Erfordernisse beschaffen. Wegen des harten Chitinpanzers mussten besondere Organe entwickelt werden, die auf geringste Berührung oder sehr leichten Druck ansprechen. So enden viele Haare des dichten Haarkleides in einer Sinnesnervenzelle. Besonders viele befinden sich an den Fühlern, am Hauptsitz des Geruchssinnes. Durch die Beweglichkeit der Haare wird an der angehefteten Sinneszelle selbst bei einem Luftzug, leisester Berührung und Erschütterung, ein Nervenimpuls ausgelöst.

Das Zentrale Nervensystem ist sehr einfach gebaut. Es besteht aus dem „Gehirn“ in der Kopfkapsel und dem Bauchmark, das den Körper in ganzer Länge durchzieht. Gehirn und Nervenknoten des Bauchmarkes enthalten eine große Anzahl von Nervenzellen und Nervenfasern, die zu den Muskeln ziehen.

Andere Nerven kommen von den Sinnesorganen der Peripherie. Sie leiten ihre Wahrnehmungen (Licht, Geruch, Berührung) an die Gehirnzellen weiter. Die Nervenimpulse werden der augenblicklichen Situation entsprechend umgeformt und an die Bewegungszentren des Bauchmarks weitergeleitet. So bestimmen Umweltreize die natürlichen Verhaltensweisen der Bienen, beispielsweise das abrupte Unterbrechen der Sammeltätigkeit, wenn dunkle Gewitterwolken aufziehen.

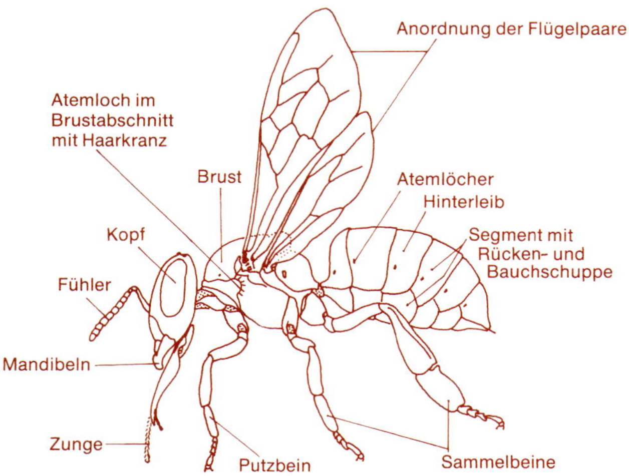

Körper einer Arbeitsbiene (ohne Behaarung gezeichnet).

Mundwerkzeuge

Sie bestehen aus verschiedenen Teilen, sind zu beiden Seiten der Mundöffnung an der Kopfkapsel befestigt und setzen sich im Rüssel fort. Durch Muskelzüge können sie bewegt werden. Der Arbeitsbiene dienen die Mundwerkzeuge zur Bearbeitung des Wachses, zum Pollenfressen, Nagen und allen anderen Tätigkeiten im Stock, bei denen ein Paar Greif- und Kneifwerkzeuge notwendig sind. Die Biene kann damit jedoch nicht Schalen von Früchten wie Weintrauben oder Beeren aufbeißen.

Mandibeln

Die Oberkiefer oder Mandibeln der Königin sind größer als die der Arbeitsbienen. Mit einem vorne befindlichen, kräftigen Zahn kann sie den Zelldeckel der Weiselzelle wie mit einem Dosenöffner aufschneiden. In unmittelbarer Nähe der Mundwerkzeuge, hinter der Vorderwand des Kopfes, liegt die Mandibeldrüse, die bei der Arbeiterin ein Sekret zum Weichmachen des Wachses abscheidet.

Während die Mandibeldrüse den Drohnen gänzlich fehlt, ist sie bei der Königin besonders ausgebildet. Sie liefert den Weiselstoff (Königinnensubstanz), der in kleinsten Mengen an die einzelnen Glieder des Volkes weitergegeben wird und (dank einer Berührungs- und Duftkomponente) seinen Zusammenhalt bewirkt. Nach Butler, der das Pheromon 1954 entdeckte, ist der Weiselstoff bei frisch geschlüpften und altersschwachen Königinnen kaum vorhanden.

Gut zu wissen

Fehlt der Weiselstoff, ist nur in geringen Mengen vorhanden oder kann aus irgendeinem Grund nicht mehr weitergegeben werden, entstehen Schwarm- oder Umweiselungszellen im Volk. Auch wachsen die kleinen Eierstöcke der Arbeiterinnen. Das Volk ist mit der Königin und dem eigenen Zustand nicht mehr zufrieden.

Rüssel

Der Rüssel ist das Saugorgan, mit dem die Biene Nektar, Honigtau, Honig, Futter und auch Wasser aufnehmen kann. Der gesamte Rüsselapparat setzt sich aus zahlreichen Einzelheiten zusammen, wobei auch die Zunge zu erwähnen ist. Nach der Nahrungsaufnahme kann der Rüssel eingezogen werden, sodass er nicht immer sichtbar ist. Seine Länge variiert je nach Bienenrasse zwischen 5,9 mm und 6,9 mm. Durch Zuchtauslese war man bestrebt, Bienen mit sehr langen Rüsseln zu bekommen, um die Nutzung der Rotkleetrachten zu ermöglichen. Dieses Zuchtziel hat durch den Rückgang dieser Tracht heute nicht mehr die einstige Bedeutung.

Futtersaftdrüsen (Schlunddrüsen)

Diese Drüsen sind zwei lange Stränge kleiner Säckchen, die sich, vielfach gewunden, seitlich in der Kopfkapsel befinden. In der Gesamtausdehnung erreichen sie die doppelte Länge des Bienenkörpers. Sie sind nur bei Arbeitsbienen anzutreffen. Nach dem Schlüpfen werden die Schlunddrüsen zur Futtersafterzeugung für die Bruternährung ausgebildet. Dazu muss die Biene Pollen fressen. Geht die Biene über das Alter der Ammenbiene hinaus, bilden sich die Futtersaftdrüsen zurück.

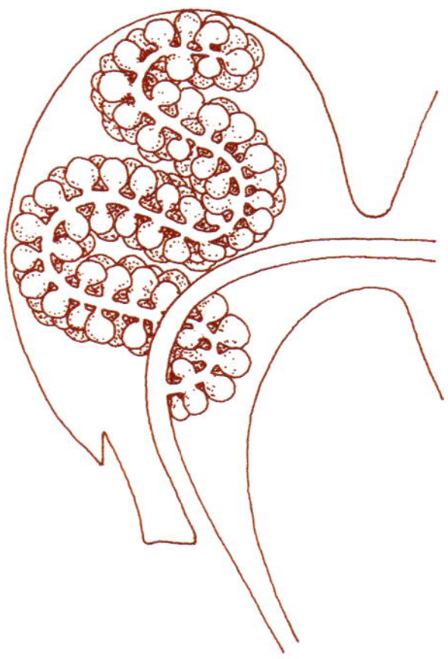

Futtersaftdrüse (voll entwickelt).

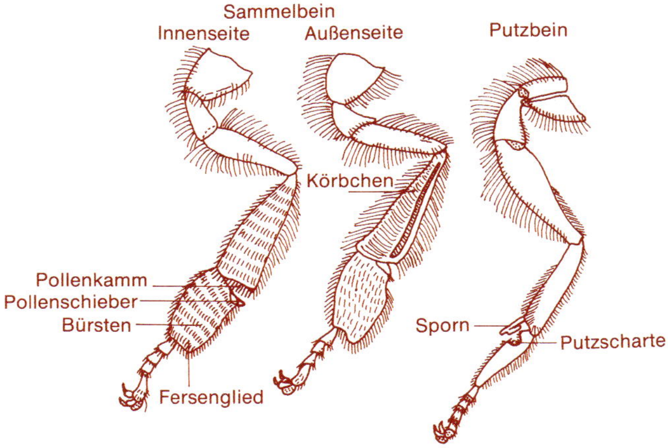

Sammel- und Putzbein der Arbeitsbiene.

In Ausnahmefällen können die Drüsen auch noch bei älteren Bienen voll entwickelt sein. Bei den Winterbienen werden sie erst nach der Überwinterung ausgebildet.

Brust

Im Thorax oder Vorderkörper befindet sich das Zentrum des Bewegungsapparates, wobei mächtige Muskeln im Inneren Beine und Flügel, aber auch Kopf und Hinterleib dirigieren. Die Muskelbewegungen werden durch das Nervensystem kontrolliert.

Beine

Die drei Beinpaare dienen nicht nur der Fortbewegung, sondern auch als Pollensammel- und Transporteinrichtung. Jedes Bein besteht aus sechs Einzelsegmenten, die durch Gelenke beweglich miteinander verbunden sind. In ihren Bewegungen haben die Bienen mit den Beinen keine großen Möglichkeiten. Diese Einschränkung wird jedoch durch die große Zahl der Segmente ausgeglichen, die nach verschiedenen Richtungen bewegt werden können. Die Bewegung in drei Ebenen spielt besonders beim Pollensammeln und der Bildung der Pollenhöschen eine Rolle. Entsprechende Behaarung der Beine unterstützt diese Arbeiten.

Am ersten Beinpaar ist die Putzscharte, auch Taschentuch der Biene genannt, von besonderer Bedeutung. Sie befindet sich an der Ferse, unmittelbar am Gelenk, und stellt eine tiefe, kreisrunde Einkerbung dar, die mit radial gestellten, kräftigen Borsten versehen ist. Als Widerlager dient der Sporn. Durch diese Scharten werden die Fühler nach jedem Blütenbesuch gezogen, um sie von Staub und Pollenkörnern zu reinigen. Dies ist notwendig, damit die Funktionsfähigkeit der mit zahlreichen Sinnesorganen versehenen Fühler erhalten bleibt. Diese Putzbewegung macht die Biene so automatisch, dass die Fühler selbst dann gekämmt werden, wenn sie nicht verunreinigt sind.

Gut zu wissen

Jedes Bein kann als Ganzes über ein Scharniergelenk nur nach vorn und rückwärts bewegt werden. Die Scharniergelenke zwischen den nachfolgenden Segmenten stehen in verschiedenen Winkeln mit unterschiedlichen Bewegungsrichtungen, sodass Einzelbewegungen in allen drei Ebenen möglich sind.

Flügel

Die Flügelwurzeln der beiden Flügelpaare sitzen seitlich am mittleren und hinteren Brustsegment. Die Vorderflügel sind viel größer als die Hinterflügel und ihre Aderung ist kräftiger. Durch eine Häkchenreihe am Vorderrand des Hinterflügels und einen Falz am hinteren Rand des Vorderflügels, können diese beiden Flügel zum gemeinsamen Flügelschlag gekoppelt werden. Die Biene kann mit diesen Flügelpaaren nicht nur schlagen. Durch eine bewegliche Anordnung am Bruststück können die Flügel nach oben und unten bewegt, gedreht, gespreizt oder an den Körper angelegt werden.

Aerodynamische Fähigkeiten

Beim Flug kann die Biene die Richtung, etwa Geradeaus-, Steig- und Sinkflug, Kurven- und Kreisflug sowie die Fluggeschwindigkeit variieren – in Abhängigkeit von Wind und Luftströmungen und der mitgeführten „Fracht“. Bei Windstille erreichen Bienen eine Geschwindigkeit von 8 m/s, das entspricht knapp 29 km/h (v. Frisch, Lindauer 1955, Büdel/Herold 1960). Und was ein Flugschüler erst lernen muss, machen Bienen schon immer: Bei Gegenwind legen sie zu, bei Rückenwind setzen sie ihre Fluggeschwindigkeit entsprechend herab.

Flügelgeräusche

Zu einer Trachtquelle hinfliegende Bienen erzeugen im Mittel 250 Flügelschläge pro Sekunde (250 Hz). Bei zurückfliegenden Bienen ist die Frequenz niedriger, Werte von 240 Hz konnten ermittelt werden. Dies ist wohl auf die zu transportierende Last zurückzuführen. Der Stechton einer gereizten Biene wird im Mittel mit 285 Hz erzeugt. Drohnen erreichen Flugtöne von 207 Hz, wobei hier im Vergleich zu denen der Arbeitsbienen der tiefere Ton auffällt. Bei unbegatteten Königinnen liegen die Flugtöne und damit die Flügelschläge bei 253 Hz. Ein merklicher Abfall tritt nach der Begattung ein. Frequenzen von 226 Hz konnten gemessen werden.

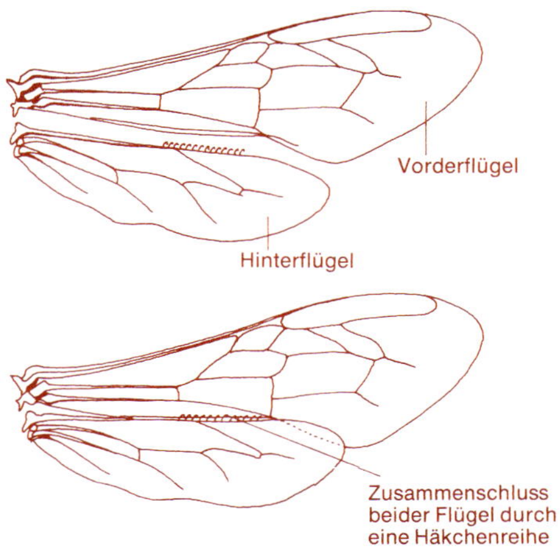

Ein Flügelpaar einer Biene.

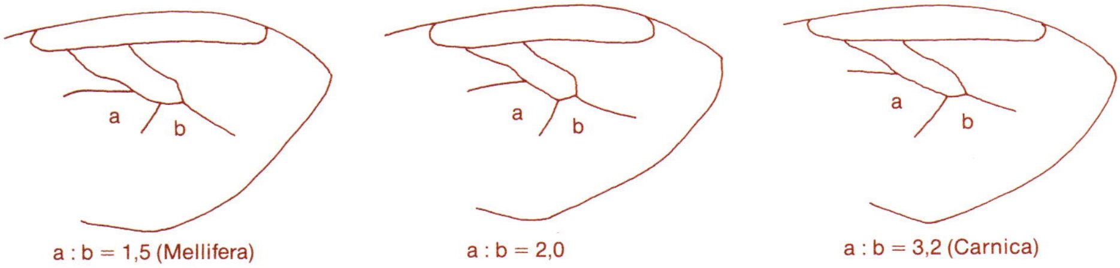

Flügel- oder Cubitalindex.

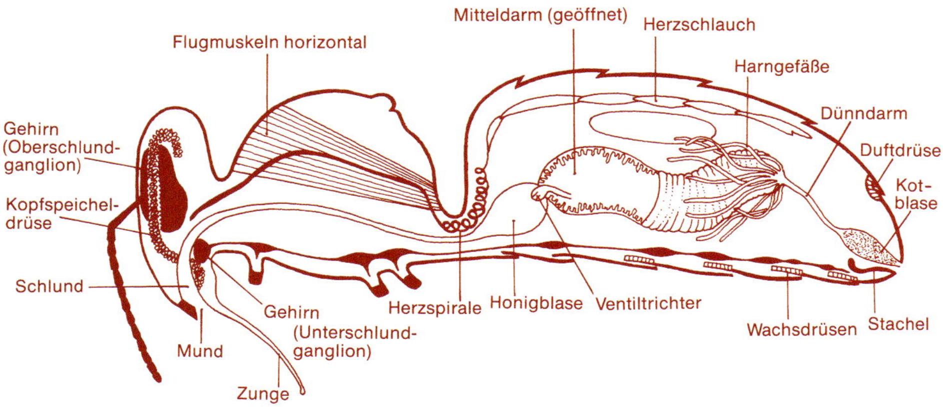

Die wichtigsten Organe im Körper der Biene (Längsschnitt).

Cubitalindex

Für den Züchter ist der Flügelindex bei der Auslese und Rassebestimmung als Rassemerkmal zu nennen. Er gibt an, wie viel der kleine Abschnitt der Grundader der vordersten Drillingszelle in dem größeren Abschnitt enthalten ist. Bei der Carnica erhalten wir Flügelindex-Werte größer als 2, bei der nordischen Biene kleiner als 2. Der Flügelindex kann leicht mit speziellen Messinstrumenten festgestellt werden.

Hinterleib

Er setzt sich aus den Hinterleibssegmenten zusammen, die von einer großen Rückenschuppe und einer kleinen Bauchschuppe gebildet werden. Diese überlappen einander dachziegelartig von vorne nach hinten und sind jeweils durch eine gefaltete Membran miteinander verbunden. Der gesamte Hinterleib kann sowohl in Längs- als auch in Querrichtung gedehnt und wieder zusammengezogen werden. Dies ist deutlich bei kräftiger Atmung der Biene zu beobachten.

Mit der Brust ist der Hinterleib durch den schmalen, kurzen Stiel verbunden und er kann deshalb in jede Richtung frei bewegt werden. Die Bewegungsmuskeln für den Hinterleib sitzen unter der letzten Bruststückschuppe.

Im Hinterleib sind die folgenden Organe untergebracht: Verdauungsorgane mit Honigblase, Ventiltrichter, Mitteldarm, Kotblase, der Stachelapparat mit Giftblase, weiter Wachsdrüsen, Duftdrüse, Herz, Herzkammern, Fettkörper, Atmungssystem, Fortpflanzungsorgane.

Verdauungsorgane

Genau betrachtet beginnt der Verdauungskanal bereits in der Mundöffnung an der Unterseite des Kopfes. Über die Saugpumpe zieht die Speiseröhre als langer, enger Kanal durch Hals, Bruststück und Stiel in die Honigblase, die im vorderen Teil des Hinterleibs gelegen ist. Über den Ventiltrichter geht die Nahrung den Weg in den Magen, der auch Mitteldarm genannt wird. Als letzte Bereiche des Verdauungskanals haben wir den Dünndarm, ein gewundenes enges Rohr, und den sackartigen Enddarm mit Kotblase. Diese mündet schließlich im After, der zwischen Stachel und letzter Rückenschuppe gelegen ist.

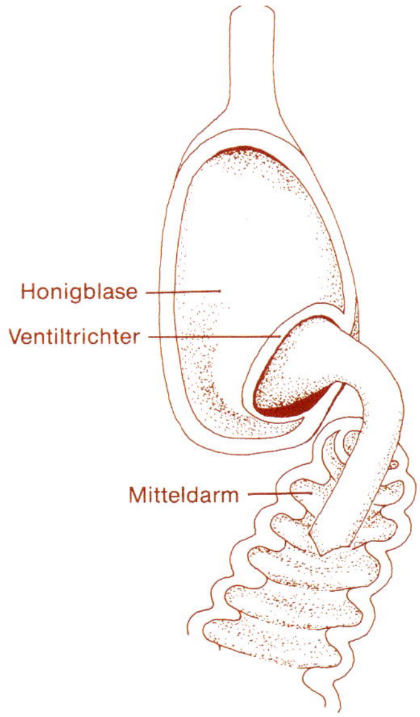

Die Verbindung von Honigblase und Mitteldarm.

Honigblase, Ventiltrichter

Die Honigblase, ein birnenförmiger Sack, ist die Fortsetzung der Speiseröhre und deren Erweiterung. Sie ist sehr dehnbar; prall gefüllt fasst sie 50 mm³ bis 60 mm³ und wiegt 40 mg bis 70 mg. In der Honigblase werden aufgesammelte Nektariensäfte, Honigtau, Futter und nicht zuletzt Wasser in die Beute transportiert. Beim Trachtflug dient sie zur Mitnahme von Energienahrung.

Als Regulierventil zwischen Honigblase und Mitteldarm fungiert der Ventiltrichter. Er besteht aus einem von vier Klappen verschlossenen, in die Honigblase ragenden Kelch. Der Ventiltrichter ermöglicht die Passage von Nahrung aus der Honigblase in den Mitteldarm, nicht aber umgekehrt. So wird im Körper der Biene säuberlich getrennt, was verdaut und verbraucht oder als Vorrat nach Invertierung in den Waben gespeichert wird.

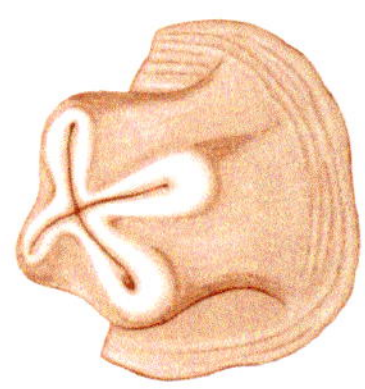

Detail des Ventiltrichters mit den vier Klappen, von der Honigblase aus gesehen.

Mitteldarm

Dort wird die Nahrung verdaut. Die Zellen der Magenwand, die durch zahlreiche quer verlaufende

Falten vergrößert wird, scheiden Verdauungssäfte ab. Die aufbereiteten Nahrungsstoffe passieren die peritrophische Membran und gelangen quer durch die Magenwand direkt in das Blut der Biene. Dünndarm und Kotblase dienen in erster Linie zur Aufnahme von Wasser aus dem Darminhalt und zur Abscheidung von Schlacken. Die Rektaldrüsen regeln die Wasser- und Salzbilanz im Bienenkörper.

An der Verbindungsstelle von Mittel- und Dünndarm mündet eine große Anzahl dünner Schläuche in den Darmkanal – die Malpighischen Gefäße. Sie sind eine Art Niere, die als Ausscheidungsorgane Abbaustoffe und Salze aus dem Blut entfernen. Sie winden sich durch die ganze Hinterleibshöhle und werden dabei von der frei zirkulierenden Blutflüssigkeit umspült. Stoffwechselschlacken werden in den Darm entleert und mit dem Kot ausgeschieden.

Gut zu wissen

Beim gesunden Volk gibt es kein Abkoten auf den Waben und in der Beute. Die Kotblase muss also sehr dehnbar sein; nach langen Wintermonaten kann sie den größten Teil des Hinterleibes ausfüllen.

Kotblase

Dort werden sämtliche, während des Verdauungsvorganges anfallenden Abfallprodukte und unverdaulichen Rückstände gespeichert. Das ist besonders bei anhaltenden Regenperioden im Sommer und in der fluglosen Zeit im Winter von Bedeutung.

Stachelapparat mit Giftblase

Der eigentliche Stachel besteht aus zwei spitz zulaufenden, an den Außenseiten mit Widerhaken besetzten Stechborsten. In Ruhestellung ist er in der Stachelkammer des Hinterleibs versenkt und mit diesem durch die Stigmenplatte und deren Muskeln verbunden. Giftblase und Giftdrüse vervollständigen den Stachelapparat.

Beim Stechvorgang wird die Hinterleibsspitze mit einem Ruck nach unten gebogen und der Stachel durch Muskelzug und Hebelwirkung aus der Stachelkammer herausgeschoben. Mit einem Ruck versucht die Biene, die Stachelspitze in die Haut zu bohren. Nach dem Durchdringen der harten Hautoberfläche verankert die Biene mit Hilfe der Widerhaken eine Stechborste darin. Durch wechselndes Muskelspiel treibt sie den Stachel weiter in die Haut, bis er festsitzt. Wegen der Widerhaken kann er auch von der Biene nicht mehr entfernt werden, sodass beim Wegfliegen die Giftblase samt Giftdrüsen und Nervenknoten vom Körper getrennt werden.

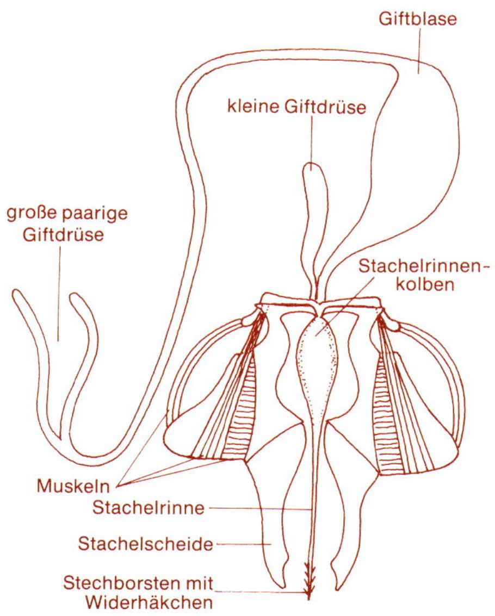

Der Stachelapparat.

Deutlich sichtbare Pumpbewegungen treiben das Gift in die Wunde. Es wäre jetzt falsch, den Stachel durch Anfassen der Giftblase mit Daumen und Zeigefinger aus der Wunde herauszuziehen. Er kann so zwar entfernt werden, jedoch wird dann das Gift in die Wunde gedrückt.

Beim Stechvorgang erleidet die Arbeitsbiene so starke innere Verletzungen, dass sie nach etwa einem Tag stirbt. Dies erscheint widersinnig und gilt auch nur mit einer wesentlichen Einschränkung. Offenbar ist ihr der Stachel nicht gegeben worden, um Menschen und Säugetiere zu stechen und daran einzugehen, sondern um andere Insekten abzuwehren. Hierbei verliert sie den Stachel nicht, weil sie ihn aus dem Chitinpanzer wieder herausziehen kann.

Der Stachel der Königin ist etwas länger; Stechborsten und Widerhaken sind weniger entwickelt. Sie kann ihn notfalls unbesorgt gebrauchen, behält sie doch Stachel samt Giftblase. Bei Drohnen fehlt der Stachelapparat.

Gut zu wissen

Am besten entfernt man den Stachel mit der Giftblase, indem man ihn mit dem Daumennagel von der Haut streift. Dabei wird die Giftblase nicht gedrückt.

Bienengift

Seine Zusammensetzung ist kompliziert (siehe „Produkte des Bienenvolkes“). Die Wirkung wird der Imker im Laufe der Zeit zu spüren bekommen. Dem brennenden Schmerz an der Stichwunde folgt eine rote Quaddel mit weitem Zentrum und typischen Entzündungserscheinungen wie Rötung, Hitze, Zellschädigung am Stichkanal und nicht zuletzt mehr oder weniger starke Schwellung. Im Normalfall verschwinden diese Beschwerden innerhalb von 24 Stunden.

Bei empfindlichen Menschen treten Kopfschmerzen, Schwindel, Erbrechen und manchmal auch Nesselsucht auf. Todesfälle nach einem oder mehreren Bienenstichen können vorkommen, sind aber sehr selten. Bei heftigen Beschwerden empfindlich reagierender Menschen wird der Arzt ein Gegenmittel spritzen. Überempfindlichen Menschen kann eine Desensibilisierung durch ärztliche Behandlung angeraten werden.

Nicht empfindliche Menschen werden nach einer gewissen Zeit gegen Bienengift immun. Wird der Imker das Jahr über öfter von Bienen gestochen, kommt es zu weniger großen oder überhaupt keinen Schwellungen mehr. Der Schmerz tritt allerdings nach wie vor auf. Ältere Imker sagen, er nehme mit den Jahren sogar wieder zu.

Tipp

In jedem Fall empfiehlt es sich, den Stachel schnellstens zu entfernen und Umschläge mit essigsaurer Tonerde zu machen. Auch das Auftragen feuchter Erde oder das Auflegen von Kartoffel- oder Apfelschnitzen mindert die Schwellung.

Wachsdrüsen

Sie befinden sich paarweise an der Bauchseite der vier letzten Hinterleibsringe, wobei sie von den Wachsspiegeln auf ihrer Innenseite getragen werden. Die Wachsdrüsen sind lediglich spezialisierte Abschnitte normaler Hautzellen. Während der Periode der Wachserzeugung entwickeln sie sich stark in die Höhe und nehmen eine drüsenähnliche Struktur an. Durch feine Poren tritt das Wachs im flüssigen Zustand in den Wachsspiegeln nach außen und erstarrt zwischen den Wachsspiegeln und Schuppen. Von dort werden die kleinen Plättchen durch

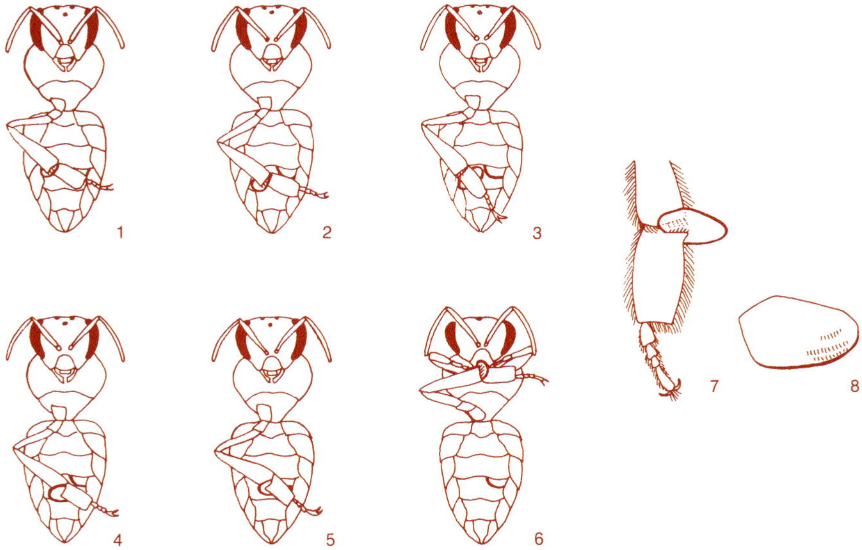

Der Vorgang des Abnehmens eines Wachsplättchens in sechs Phasen (1 bis 6). 7 und 8 = Vergrößerungen von Bein und Wachsplättchen.

Fächelnde, die Duftdrüse zeigende Bienen am Flugloch.

Abstreichen des Hinterleibs durch die Hinterbeine abgenommen, mit den Mandibeln geknetet und weiterverarbeitet. Nach Beendigung der Bauperiode degenerieren die Wachsdrüsen.

Duftdrüse

Sie liegt an der Innenseite der siebten Rückenschuppe. Man kann sie deutlich durch eine über der Drüse liegende glatte Vorwölbung erkennen, die besonders beim Fächeln sichtbar wird. Das Sekret der Duftdrüse ermöglicht den Bienen, den Geruch der Stockinsassen von dem fremder Bienen zu unterscheiden.

Herz, Herzkammern

Dieses Organ mit dem eines Säugetieres zu vergleichen, wäre abwegig. Im ganzen Körper der Biene gibt es nur ein Blutgefäß, nämlich das Herz. Es erstreckt sich als schlankes Rohr am Rücken des gesamten Hinterleibes, durch den Stiel in das Bruststück und weiter in den Kopf, wo es sich öffnet. Der im Hinterleib gelegene

Teil wird als eigentliches Herz bezeichnet, der im Bruststück befindliche als Aorta. Seitlich am Herz befinden sich fünf Paar schlitzförmige Öffnungen, durch welche das Blut angesaugt wird und im Kopf austritt. Es fließt dann frei zurück, umspült und versorgt sämtliche Organe mit den notwendigen Nährstoffen. Das Blut der Biene hat eine blasse, bernsteingelbe Farbe.

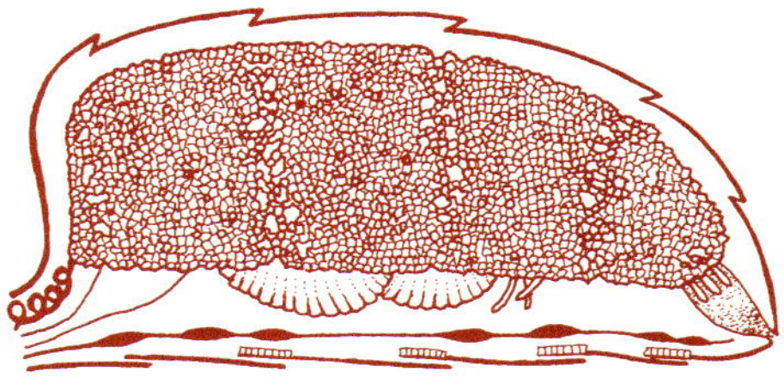

Fett-Eiweiß-Körper. Lage im Hinterleib der Biene (bauchseitig nicht gezeichnet).

Fettkörper

Besonders im Hinterleib verstreut finden wir bei der Biene unregelmäßige Massen von weichem, gewöhnlich weißem Gewebe. Es besteht aus großen, locker zusammengesetzten Zellen. Sie werden als Fettzellen oder Fettkörper bezeichnet. Als Reservegewebe dienen diese Fettkörper zur Speicherung von Nahrung, die im Moment nicht gebraucht wird.

Während schon die heranwachsende Biene Reservestoffe darin speichert, baut die Jungbiene in der ersten Lebenswoche einen Fett-Eiweiß-Körper auf. Besonders ausgeprägt ist dies bei den im Spätsommer und Herbst schlüpfenden Bienen, die keine Brutpflegearbeiten mehr zu verrichten brauchen. Ein durch die Aufnahme größerer Pollenmengen sehr reichlich angelegtes Fett-Eiweiß-Polster erleichtert der Biene die Versorgung der ersten Brut.

Atmungssystem

Wie alle Lebewesen benötigt auch die Biene für ihren Stoffwechsel Sauerstoff. Kohlendioxid wird dabei abgegeben und ausgeschieden. Im Gegensatz zu den Säugetieren, bei denen die Sauerstoffversorgung über das Blut erfolgt, leitet bei den Bienen ein fein verzweigtes System von Atemröhrchen (Tracheen) den Sauerstoff von der Außenluft direkt zu allen Geweben und Organen im Inneren des Körpers. Das Blut nimmt nur so viel Sauerstoff auf, wie es braucht.

Das Tracheensystem ist sehr stark und weit verzweigt entwickelt. Dünnwandige Erweiterungen der Tracheen sind sogenannte Luftsäcke, mit denen die Biene gut versorgt ist. Die größten befinden sich im Hinterleib, kleinere finden wir im Bruststück, im Kopf und sogar in den Beinen. Wenn eine Biene ihre großen Luftsäcke nicht voll pumpen kann, ist sie außer Stande zu fliegen.

Nach außen sind die Tracheen durch schlitzförmige Atemlöcher, die Stigmen, verbunden. Drei solcher Stigmenpaare besitzt die Biene an der Brust, sieben am Hinterleib. Ein besonderer Verschlussmechanismus regelt das Aus- und Einströmen der Luft. Zudem sind die Stigmen durch den dichten Haarkranz geschützt.

Gut zu wissen

Während die Tracheen sich kaum ausdehnen können, atmet die Biene durch Dehnen und Einziehen des Hinterleibes. Diese Pumpvorgänge sind leicht beim Landen voll beladener Bienen zu beobachten.

Fortpflanzungsorgane

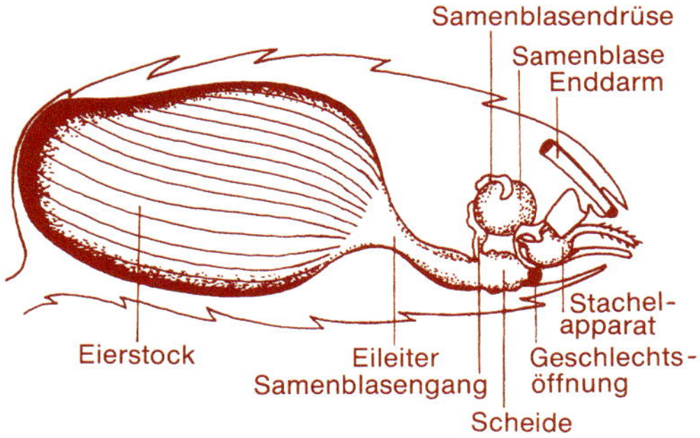

Die weiblichen Geschlechtsorgane.

Königin
Die zwei sehr großen, birnenförmigen Eierstöcke, die die Keimzellen enthalten, bestehen aus rund 180 dicht gelagerten Eischläuchen. Darin spielen sich alle Wachstumsvorgänge des Eies bis zur Befruchtung ab. Diese Schläuche münden über die Eileiter in der Scheide. Auf der Scheide liegt als kugelförmiges Gebilde, die Samenblase. In ihr werden die männlichen Samenfäden oder Spermien gelagert, welche die Königin bei der Begattung erhält.

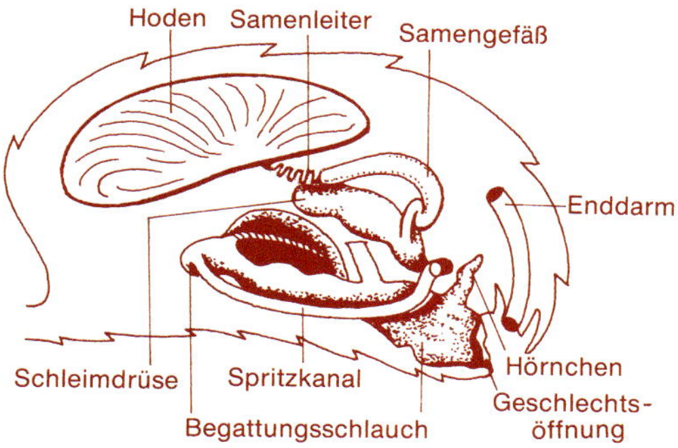

Die männlichen Geschlechtsorgane.

Drohn
Die Fortpflanzungsorgane des Drohns bestehen aus drei Abschnitten. Die Hoden, in denen sich die Spermien entwickeln, bilden ein Paar flacher Körper. Sie liegen seitlich vorne im Hinterleib und sind beim frisch geschlüpften Insekt etwa 5 mm lang. Beim geschlechtsreifen Drohn sind die Samenfäden über einen Samenleiter zu dem flaschenförmigen Samengefäß abgewandert, wo sie bis zur Paarung gespeichert werden. Über Schleimdrüsen und einen langen Spritzkanal wird die Verbindung zum Begattungsschlauch hergestellt.

Paarung
Bei der Paarung wird der Begattungsschlauch nach außen gestülpt. Das Gleiche geschieht bei Druck auf den Hinterleib eines geschlechtsreifen, also zwölf Tage alten Drohns. Die Spermien sind dann voll ausgebildet. Bei der Paarung werden sie durch rasches Zusammenziehen der Muskeln mit einem Ruck durch den Spritzkanal und den umgestülpten Begattungsschlauch nach außen befördert. Das Ausstülpen des Begattungsschlauches hat den Tod des Drohns zur Folge. Daher müssen im Volk genügend Drohnen herangezogen werden.

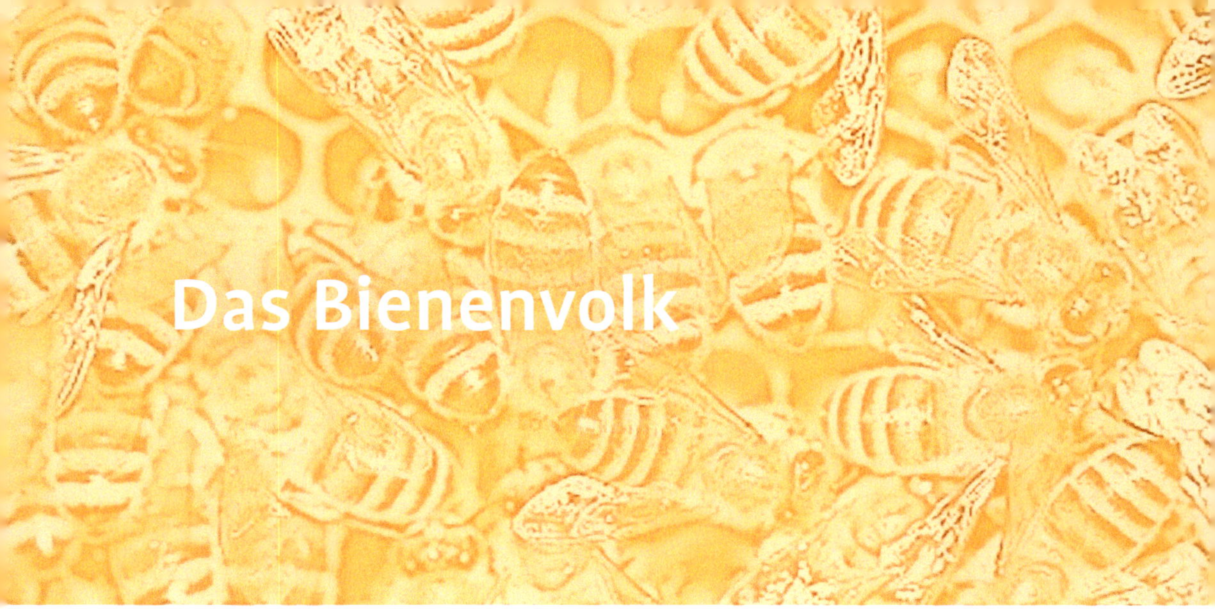

Das Bienenvolk

Entscheidend für eine gedeihliche Bienenhaltung ist, dass der Imker seine Bienen als eine Einheit, als Volk, sieht und verstehen lernt. Um dies deutlich zu machen, sei eine ganz persönliche Erfahrung vorangestellt: Als zehnjähriger Junge war ich Süßigkeiten sehr zugetan. Es traf mich hart, dass es sie – es war ja Krieg – viel zu selten gab. So verfiel ich bald auf den Gedanken, per eigener Honigernte unabhängig zu werden. Von eingefangenen, in eine Pappschachtel gesperrten Bienen erhoffte ich mir die Lösung des Problems. Die Enttäuschung war groß, als nach zwei bis drei Tagen immer noch kein Honig in der Schachtel war, dafür die Bienen aber eingegangen waren. Nun brachte ich ein Flugloch an der Schachtel an. Jetzt konnten erneut eingefangene und eingesperrte Bienen ausfliegen und den begehrten Honig herbeischaffen. Vergebens wartete ich auf ihre Rückkehr und ich musste bald einsehen, dass es auch auf diese Weise nichts mit dem Honig würde.

Nicht in die Schachtel zurückgekommen sind die Bienen deshalb, weil sie zu ihrem Volk, von dem sie zur Nahrungssuche ausgeflogen waren, zurückkehrten. Eingefangen können sie, ohne die Gemeinschaft mit dem Volk, über längere Zeit nicht leben.

Soziale Ordnung

Das soziale Gebilde „Bienenvolk“, das Pfarrer Gerstung ganz einfach „Bien“ nannte, versteht es, einerseits durch Arbeitsteilung zwischen den einzelnen Gliedern, andererseits durch Gemeinschaftsleistung (der Arbeiterinnen: Honigproduktion, Stockverteidigung, „Einspringen“ bei Arbeitskräftemangel in anderen „Betriebsabteilungen“), die je nach Jahreszeit zum Leben und Überleben notwendigen Verrichtungen und Aufgaben zu meistern.

Eine vollwertige Königin. Sie kann in diesem Zustand nicht fliegen.

Ein Drohnenpulk im Anflug auf eine Jungkönigin an einem Drohnensammelplatz.

Üblicherweise wird diese Gemeinschaft als Volk bezeichnet. Dies ist zwar nicht richtig, denn es handelt sich eher um eine „Familie", aber wir wollen hier unter diesem Vorbehalt bei dem nun einmal gewohnten Namen bleiben.

Die drei Wesen im Bienenvolk

Der Bienenstaat braucht, um normal und ohne Probleme über längere Zeit existieren zu können, dreierlei Wesen seiner Art: die Königin, eine Anzahl Drohnen und ein kleines bis größeres Heer von Arbeitsbienen. Sie alle sind bereits auch in der den Fortbestand sichernden Brut angelegt. Die Drohnen fehlen im Winter.

Gut zu wissen

Zur Aufrechterhaltung des gut funktionierenden Staatengebildes sind die drei Wesen aufeinander angewiesen. Jedem fällt im Laufe des Jahres eine bestimmte Aufgabe zu, die unerlässlich zum Weiterbestehen des Volkes ist.

Die Königin, der „Weisel"

Die Bienenkönigin unterscheidet sich klar von den Arbeitsbienen und Drohnen. Sie übertrifft beide an Körpergröße, ist aber nicht so breit wie der Drohn. Der lange, sich nach hinten verjüngende Hinterleib ähnelt mindestens im Bau dem einer Wespe, wobei die Bewegungen der Königin allgemein als langsam und überlegt anzusehen sind. Im Verhältnis zu ihrer Körperlänge sind ihre Flügel kürzer als die der Arbeitsbiene und des Drohns, absolut gesehen jedoch länger als die der Arbeiterin.

Im Bienenstaat kommt ihr die Aufgabe zu, die Eier für den Nachwuchs aller drei Wesen zu legen. Sie ist deshalb das einzige vollkommene Weibchen im Volk. Ihr Erhalt ist für den Fortbestand und die Leistungsfähigkeit der Gemeinschaft unerlässlich. Die gilt insbesondere in den Sommermonaten zur Trachtzeit für den Ersatz abgehender Flugbienen. Dazu wird ihr eine Legeleistung von 1200 bis 1500 Eiern pro Tag in den Monaten Mai / Juni abverlangt.

Die Königin entsteht wie die Arbeiterinnen aus einem befruchteten Ei, das allerdings in eine besonders große Zelle, die Weiselzelle, gelegt wird. Die geschlüpfte Larve wird mit einem speziellen Futter versorgt (s. auch „Bedeutung des Pollens“) und entwickelt sich dadurch in 16 bis 17 Tagen, vom Ei an gerechnet, zur Königin. Bei ihr sind die Geschlechtsteile besonders ausgebildet.

Hochzeitsflug oder künstliche Besamung

Etwa acht bis zehn Tage nach dem Schlüpfen verlässt die Königin, die sich durch Orientierungsflüge vorher die Umgebung eingeprägt hat, die Beute zum Hochzeitsflug (siehe auch Drohn, Begattung). Dabei erhält sie die notwendigen männlichen Samenfäden.

Die Samenfäden werden in der Samenblase der Königin durch Versorgung mit Sauerstoff und Nährstoffen jahrelang am Leben erhalten und gehen erst nach dem Tod der Königin zugrunde, sofern sie nicht vorher verbraucht sind.

In den vergangenen Jahren wurde das Verfahren der künstlichen Besamung von Bienenköniginnen verfeinert und vervollständigt. Dazu gehören einwandfreie, sterile und saubere Geräte und ein gewisses Geschick des Besamers, das jahrelanges Üben erfordert. Der Vorteil liegt darin, dass durch die Wahl der Samenfäden bestimmter Drohnen aus entsprechenden Völkern eine gezielte Paarung erreicht wird. Bei der Zuchtauslese ist dies manchmal notwendig. Jedoch darf man nicht übersehen, dass Inzuchtschäden, etwa lückenhafte Brutnester, auftreten können. Bei der natürlichen Begattung kommt dies kaum vor.

Eiablage

Nach erfolgreicher Begattung, sowohl im natürlichen als auch im künstlichen Vorgang, beginnt die Königin nach zwei bis drei Tagen mit der Ablage der Eier. Der Reifeprozess des Eies ist beendet, wenn das Ei aus den Eileitern in die Scheide gleitet und dort beim Passieren befruchtet wird. Dabei werden einige männliche Samenfäden aus der Samenblase freigesetzt, die dann an einer verdünnten Stelle in die Eihaut eindringen. Der Kern der Samenzelle verschmilzt mit dem Kern des Eies.

Die Königin kann auch unbefruchtete Eier legen. Dies macht sie ab März / April bis Juni / Juli. Vorher und danach legt sie in der Regel nur befruchtete Eier. Zum Legen unbefruchteter Eier wird sie durch die Pumpe befähigt, die einen Teil des Samenblasenganges bildet. Damit

Voraussetzungen für leistungsfähige Königinnen

Um derart leistungsfähige Geschlechtstiere zu bekommen und zu erhalten, müssen folgende Voraussetzungen erfüllt werden:

- *Heranwachsen in natürlichen Verhältnissen,*
- *ausreichende Begattung und*
- *genügende Fütterung durch den Hofstaat.*

Ihre Lebensdauer unter solchen Bedingungen beträgt drei bis vier Jahre.

Gut zu wissen

Arbeitsbienen und Königinnen können nur aus befruchteten Eiern entstehen.

Der Vorgang des Bestiftens (Eiablage) durch die Königin.

Drohnen auf einer Honigwabe.

kann sie Samenfäden aus der Samenblase in die Scheide ausstoßen oder zurückhalten.

Nach Koeniger (1970) misst sie mit den Vorderbeinen den Durchmesser der Zelle. Danach entscheidet sie, ob das Ei befruchtet wird oder nicht. Die Königin kann sowohl befruchtete Eier in Arbeiterbienenzellen, als auch unbefruchtete in Drohnenzellen legen – und dies abwechselnd, innerhalb weniger Sekunden. Es ist noch nicht hinreichend geklärt, auf welche Weise die Scheide so schnell frei von männlichen Samen wird.

Drohnen

Die männlichen Wesen im Bienenvolk sind viel breiter und stämmiger gebaut als Arbeitsbienen und Königin. Auffallend sind die beiden großen Facettenaugen der Drohnen. Ihr im Vergleich zur Arbeitsbiene kurzer Rüssel dient nur zur Nahrungsübernahme von den Arbeiterinnen und manchmal auch zum Aufsaugen von Futter aus den Zellen.

Begattung

Die Drohnen haben nur eine einzige Aufgabe: männlichen Samen zu produzieren und auf die Königin zu übertragen. Zur Begattung treffen sich Drohnen und Königin auf bestimmten Plätzen in der freien Natur, sogenannten Drohnensammelplätzen. Die Begattung findet in einem räumlich verhältnismäßig eng begrenzten Bereich statt. Nach neuesten Untersuchungen sind es radiästhetisch ausgerichtete Stellen in der freien Natur. Dies erklärt auch, warum Drohnensammelplätze über Jahre hinweg dieselben sind (Mauthe, Horn, Lampeitl 1992).

Die Kopulation findet in etwa 10 m Höhe statt. Dabei lässt der Drohn den Geschlechtsapparat als „Begattungszeichen“ in der Scheide der Königin zurück und fällt tot zu Boden. Dieses Begattungszeichen kann sofort wieder entfernt werden, vermutlich vom nächstfolgenden Drohn. So kann sich die Königin auf einem oder weiteren Hochzeitsflügen, die nicht an einem Tag stattfinden müssen, mit mehreren Drohnen – im Durchschnitt acht bis zehn – paaren.

Ein Drohnenleben

Der Drohn wächst in der Drohnenzelle aus einem Ei heran, das unbefruchtet ist. (Diese Art der Fortpflanzung heißt Jungfernzeugung oder Parthenogenese.) Er braucht dazu 24 Tage, vom Ei an gerechnet. Die frisch geschlüpften Drohnen, auch Stockdrohnen genannt, halten sich vorwiegend in 35 °C warmen Brutnestern auf. Dies fördert die Reifung der Samenzellen. Dabei werden sie gefüttert.

Ab ihrem 8. Lebenstag unternehmen Drohnen Ausflüge. Sie werden dann zu Flugdrohnen, wobei sie selber aus den Honigzellen Futter aufnehmen.

Ihre Lebensdauer beträgt je nachdem, ob sie bei der Begattung zum Zuge kommen, zwischen 20 bis 50 Tagen.

Da der Drohn zu den lebensnotwendigen Verrichtungen im Volk nichts beiträgt, wird er bei weiselrichtigen Völkern ab Juli nicht mehr geduldet. Er gilt als unnötiger Ballast bei der Überwinterung und wird deswegen an der Nahrungsaufnahme gehindert. Das Gleiche geschieht auch in Zeiten, in denen ein Volk an Futtermangel leidet.

In solchen Situationen reißen die Arbeiterinnen die bereits heranwachsenden Drohnenlarven aus den Zellen. Halb verhungert, erstarrt oder manchmal schon tot, findet der Imker sie dann in einer Ecke der Beute, von wo sie abgetrieben, hinausgezerrt oder auch abgestochen werden. Nicht umsonst spricht man von einer Drohnenschlacht. Drohnen, die dem flugfähig und bei Kräften entgehen, finden Einlass bei weisellosen Völkern oder solchen, die eine noch unbegattete Königin haben.

Arbeitsbienen, Arbeiterinnen

Diese sind die kleinsten und wahrhaft „bienenfleißigen“ Glieder des Volkes; sie bilden die Masse der Bienenschar. Während in der absteigenden Entwicklung des Volkes von Juli bis September / Oktober die Zahl der Arbeiterinnen auf etwa 10 000 bis 15 000 reduziert wird, wächst sie in der aufsteigenden Entwicklung von Februar bis Juni auf 50 000 bis 80 000 heran. Etwa 10 000 davon wiegen ein Kilogramm.

Bei den Arbeitsbienen handelt es sich um unterentwickelte Weibchen, deren Eierstöcke zwar vorhanden, aber klein sind und im Allgemeinen keine Eier produzieren. Die Ausnahme bildet das weisellose Volk, das keine Möglichkeit mehr hat, sich aus der Brut eine Königin nachzuziehen. Hierbei übernehmen einige Arbeiterinnen das Geschäft der Eiablage, jedoch ohne vorherige Begattung, sodass daraus nur Drohnen entstehen.

Gut zu wissen

Aus Entfernungen bis zu 10 km werden diese Plätze von Drohnen und Königinnen angeflogen. In der Regel geschieht dies bei Flugwetter zur Mittagszeit.

Info

In normal entwickelten Völkern sind Drohnen nur in den Monaten April bis Juli / August in einer Stärke von etwa 1000 bis 2100 Stück anzutreffen (Weiß 1962).

Gut zu wissen

Drohnen können auch aus unbefruchteten Eiern unbegatteter oder nicht mehr vollwertiger Königinnen sowie eierlegender Arbeiterinnen heranwachsen. Man spricht dann von drohnenbrütigen Völkern. Meist sind solche Drohnen viel kleiner, dennoch können sie lebensfähige Samenzellen erzeugen.

Dafür sind andere, zum Gedeihen des Volkes notwendige Organe zur Verrichtung bestimmter Aufgaben voll und zweckdienlich entwickelt. Ein langer Rüssel, die Honigblase und entsprechend gestaltete Beine sind zur Herbeischaffung der Nahrung genauso wichtig, wie die Wachsdrüsen zur Baustoffproduktion fürs eigene Nest.

Lebenslauf und Tätigkeiten

Die Entwicklung vom Ei bis zum schlüpfreifen Insekt dauert 21 Tage in der Arbeiterinnenzelle. Ein kurzes, arbeitsreiches Leben von vier bis sechs Wochen folgt nun. In ihren ersten drei Lebenstagen reinigt die Arbeiterin Zellen, aus denen junge Bienen geschlüpft sind.

Danach beginnt der große Abschnitt der Pflegetätigkeiten an der heranwachsenden Brut, bis etwa zu ihrem 13. Lebenstag. Nicht nur die Versorgung älterer Larven obliegt ihr, sondern auch die Fütterung sehr junger. Es ist eine Periode, in der die Futtersaftdrüsen durch Aufnahme von Pollen in voller Entwicklung und Funktion sind.

Danach verrichtet sie weitere Stock- oder Innenarbeiten, wie Beute reinigen, tote Bienen und Abfall hinausschaffen, Pollen in den Zellen einstampfen, Nektar und Honigtau invertieren, Wachs produzieren und zu Waben verarbeiten und schließlich auch mit Kittharz Fugen und Ritzen abdichten und lose Teile miteinander verbinden.

Brutwabe eines Zander-Volkes, ergibt rund 6 000 Bienen.

Brutwabe eines Dadant-Volkes, ergibt etwa 8 000 Bienen.

Im Alter von 18 bis 20 Tagen verrichten die Arbeiterinnen Wächterdienste, wozu auch durch Fächeln lüftungs- und temperaturregelnde Verrichtungen zählen. Nach Orientierungsflügen, die auch in früheren Lebensabschnitten durchgeführt werden können, spielt sich jetzt ihre Tätigkeit überwiegend im Außendienst ab. Bis zu ihrem Lebensende wird die Arbeiterin Flugbiene. Ihr obliegt es, genügend Nahrung in Form von Nektar, Honigtau, Blütenstaub und Wasser herbeizuschaffen, ebenso Kittharz.

Arbeitsleistung

Die enorme Leistung als Flugbiene kann ermessen werden, wenn man die Strecke ermittelt, die ein Volk zurücklegen muss, um 1 kg Honig zu produzieren. Dazu ist das Einsammeln von 3 kg der Ausgangsprodukte Nektar oder Honigtau notwendig, wobei für 1 kg dieser Produkte rund 50 000 Honigblasenfüllungen, also Trachtflüge, erforderlich sind. Gehen wir davon aus, dass die Trachtquelle nur 1 km vom Volk entfernt ist, so sind unter Einbeziehung des Rückfluges, zum Sammeln von 1 kg Honig rund 300 000 km zurückzulegen. Bei guter Tracht ist dies vom Volk ohne Weiteres an einem Tag zu bewerkstelligen. Dies bedarf freilich der Zusammenarbeit aller „Kolleginnen“ und das Zustandekommen setzt Verständigung voraus.

Brutwabe eines im Herbst gebildeten Kunstschwarmes.

Nektarsammelnde Biene an der Bartblume.

Informationen durch „Tanz“

Tut sich eine neue Futterquelle auf, wird sie von vielen Bienen angeflogen. Lässt beispielsweise der Imker eine Honigwabe stehen, ist sie sofort von Bienen belagert, die das dargebotene Futter heimholen. Je länger die Wabe stehen bleibt, desto stärker wird der Bienenflug – eine Suchbiene hat die Sammlerinnen dorthin dirigiert.

Tracht in der Nähe

Die Benachrichtigung über den Fund enthält alle wesentlichen Informationen; sie werden durch Tänze dargestellt. Findet eine Kundschafterin eine Trachtquelle bis zu 100 m von der Beute entfernt, so führt sie einen Rundtanz auf der Wabe aus. Sie wird dabei, während sie sich ständig im Kreis dreht, von ihren Artgenossinnen befühlt. Die Bewegungen gehen einmal links herum, einmal rechts herum, und nach und nach wird die ganze Nachbarschaft aufgeregt und trippelt der Tänzerin nach. In die menschliche Sprache übersetzt, würde es heißen: „Kommt und sucht, in unmittelbarer Nähe gibt es etwas zu holen.“

Die jetzt ausfliegenden Bienen konzentrieren sich eindeutig auf die Trachtquelle, die ihnen die tanzende Biene angesagt hat. Sie hat einen Duft oder eine Kostprobe gleich mitgebracht. Ja, sogar die Ergiebigkeit der gefundenen Trachtquelle wird beim Tanzen angezeigt. Zeigt sich diese als bald erschöpft, lassen auch die Tänze nach.

Weiter entfernte Tracht

Bei über 100 m entfernten Futterplätzen führen die Suchbienen Schwänzeltänze auf, die weit informationsreicher sind als Rundtänze. Dabei erfahren die Flugbienen nicht nur die genaue Richtung, sondern

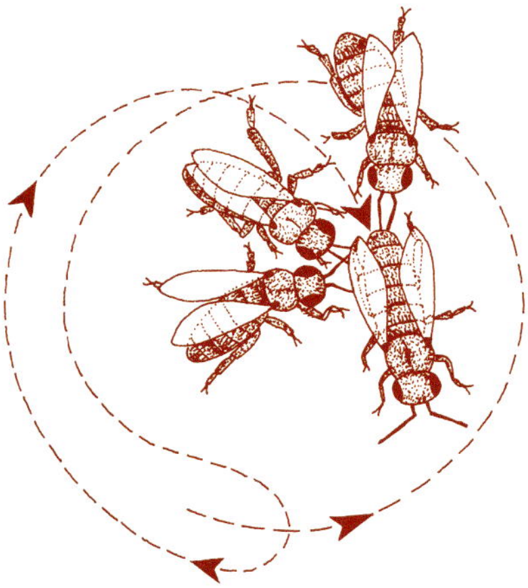

Rundtanz.

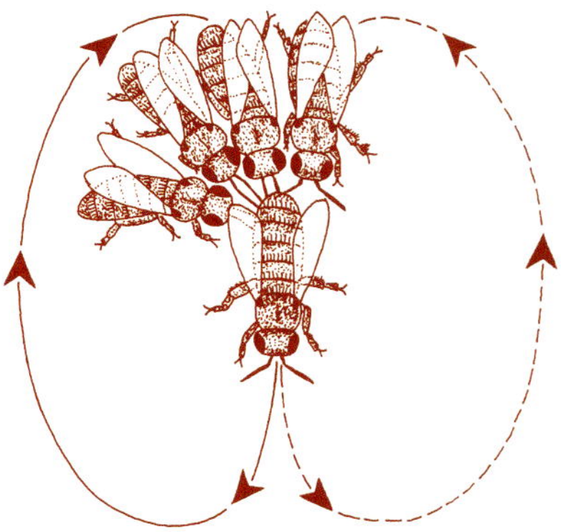

Schwänzeltanz.

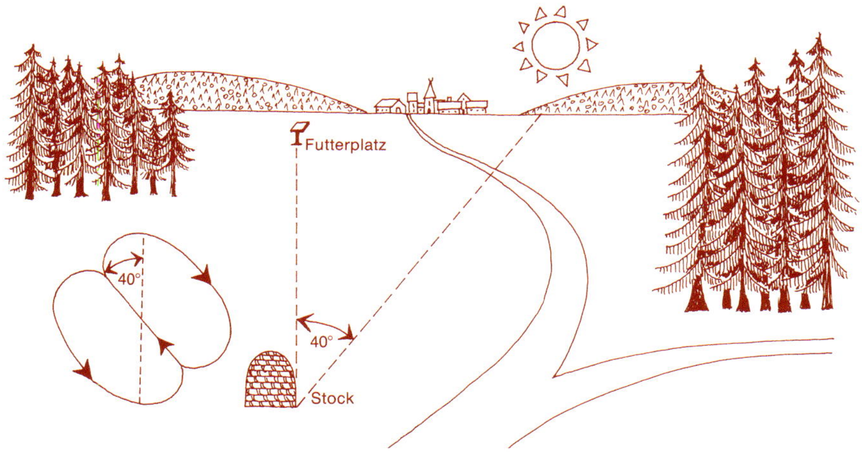

Schwänzeltanz. Schema für die Orientierung der Bienen im Gelände. Der Winkel des Schwänzellaufes der tanzenden Biene wird in Bezug auf die Schwerkraft abgenommen.

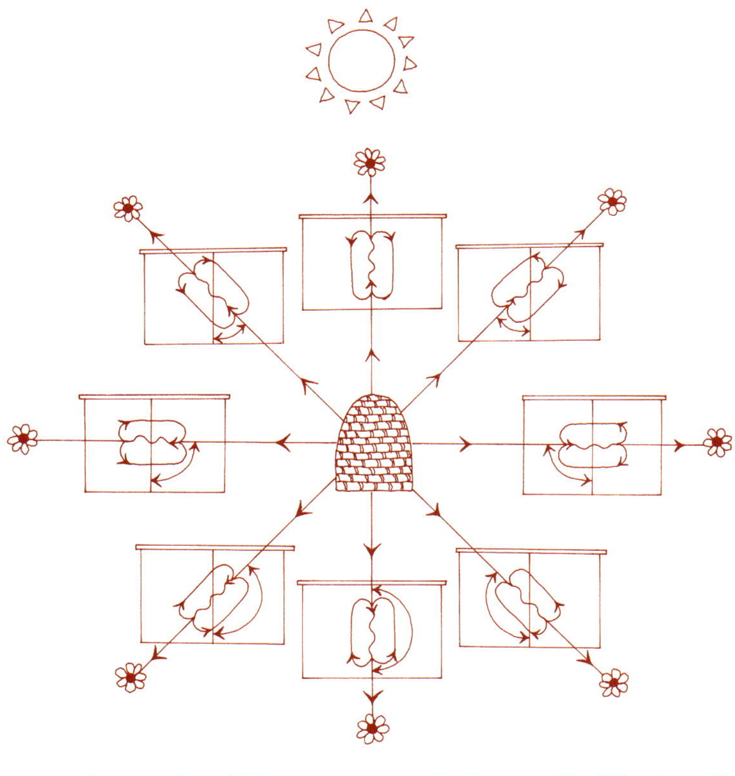

Schwänzeltanz. Tanzrichtungen bei gleichem Sonnenstand und unterschiedlicher Lage der Futterplätze (Bienenkompass). Das Schema zeigt die Tänze auf der Wabe.

Gut zu wissen

Bei genauer Beobachtung der Tänze kann der Imker herausfinden, wo seine Bienen gerade hinfliegen, ohne ihnen nachlaufen zu müssen. Wir verdanken diese wichtigen Erkenntnisse der Bienensprache Professor Dr. Karl von Frisch (1886–1982).

auch die Entfernung zum neu entdeckten Futterplatz. Zur Richtungsangabe wird der jeweilige Sonnenstand zu Hilfe genommen. Die Zahl der Schwänzelläufe in einer bestimmten Zeiteinheit richtet sich nach der Entfernung zur neu entdeckten Futter- oder Trachtquelle, so bei einer 1000 m entfernten Trachtquelle vier- bis fünfmal in einer Viertelminute. Der Sonnenwinkel beim Tanz kann auch angegeben werden, wenn die Sonne hinter den Wolken oder durch Hindernisse für die Bienen nicht zu sehen ist.

Mithilfe polarisierten Himmelslichtes, das die Bienen erkennen können, und aus einem Fleckchen blauen Himmel, errechnen sie den jeweiligen Sonnenstand. Noch dazu sind die Bienen in der Lage, gewonnene Informationen zu speichern und zu variieren (von Frisch 1968). Dauertänzerinnen, die bis zum nächsten Tag weitertanzen, ohne zwischendurch auszufliegen, geben die Richtung der Trachtquelle immer nach dem jeweiligen Sonnenstand an.

Variable Zusammensetzung und Arbeitsteilung

Wenn wir die Zusammensetzung der Arbeitsbienen in einem Bienenvolk dem Alter nach näher betrachten, wird uns auffallen, dass es mehr Stockbienen als Flugbienen sind. Das Verhältnis liegt bei zwei

Eine von der Königin bestiftete Wabe.

Rundmaden im Alter von 5 bis 7 Tagen, in Futtersaft schwimmend.

Drittel Jungbienen und einem Drittel Flugbienen. Gelingt es, diese natürliche Zusammensetzung zu erhalten, so wird die Harmonie und damit auch die Weiterentwicklung und Leistungsfähigkeit bestehen bleiben.

Dank des stark ausgeprägten Erhaltungstriebs des Volkes kann die natürliche Aufgabenverteilung geändert werden. Gehen die Flugbienen verloren, werden sogleich Stockbienen die Außendienstarbeiten übernehmen. Umgekehrt führen sie Brutpflegearbeiten durch, wenn die Jungbienen aus irgendeinem Grund nicht mehr vorhanden sind.

Die heranwachsende Brut

Das von der Königin gelegte Ei wird mittels einer klebrigen Ausscheidung am schmaleren Ende des Zellenbodens befestigt. Beim Betrachten einer Wabe, zeigen sich die frisch gelegten Eier bei weiselrichtigen Völkern als weiße Stifte auf dem Zellboden. Der Imker spricht daher vom „Bestiften" der Königin oder einer frisch „bestifteten Wabe".

Die Länge eines Eies kann mit 1,3 bis 1,8 mm angegeben werden. Nach dem Legevorgang steht das Ei mehr oder weniger senkrecht zum Zellenboden. Innerhalb von drei Tagen neigt es sich mehr und mehr, bis es am Boden zum Liegen kommt und daraus die Rundmade oder, mit anderer Bezeichnung, die Larve schlüpft.

Vom Ei zum Vollinsekt.

Rundmade

Jetzt kommt die Zeit der intensiven Fütterung. Dieses winzige, etwa 1 bis 1,5 mm lange, am Zellengrund liegende, zusammengerollte Würmchen verschlingt das dargebotene Futter, sodass bald der ganze untere Zellenteil prall ausgefüllt wird. Die Rundmade einer Arbeiterin wiegt am 1. Tag 0,3 mg, am 6. Tag bereits 155,2 mg. Trotz intensiver Futteraufnahme kann sie ihren Kot nicht absetzen. In einem Zeitraum von 24 Stunden häutet sie sich viermal, das heißt, die Chitinhülle wird in dieser Zeit viermal ersetzt.

Streckmade, Verdeckelung

Wegen des fehlenden Platzes am Zellengrund streckt sich die Rundmade nach oben und wird so zur Streckmade. Sie füllt jetzt den gesamten Rauminhalt der Zelle aus.

Die Verdeckelung der Zellen ist der nächste Schritt. Die Bienen verwenden dazu locker gefügtes Wachs, das aus den verdickten Zellenrändern herausgeschafft wird. Die Zelldeckel sind deutlich nach außen gewölbt, und zwar besonders ausgeprägt bei der Drohnenbrut. In diesem Stadium setzen die Streckmaden ihren im Körper angesammelten Kot als gelblich kleine Klümpchen am Zellengrund ab. Mit dem Kopf hat sich die Made zum Zelldeckel orientiert und kommt jetzt zur Ruhe.

Gut zu wissen

Arbeitsbienen durchfressen den Zelldeckel von der Mitte her, während Drohnen und Königin ihn am Rand durchschneiden. Das Puppenhemd oder Nymphenhäutchen bleibt in der Zelle zurück.

Puppe

In dieser Ruhephase gehen im Körper der Made tiefgreifende Veränderungen vor sich, die nach und nach zur fertigen Biene führen. So schlüpft aus der Streckmade die Puppe, die der erwachsenen Biene gleicht, jedoch noch völlig farblos ist und nur kleine Flügelstummel besitzt. Im Laufe der Veränderung treten die Augen hervor, dann bräunt sich das Bruststück und schließlich der Hinterleib. Nach der

Verdeckelte Drohnenbrut mit stark nach außen gewölbten, luftdurchlässigen Zelldeckeln.

Die schlüpfende Arbeitsbiene nach 21 Tagen, gerechnet vom Ei an.

Die Entwicklung der Bienenwesen

Tage	Königin	Arbeiterin	Drohn
1			
2	Ei	Ei	Ei
3			
4	Rundmade oder	Rundmade oder	Rundmade
5	Larve	Larve	
6	4 Häutungen	4 Häutungen	4 Häutungen
7			
8	Streckmade	Streckmade	Streckmade
9	Zellverdeckelung	Zellverdeckelung	Zellverdeckelung
10	Vorpuppe	Vorpuppe	Zellverdeckelung
11			
12	Puppe	Puppe	
13		5. und 6. Häutung	
14			5. Häutung
15			
16	fertiges Insekt		
17	schlüpft		Puppe
18			
19			
20			
21		fertiges Insekt	
22		schlüpft	6. Häutung
23			fertiges Insekt
24			schlüpft

letzten Häutung breiten sich die Flügel aus. Die jetzt fertig entwickelte Biene durchnagt den Zelldeckel und schlüpft.

Die Entwicklungszeiten vom Ei zum fertigen Insekt können sich je nach der im Brutnest herrschenden Temperatur nach oben oder unten verschieben. Offene und gedeckelte Brut überlebt eine Abkühlung auf 24 bis 16 °C innerhalb von 24 Stunden noch gut. Ein längeres Verbleiben in diesen Temperaturen schadet. Neben einem gänzlichen Absterben treten dann vor allem Flügel- und Beinmissbildungen auf.

Natürliche Vermehrung – der Schwarm

Die Gründung eines neuen Volkes kann nicht allein durch eine Königin oder mehrere Arbeitsbienen erfolgen, auch nicht durch Drohnen. Dazu bedarf es der Gemeinschaft. So wird neben der Vermehrung der einzelnen Glieder innerhalb des Volkes auch eine Vermehrung über eine Gemeinschaft oder eines Teiles des Volkes notwendig sein. Diese zweite nennen wir den Schwarm. Bevor dem Imker die künstliche Vermehrung der Völker über den Ableger gelang, war dies die einzige Möglichkeit der Arterhaltung und Verbreitung der Biene. Auch sollten durch den Schwarm Völker ersetzt werden, die im Laufe der Zeit durch ungünstige Lebensbedingungen eingegangen waren.

Faktoren, die zum Schwarm führen

In der aufsteigenden Entwicklung von Februar bis März braucht das Bienenvolk zunehmend mehr Raum. Einzulagernde Vorräte an Honig und Blütenstaub beanspruchen Zellen und damit Wabenmaterial. Auch die rapide größer werdenden Brutnester verlangen mehr und mehr Zellen, um der Königin entsprechende Möglichkeiten zur Eiablage zu schaffen. Die Folge ist, dass Jungbienen in großer Zahl heranwachsen, die wiederum am Anfang ihres Lebens intensiv Brutpflegearbeiten vornehmen müssen.

Gut zu wissen

Bei begrenztem Raum in der Beute kommt der Zeitpunkt, wo eine Ausdehnung des Brutnestes nicht mehr möglich ist. Die Raumnot ist eine der Ursachen, die ein Volk zum Schwärmen führt.

Jedoch schwärmen auch Völker, die genügend Platz in Form von Waben zur Verfügung haben. Die Rassezugehörigkeit der Bienen oder bestimmte Kreuzungen spielen hier eine große Rolle. Bekannt ist die Schwarmfreudigkeit der Heidebiene (Jacoby 1964), die wegen der praktizierten Heidebetriebsweise speziell auf Schwarmlust ausgelesen und gezüchtet wurde. Manche Stämme oder Linien der Carnica stehen ihr darin kaum nach. Dagegen als schwarmträge erweist sich die Buckfast-Biene (Bruder Adam 1969).

Das Alter der im Volk befindlichen Königin ist ein weiterer Faktor, der als schwarmfördernd oder schwarmvorbeugend angesehen werden muss. Völker mit dreijährigen Königinnen schwärmen eher als solche mit jungen, einjährigen Müttern. Sehr oft kommt es bei einer Umweiselung durch das Volk selbst zum Schwarm.

Gut zu wissen

Schwarmfördernd wirkt sich auch eine Überhitzung der Beuten durch Sonneneinstrahlung aus. Völker, die im Mai/Juni zur Mittagszeit in praller Sonne stehen, neigen eher zum Schwarm als schattig aufgestellte. Schaumstoffisolierte Beuten sind hier vorteilhaft.

Hierbei bringt man auch die Schwarmneigung mit dem Vorhandensein der Weiselsubstanz (Weiselstoff) in Zusammenhang. Im Gegensatz zu begatteten Jungtieren ist diese bei alten oder verbrauchten Königinnen weniger vorhanden. Die notwendige Verteilung des Weiselstoffes auf alle Glieder eines Volkes ist demnach nicht mehr möglich. Dies trifft auch bei Völkern mit Raumnot oder solchen in Beuten mit Schieden und dergleichen Einrichtungen zu. Auch der Verlauf des Jahres und das Angebot an Blütenstaub fördern oder hemmen die Schwarmlust der Völker. Schöne Spätsommer mit reichhaltiger Pollenversorgung und ein darauf folgendes Frühjahr mit einer ausgesprochen intensiven Rapsblüte, der eine Schlechtwetterperiode folgt, sind Schwarmjahre.

Ein Schwarm in einer Ackerfurche. Ein seltener Platz.

Schwarmzeichen – Schwarmvorgang

Dem erfahrenen Imker wird beim Beobachten seiner Völker am Flugloch während eines Trachttages bereits auffallen, welche Völker Schwarmstimmung zeigen. Der rege Flugbetrieb früherer Tage hat sichtlich nachgelassen. Man merkt deutlich, dass bei solchen Völkern etwas vor sich geht. Eine Nachschau wird zeigen, dass die Waben nicht mehr so intensiv bestiftet sind. Weiselnäpfchen oder bereits solche mit Eiern und heranwachsenden Maden, die Futtersaft im Überfluss aufweisen, sind deutliche Zeichen.

Sucht man die Königin, so wird der im Vergleich zu früheren Tagen auffallend schlanke Hinterleib deutlich zu erkennen sein. Die Königin wird in schwarmlustigen Völkern nicht mehr so reichlich gefüttert – dies auch deswegen, damit sie beim Schwarmakt überhaupt fliegen kann. Ja, sie wird sogar von der Arbeiterin herumgestoßen, grob behandelt und regelrecht auf den Waben gejagt. Man könnte meinen, sie unterziehe sich einem Fitnesstraining, um zum Flug über weite Strecken in Form zu sein.

Völker ohne Schwarmstimmung haben eine wohlgenährte Königin, die ihres prallen Hinterleibes wegen überhaupt nicht fliegen kann.

Gut zu wissen

Eine weiter fortgeschrittene Schwarmstimmung zeigt sich vor allem, wenn Weiselzellen oder -näpfchen in einer Zahl von 10, 15 oder sogar 20 und mehr überwiegend an den unteren Wabenrändern gefunden werden.

Schwirrtanz

Um etwa 20 000 bis 30 000 Bienen schlagartig zum Verlassen der Beute zu veranlassen, führen die Spurbienen einen höchst aufgeregten „Schwirrtanz“ auf. Sie bahnen sich, in Zickzackschritten laufend, mit vibrierenden Hinterleibern einen Weg durch die Masse der Bienen. Mit den Flügeln erzeugen sie einen deutlich hörbaren Schwirrton. Die Zahl der Bienen, die diesen Schwirrtanz aufführen, steigert sich, bis das ganze Volk in Aufruhr ist und auch die Königin mitgerissen wird.

Vorschwarm – Nachschwarm

Der erste von einem Volk abgehende Stamm ist der Vorschwarm. In der Regel zieht mit ihm auch die begattete Königin aus.

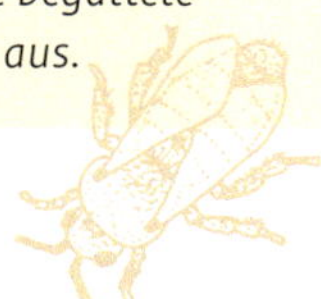

Der Zeitpunkt des Abgangs des Schwarmes ist dann gekommen, wenn eine oder mehrere Weiselzellen gedeckelt sind. Es ist der Vorschwarm. Mit ihm verlässt die im Volk befindliche Königin die Beute. Äußeres Zeichen eines bevorstehenden Schwärmens ist das völlige Einstellen des Trachtfluges. Die mit dem Schwarm ziehenden Bienen saugen sich jetzt voll mit Honig. In der Regel sind es etwa 50 bis 90 % des schwärmenden Volkes. Spur- und Suchbienen haben schon vorher Ausschau nach einem geeigneten Nistplatz gehalten.

So kommt es schlagartig zum Auszug des Schwarmes. Wenn man dieses Schwarmspiel öfter am Flugloch beobachtet, kann man den Eindruck gewinnen, dass sich der Schwarm so schnell wie möglich vom Muttervolk trennen will. Eine weitere Beobachtung ist dabei interessant: Die Nachbarvölker stellen den Trachtflug schlagartig ein, vermutlich werden ihre Flugbienen durch die hin und her fliegenden großen Massen von Bienen irritiert.

Für den Nichtimker ist ein sich in der Luft befindlicher Schwarm ein beeindruckendes Erlebnis, vor allem das Sammeln zur Schwarmtraube. Der Ast eines Baumes, ein Strauch, ein Gartenzaun und manchmal auch ungewöhnliche Plätze wie die Stoßstange oder die Ackerfurche werden angeflogen, um sich niederzulassen (Mauthe, Horn, Lampeitl 1992). Nach und nach sammeln sich dort die Bienen mit der Königin. Drohnen sind auch dabei. Zuerst ist die sich bildende Traube klein und aufgeregt, wird aber innerhalb von 10 bis 20 Minuten immer größer und ruhiger.

Etwa sieben bis acht Tage nach Abgang des Vorschwarmes schlüpfen die ersten Jungköniginnen. Sie machen sich durch das sogenannte Tüten bemerkbar, das sich durch die Dämpfung der Zellenwand eher wie ein Quaken anhört. Die fertig entwickelten, noch in den Zellen befindlichen Rivalinnen antworten. Bei schwarmlustigen Bienenstämmen ist dies der Zeitpunkt des Abganges eines oder mehrerer Nachschwärme. Sie sind wesentlich kleiner, oft nur eine Handvoll von Bienen. Geht kein Schwarm mehr ab, bekämpfen sich die neugeborenen Königinnen so lange, bis die stärkste übrig bleibt. Noch in den Zellen heranwachsende Königinnen werden getötet. Dabei wird die Wand der Zelle seitlich aufgebissen und die Nachbarkönigin darin abgestochen, sie kann sich nicht wehren.

Wabenbau und Nestordnung

Die Honigbiene zählt zu den Insekten, die das Material für ihre engeren Behausungen und Vorratskammern, den Waben, selbst herstellen – sie produzieren Wachs. Dies geschieht überwiegend in den Monaten April bis Juni / Juli, jedoch nur bei guter Futterversorgung in Form von Kohlenhydraten. Ein Wachsplättchen wiegt 0,8 mg; für 1 kg reines Bienenwachs braucht ein Volk rund 1,25 Millionen Plättchen oder Schüppchen.

Wachsplättchen aus den Wachsdrüsen der Arbeitsbiene.

Wabenbau

Verbringt man einen Bienenschwarm in eine leere Beute ohne Rähmchen und Waben, so wird dieser bei entsprechender Futterversorgung seine Waben selbst errichten. Dabei erfolgt der Bau in der Regel von oben nach unten. Bienen hängen sich ketten- und traubenförmig aneinander, immer die Köpfe nach oben gerichtet.
Fast regungslos schwitzen sie das Wachs. Über die Hinterbeine abgenommen, wird es mit den Mandibeln geknetet, angefeuchtet, in ent-

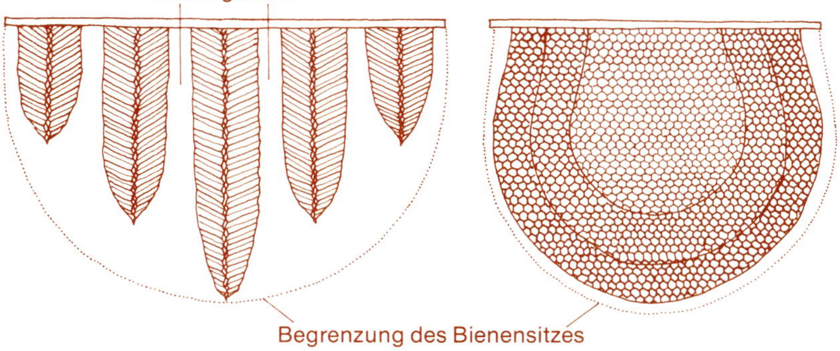

Entstehender Wabenbau bei einem Schwarm, der weder Rähmchen noch Mittelwände erhielt.

Im Naturbau entstehende Waben bei einem Bienenvolk.

sprechende Stücke aufgeteilt und an der Baustelle angeheftet. Zum Errichten von Waben trägt die Biene auch von anderen Wabenstücken Wachs ab.

Naturbau

Beim Betrachten des ersten Bauansatzes kann man kaum glauben, dass daraus eine regelmäßig geformte Wabe entstehen soll. In wahlloser Anordnung werden Wachstupfer an der Decke festgemacht, bis ein erster Wandsatz entsteht. Allmählich erkennt man die Mittelwand mit Ansätzen von Zellwänden. Je weiter die Wabenzunge nach unten gebaut wird, desto tiefer werden die Zellen am oberen Ende, bis sie ihre normale Tiefe erreicht haben.

Sobald eine solche Wabenzunge der Länge nach 8 bis 10 cm misst, errichtet der Schwarm auf die gleiche Weise Nachbarwaben. Diese werden, von Mitte Wabe zu Mitte Wabe gemessen, in einem Abstand von 35 mm gebaut und die Zellen von der Mitte aus beidseitig nach außen gezogen. Bei einer Zelltiefe von 12 mm bleibt ein freier Raum von etwa 1 cm zwischen den Waben, der im Bereich der Brutzellen zwei bis drei Bienen Platz bietet.

Gut zu wissen

Die einzelnen Zellen stehen leicht mit 4° bis 5° nach oben geneigt. Dies hat den Vorteil, dass der Honig bei noch nicht gedeckelten Zellen nicht herausläuft. Gleichzeitig verleiht das zum Zellboden hin verlagerte Gewicht des Zelleninhaltes der Wabe eine gewisse Stabilität.

Ein Quadratdezimeter einer beidseitig mit Honig gefüllten Wabe wiegt 350 g. Dies erfordert eine gute Festigkeit der Wabe. Dazu trägt eine starke Verdickung der am Deckel angebauten Zellenwände bei und an den zusammenstoßenden Kanten sind geringe Versteifungen festzustellen. Weitere Stabilität erhält die fertige, schon einmal bebrütete Wabe durch Gespinste, mit denen die Made die Zelle auskleidet.

Dass Bienen beim Wabenbau nicht stur einem Instinkt folgen, sieht man daran, dass auch einmal ein freier Zwischenraum von unten nach oben zugebaut wird. Ebenso zeigen Bienen bei Reparaturarbeiten an Waben und der Schaffung von Übergängen von Arbeiterinnen- zu Drohnenzellen ihre große Anpassungsfähigkeit. Beim frei errichteten Wabenbau bevorzugt das Bienenvolk allgemein Längsbau, das heißt, senkrechte Stellung zur Fluglochebene. Häufig tritt auch eine Schrägstellung auf. Durch die Konstruktion der Beute des Imkers ist entweder Längs- oder Querbau vorgegeben und die Bienen passen sich auch daran an.

Gut zu wissen

Abstände zwischen Ober- und Unterteil der Rähmchen, die größer als 6 mm sind, werden mit Wirrbau versehen. Verschiedene Versuche der letzten Jahren, die Mittelwand aus Wachs durch Kunststoff zu ersetzen, kamen bisher nicht zu Imker und Bienenvolk zufriedenstellenden Lösungen.

Bau auf der Mittelwand

Die vom Imker angefertigte Mittelwand mit gegossener Wachsplatte erleichtert den Bienen den Bau der Waben. Sie können Zellwände direkt darauf errichten. Man spricht vom Ausziehen der Mittelwände. Neben dem Vorteil der Mobilität erhält man regelmäßigere und durch das Drahten der Rähmchen stabilere Waben.

Zellen, Zellenarten

Wir unterscheiden bei unserer Honigbiene drei Zellenarten auf den Waben: Arbeiterinnenzellen (Durchmesser nach allen Seiten im Mittel

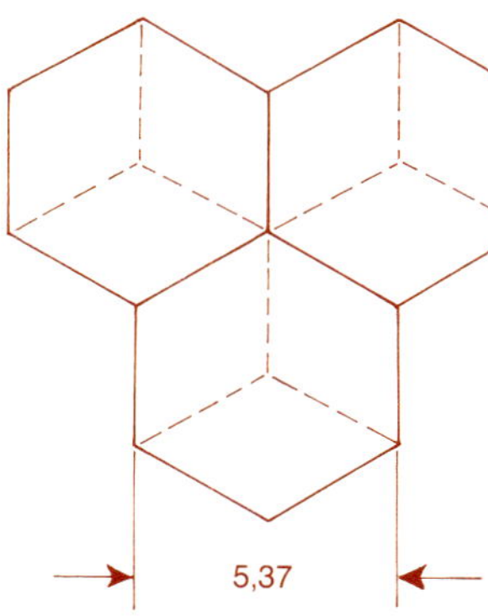

Durchmesser (mm) einer Arbeiterinnenzelle.

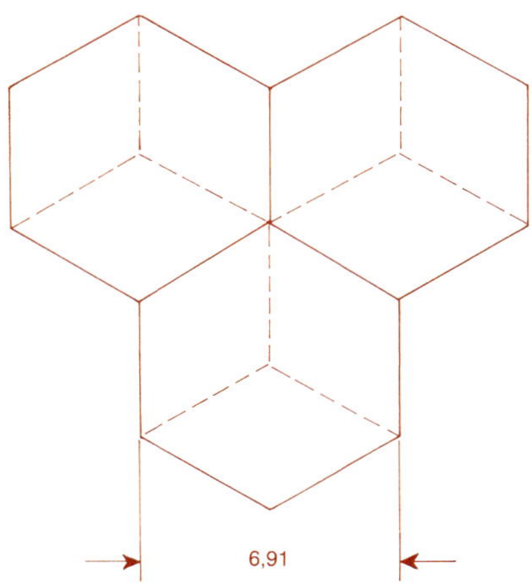

Durchmesser (mm) einer Drohnenzelle.

5,37 mm), Drohnenzellen (unbenutzt, im Durchschnitt 6,91 mm) und die großen, eichelförmigen, nach unten hängenden Weiselzellen.

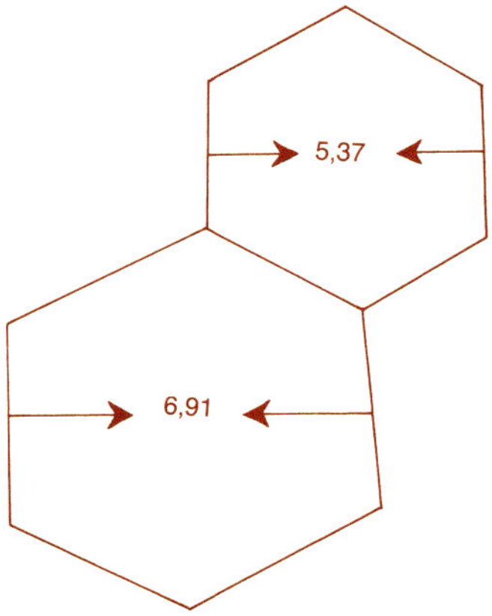

Bei ineinander übergehenden Arbeiterinnen- und Drohnenzellen kommen des Öfteren unregelmäßige Sechseckformen vor.

Arbeiterinnen- und Drohnenzellen

Die Form beider Zellen ist ein gerades, sechsseitiges Prisma, das durch drei rhombenartige Bodenflächen abgeschlossen wird; der stumpfe Winkel dieser Flächen bildet eine dreiseitige Pyramide. Da jede Wand und jede Bodenfläche zugleich Trennwand zwischen zwei Zellen ist, ergibt sich aus diesem Bauprinzip eine optimale Raumnutzung – pro Quadratzentimeter vier Arbeiterinnen- und drei Drohnenzellen! – dies bei geringstem Aufwand an Baumaterial und -zeit, hervorragender Festigkeit und Steifigkeit (umgangssprachlich „Stabilität“) sowie geringer Wärmeleitfähigkeit.

Die Konstruktion ist also wärmeisolierend, der Sechseck-Zylinder der Zellen ist für die Rundform der Larven wie maßgeschneidert – auch biologische Erfordernisse sind damit erfüllt. Kein Wunder, dass dieses geniale Konstruktionsprinzip von der modernen Technik nachgeahmt wird; eine herausragende Rolle spielt es im Flugzeugbau, ob es nun Doppelschalen-, Sandwich- oder Wabenbauweise genannt wird.

Die Tiefe der Zellen richtet sich nach der Verwendungsart. Arbeiterinnenbrutzellen sind 10 bis 12 mm tief, Honigzellen werden tiefer gebaut. Gefüllte Honigwaben erreichen eine Gesamtdicke von 27 bis 37 mm.

Weiselzellen

Sie dienen ausschließlich zur Aufzucht der Königinnen und werden nur einmal benutzt. Da sie 20 bis 25 mm lang sind, könnte eine Königin sie nicht bestiften. Dieser Vorgang erfolgt schon, wenn die Weiselzelle noch im Näpfchenstadium ist. Mit der heranwachsenden Made erreicht auch die Zelle ihre endgültige Größe. Nach dem Schlüpfen der Königin wird sie abgetragen.

Ihrer Länge wegen hat die Weiselzelle in waagrechter Stellung keinen Platz zwischen den Waben. Deshalb wird der große Endabschnitt nach unten gebaut. Weiselzellen werden an solchen Stellen der Wabe errichtet, wo sich freier Raum anbietet, also überwiegend an Rändern und Ecken am unteren Ende. Ihre krugförmige Höhlung ist glatt; ihre äußere Oberfläche dagegen mit sechseckigem Leistenwerk versteift, sodass eine verhältnismäßig dicke Wandung zu Stande kommt.

Gut zu wissen

Arbeiterinnen- und Drohnenzellen werden zur Aufzucht der Brut und zur Lagerung von Honig verwendet. Zusätzlich lagern die Bienen in den Arbeiterinnenzellen ihre Pollenvorräte. In den Drohnenzellen geschieht dies nicht.

Im Volk selber unterscheiden wir Schwarmzellen und Nachschaffungszellen. Schwarmzellen werden zur natürlichen Schwarmzeit gebaut, wobei die Weiselnäpfchen die Ausgangsform bilden. Auf gleiche Weise kommen die Weiselzellen bei einer vom Volk selber vollzogenen, stillen Umweiselung zu Stande – allerdings in weitaus geringerer Zahl. Oft findet man dann bei Sichtung der Waben nur zwei bis drei Stück.

Die Nachschaffungszellen werden dann gebaut, wenn das Volk aus irgendeinem Grund die Königin verliert. Es muss dann, um eine heranziehen zu können, auf vorhandene Brut zurückgreifen. Deshalb sitzen diese Zellen nicht überwiegend an den Rändern der Waben, sondern in der Mitte. Dabei werden die Wände um die Arbeiterinnenzelle, in der sich die ausgewählte Made befindet, bis zur Hälfte abgetragen und darauf aufbauend die Nachschaffungszelle errichtet.

Die schlüpfreife Weiselzelle in einem Ableger.

Nestordnung

Stehen in einem Magazin die Waben im Längsbau nebeneinander, so wird man bald auf den einzelnen Waben und im gesamten Wabenbau eine gewisse Ordnung finden. In der Mitte sind die Brutwaben, nach außen hin und nach beiden Seiten Honig- und Pollenwaben. Es kann davon ausgegangen werden, dass die Brutwaben sich am bestbelüfteten Platz des Wabenbaues befinden.

In der aufsteigenden Entwicklung, durch die Ausdehnung des Brutnestes, unterliegen die am Rande angelegten Honig- und Pollenwaben einer starken Veränderung. Betrachtet man das Brutnest auf einer Wabe und im gesamten Wabenbau, so wird die Kreis- und Kugelform leicht zu erkennen sein. Über dem Brutnest befindet sich ein Pollenkranz, darüber der Honigkranz auf der Wabe.

Während in der Zeit, in der das Brutnest zunimmt, Honig- und Pollenvorräte nach außen und oben gedrängt werden, erleben wir in der absteigenden Entwicklung den umgekehrten Weg. Honig und Futter verlagern das kleiner werdende Brutnest in die Nähe des Flugloches, wo auch die Wintertraube gebildet wird. In der kalten Jahreszeit rückt diese wiederum dem Futter nach.

Gut zu wissen

Blütenstaub muss den frisch geschlüpften Bienen leicht zugänglich sein. Honig und Futtervorräte müssen so weit entfernt wie möglich vom Flugloch gelagert werden, damit Räuber erfolgreich abgewehrt werden können.

Die Wintertraube, gebildet über sieben Waben.

Das Bienenleben im Jahresablauf

Die Wintermonate, in denen die Natur keine Nahrung bietet und Temperaturen herrschen, bei denen Bienen kaum fliegen können, müssen vom Bienenvolk überbrückt werden. Genügend Nahrung, eine dem Hohlraum angepasste Volksstärke, die Vermeidung von unnötigen Ballast und die Erzeugung der lebensnotwendigen Temperatur in der Wintertraube bewirken, dass ein Volk auch in unseren Breiten ohne Schaden strengste Winter überstehen kann.

Frühjahrs- und Sommermonate

Sie werden zur Nahrungsherbeischaffung genutzt – nicht nur, um den Bestand an Arbeiterinnen von rund 10 000 auf 50 000 bis 60 000 zu vermehren, sondern auch, um dem Volk die Möglichkeit zu geben, die natürlichen Nahrungsquellen erschöpfend auszunutzen. Die Überwinterung als Volk, als Gemeinschaft, verlangt Vorratswirtschaft.

Mit dem Anwachsen der Gemeinschaft auf Sommervolksstärke ist es jedoch nicht getan. Ein regelrechtes Sich-zu-Tode-Arbeiten des Einzelinsektes Arbeitsbiene verlangt zusätzlich eine Ergänzung dieser Verluste. So wird ein Volk, das unter normalen Verhältnissen existiert, pro Jahr etwa 200 000 bis 250 000 Arbeiterbienen heranziehen müssen.

Eine vollwertige Königin, die entsprechend Eier legen kann, ist genauso eine Voraussetzung wie die männlichen Geschlechtstiere, die Drohnen, die zur einmaligen Begattung der Königin notwendig sind.

Herbst- und Wintermonate

Er dient dem Volk zur Vorbereitung auf den Winter. Es trennt sich von unnötigem Ballast. Da für Ersatz einer nicht mehr leistungsfähigen Königin und für die Vermehrung des Volkes über den Schwarm bereits im Sommer gesorgt wurde, braucht das Bienenvolk bis zum kommenden Frühjahr keine Drohnen mehr. Sie werden abgestoßen. Ebenso alte, abgewirtschaftete Arbeiterinnen.

Der Übergang von den kurzlebigen Sommerbienen zu den langlebigen Winterbienen vollzieht sich zu dieser Jahreszeit, ohne dass es bemerkt wird. Das zur Winterzehrung notwendige Futter wird in der Nähe der sich bildenden Wintertraube leicht erreichbar gelagert.

Freigehaltene Zellen in den Waben dienen, nach Ausschlüpfen der letzten Brut, als Unterschlupf der sich im Inneren der Traube aufhaltenden Bienen. Da bereits im Januar / Februar mit der Aufzucht junger Arbeiterinnen begonnen wird, behält das Volk die Königin auch den Winter über. Extreme Kältegrade im Winter werden genauso gemeistert wie übermäßige Hitze im Sommer – beispielsweise bei Völkern in Holzbeuten, die intensiver Sonnenbestrahlung ausgesetzt sind.

Ja, selbst außergewöhnliche Situationen, wie den Verlust sämtlicher Flugbienen, kann ein Volk bewältigen. Dabei bewirkt der Erhaltungstrieb, dass Stockbienen, um lebensnotwendige Vorgänge durchzuführen, früher zu Flugbienen werden. Umgekehrt übernehmen Flugbienen wieder Brutpflegearbeiten, obwohl es nicht mehr zu ihren Aufgaben gehört, wenn durch einen willkürlichen Umstand die Jungbienen verloren gehen.

In der Leistungsfähigkeit wird ein solches Volk gegenüber intakt gebliebenen Völkern zurückbleiben, bei Aufrechterhaltung anderer lebensnotwendiger Funktionen aber nicht eingehen. Und es bedarf intensiverer Pflege durch den Imker.

Lebensbedürfnisse des Bienenvolkes

Gut zu wissen

- *Ohne Honig oder Futter verhungern die Völker, auch wenn genügend Pollen in der Natur oder in der Beute zur Verfügung steht.*
- *Ohne Blütenstaub wird das Brutgeschäft nicht in Gang kommen, auch wenn das Volk Honig oder Futter im Überfluss hat.*

Wie jedes Lebewesen braucht auch die Honigbiene ihren Bedürfnissen und Aufgaben entsprechend Nahrung, Luft, Wasser und Wärme. All dies ist wichtig, am allerwichtigsten aber ist, dass sie stets Nahrung hat, und zwar reichlich.
In der Nahrung müssen zum einen Stoffe enthalten sein, die im Körper verbrannt werden, um Energie für alle Lebensvorgänge im Organismus zu liefern – die Betriebs- oder Energienahrung. Zum anderen braucht das Bienenvolk Stoffe zum Aufbau und dem Ersatz der Körpersubstanz – die Aufbaunahrung.
Selten sind im Tierreich Energie- und Aufbaunahrung so eindeutig getrennt wie bei der Biene. Als Energienahrungsmittel wird der eingetragene Nektar und Honigtau zu Honig umgearbeitet und liefert Kohlenhydrate. Im Blütenstaub (Pollen) steht pflanzliches Eiweiß als Aufbaunahrung zur Verfügung, dazu kommen Nährsalze und Vitamine.

Energienahrung

Info

Solange die Honigblase der Biene gefüllt ist, bleibt der Blutzuckerspiegel konstant. Nach Entleerung der Honigblase sinkt er rasch ab, die Biene wird flugunfähig und stirbt.

Während der Trachtzeit und in den Sommermonaten dient der Honig dem Bienenvolk als Energienahrung. Diese übersättigte Lösung mit 78 bis 81 % Invertzucker braucht die Biene, um Kräfte zu erzeugen, die ihr die verschiedensten Bewegungen und Verrichtungen innerhalb und außerhalb der Beute ermöglichen. Hierbei ist überwiegend an die Flugaktivitäten zu denken, die ja zur Herbeischaffung der Nahrung notwendig sind.

Für fliegende Arbeitsbienen wird ein mittlerer Stundenverbrauch von 30 mg Energienahrung angegeben. Diese ist in der Honigblase gespeichert. Je nach Energieverbrauch geht sie als Flüssignahrung in den Mitteldarm über, wobei das Blut der Arbeitsbienen durchschnittlich 2 % Zucker enthält. Im Vergleich dazu beträgt der Zuckergehalt menschlichen Blutes nur 0,1 %.

Honig und damit Energienahrung braucht das Bienenvolk auch, um die zum Leben und zur Aufrechterhaltung der Lebensvorgänge in der Beute notwendigen Temperaturen zu erzeugen. So ist der Verbrauch nicht fliegender, gekräftigter Bienen an Energienahrung sehr von der Außentemperatur abhängig.

Verbrauch an Energienahrung in Abhängigkeit von der Außentemperatur
(nach Zander / Weiß 1964)

Temperatur °C	Verbrauch in mg / Stunde / Biene
11	11,0
37	0,7
48	1,4

Die Aufstellung zeigt, dass bei einer Temperatur von 37 °C am wenigsten Energie verbraucht wird. Daraus ist zu schließen, dass die Aufrechterhaltung der Temperatur von 37 °C im Inneren der Beute in den Frühjahrs- und Sommermonaten nicht nur den Futterverbrauch günstig beeinflusst, sondern auch den Energieumsatz der einzelnen Bienen, sie sind weniger belastet.

Honigverbrauch eines Bienenvolkes

Dieser ist in den Sommermonaten sehr schwer zu ermitteln. Die Stärke des Volkes, die Brutfähigkeit und nicht zuletzt der Anreiz einer Tracht von außen spielen hierbei eine große Rolle. Die Schätzungen reichen von 30 bis 80 kg, wobei die Bautätigkeit auch durch die vom Imker entnommenen Ernten beeinflusst wird. Tatsächlich dürfte der Energie- bzw. Honigverbrauch eines Volkes in unseren Breiten in den Sommermonaten bei 30 bis 40 kg liegen.

In den Wintermonaten, der brutlosen Zeit, in der kein Futterstrom von außen ins Volk kommt, ist es einfacher, Verbrauchswerte zu ermitteln. Die Waagstockergebnisse liegen in den Monaten Oktober bis einschließlich Januar jeweils zwischen 0,5 und 1 kg. Bei Weiterführung der Messungen werden wir feststellen, dass die Gewichtsabnahmen je Volk ab Februar höher liegen. Jetzt sind 1 bis 2 kg keine Seltenheit mehr. Dieser stark erhöhte Futterverbrauch ist auf die einsetzende Bruttätigkeit und damit auch auf die notwendige, höhere Erwärmung des Bienenvolkes zurückzuführen.

Ab April sind Futterverbrauchsermittlungen schwierig, denn zunehmende Flugtage und ansteigendes Nahrungsangebot in der Natur führen zu Gewichtszunahmen des Volkes. Zu dieser Zeit erfolgt auch eine Reinigung des Volkes von Wintergemüll und toten Bienen.

Winterfutter

Außerhalb der Trachtzeit in den Wintermonaten ersetzen wir die Energienahrung Honig durch Zucker. In unseren Breiten ist die Winterauffütterung der Völker mit Zucker und Fertigfutter aus der Betriebsweise nicht mehr wegzudenken.

Gut zu wissen

Heinrich Freudenstein (1863 – 1935) war es, der um die Jahrhundertwende die Rohrzuckerfütterung einführte, weil er alle paar Jahre in Fichtentrachtgebieten seine Völker durch die Ruhr verlor. Heute ist dies Allgemeingut in der Imkerei.

Es wurden jedoch immer wieder Stimmen laut, wonach die seuchenhaften Krankheitserscheinungen auf die „Mangeldiät" Zucker zurückzuführen seien. Auch bekannt und eindeutig erwiesen ist, dass Völker, die auf Honigtauhonig überwintern und über drei bis vier Monate keinen Reinigungsflug durchführen können, im Frühjahr krankhafte Erscheinungen wie Ruhr aufweisen. Zu viele unverdauliche Rückstände, die in diesen Honigen enthalten sind, belasten die Kotblasen der Biene zu stark. Bei Verwendung von handelsüblichem Rohrzucker zur Winterauffütterung wurden diese Erscheinungen nicht festgestellt.

Nicht zuletzt beruht die Rentabilität der Bienenhaltung in unseren Breiten auf der Zuckerfütterung. In durchschnittlichen Honigjahren ernten wir bei kleineren Hinterbehandlungsbeuten 12 bis 15 kg Honig pro Volk und Jahr. Bei Oberbehandlungsbeuten, beispielsweise mit Dadant-Rähmchen, sind Ernten im Durchschnitt von 20 bis 25 kg Honig pro Volk und Jahr möglich. Die gleiche Menge müssen wir an Zucker im Spätsommer einfüttern.

Der Gewinn besteht nur im Preisunterschied zwischen Honig und Zucker. In guten Trachtjahren ist der Honigertrag höher als der Zuckerverbrauch. Wenn wir Honig und Zucker zur Winterauffütterung vergleichen, so meinen wir üblichen Haushaltszucker, der in den meisten Süßwaren enthalten ist, also Rohr- oder Rübenzucker.

Saugende, Futter aufnehmende Bienen am Futterteig.

Bei Verwendung des Rohrzuckers als Bienennahrung dürfen wir nicht vergessen, dass ihn die Bienen in der gleichen Weise verarbeiten wie Nektar und Honigtau. Durch Zugabe von Fermenten und weiteren Wirkstoffen machen sie einen aufgespaltenen Invertzucker daraus, der ihnen dann im Winter als Energienahrung dient. Durch Aufnahme dieses „Zuckerfütterungshonigs“ wird die notwendige Wärme der Wintertraube überwiegend erzeugt und gehalten.

Futterteige

Bei der Ablegerbildung als auch zur Reiz- und eventuellen Lückenfütterung im Frühjahr, eignen sich Futterteige bestens. Sie sind nichts anderes als in einem bestimmten Verhältnis mit Honig vermischter Puderzucker.

Ein anderes Verfahren bewährt sich in größeren Imkereien ohne Knetmaschine: 1 kg Honig löst man in 1 l Wasser auf und gießt die Mischung über 10 kg Puderzucker im Gefäß, das danach gut verschlossen wird. Nach etwa 14 Tagen hat das Honigwasser den Puderzucker vollkommen durchdrungen.

Ein Futterteig ist entstanden, der im Vergleich zu gekneteten Teigen etwas weicher ist. Er bewährt sich sehr gut bei Fütterungen frisch gebildeter Ableger und bei der Frühjahrsreizung. Zur Aufnahme dieses Futters braucht das Volk weniger Wasser. Eine Reichung in den Futtertaschen ist sinnvoll.

In neuerer Zeit werden zur Auffütterung auch sogenannte Flüssigzuckerpräparate angeboten. Sie werden mithilfe von Fermenten aus Maisstärke gewonnen und enthalten 29 bis 25 % Wasser. Durch die hohe Zuckerkonzentration sind sie lange haltbar und dank der Abpackung in 2,5-kg-Kunststoffbeuteln auch leicht anzuwenden. Da diese Präparate aus Stärke hergestellt werden, enthalten sie eine andere Zuckerzusammensetzung als Honig.

Aufbaunahrung

Blütenstaub ist die Hauptquelle für Eiweiß und Fett. Die Bienen sammeln Pollen als mehlartiges, staubfreies Pulver. Er wird in den verdickten Enden der Staubfäden, den Staubbeuteln, der Blüten gebildet und durch Platzen der Staubbeutelwand freigesetzt.

Die Pollenkörner sind die männlichen Fortpflanzungszellen der Samenpflanzen. Sie wechseln in Farbe und Form je nach Pflanzengattung, zum Beispiel hellgelb bei Haselnuss, dunkelgelb bei Löwenzahn, zitronengelb bei Raps, grünlich bei Ahornarten, blau bei Phazelie, hellgrau bei Ulme und fast schwarz bei den Mohnarten. Erhebliche Unterschiede gibt es bei Form und Größe der Pollenkörner. Bei Vergissmeinnicht messen die Pollenkörner 0,0025 bis 0,0034 mm, fast zehnmal so groß sind sie bei Gurke oder Kürbis mit 0,20 bis 0,24 mm. Die mannigfachen Formen der verschiedensten Pollenkörner geben bei mikroskopischen Untersuchungen Aufschluss über die Herkunft des Honigs.

Gut zu wissen

Will man einen festen Futterteig herstellen, so verknetet man vier Teile Puderzucker mit einem Teil etwas erwärmten Honig. Diese marzipanähnliche Masse kann in einem gut verschließbaren Gefäß lange aufbewahrt werden. Der Teig eignet sich besonders bei der Reizfütterung zum Auftragen auf den Rähmchenoberteilen am Bienensitz. Größere Mengen werden mit Teigknetmaschinen hergestellt.

Info

Zur Herstellung des Futterteiges kann anstatt Honig auch technischer Invertzucker verwendet werden; er entsteht durch Kochen von Rohrzuckerlösungen mit Säuren. Die Industrie stellt auch fertige Futterteige wie Apifonda her.

Pollen verschiedener Farben in den Waben: dies zeigt die Vielfalt der Pflanzen, an denen Bienen den Pollen sammeln.

Eiweiß-, Vitamin- und Mineralstoffquelle

Je nach Herkunft ist die Zusammensetzung des Pollens verschieden. Der Eiweißgehalt schwankt zwischen 7 und 30 %. So wie ihn die Biene in den Waben speichert, beträgt er durchschnittlich 20 bis 22 %. Sehr reich ist der Pollen an Vitaminen, besonders der B-Gruppe. Auch der Mineralgehalt liegt höher als beim Honig, nämlich im Mittel bei 2,6 %. Kohlenhydrate und Fett sind ebenfalls enthalten, doch kann die Biene sie nicht nutzen.

Zwischen den Pollen der verschiedenen Pflanzenarten bestehen Wirkungsunterschiede, die auf unterschiedlichen Eiweißgehalten basieren: So enthält Kiefernpollen nur 7 bis 8 % Eiweiß. Eichenpollen 19 %, Maispollen 20 %, dagegen Weidenpollen 22 bis 23 % und Obstpollen 26 bis 29 %. Der genaue Beobachter wird auch feststellen, dass Bienen kaum

Gut zu wissen

Pollen ist für die Biene eine vitaminreiche Eiweißnahrung. Er liefert ihr außerdem die Hauptmenge der benötigten Mineralien.

Wirksamkeit einiger Pollenarten (Maurizio und Wahl 1954/1978)

schlecht	mäßig	mittelgut	sehr gut
Rottanne	Hasel	Ahorn	Weide
Weißtanne	Erle	Löwenzahn	Krokus
Kiefer	Eiche	Mais	Raps
	Pappel	Ulme	Obstgehölze
		Wiesenknöterich	Klee, Edelkastanie
			Heidekraut

die Rot- oder Weißtannen zum Pollensammeln befliegen. Im Gegensatz dazu sind sie an blühenden Weidensträuchern und auf Rapsfeldern in Massen anzutreffen.

Sammeln, Transport des Pollens

Beim Blütenbesuch kommt die Biene mit den Staubgefäßen unvermeidlich in Berührung; dabei wird der reife Pollen an ihrem Körper abgelagert. Je nach Bau der Blüte oder der dargebotenen Pollen, gelangt der Blütenstaub auf Kopf, Brust und Hinterleib oder überpudert gleichmäßig den ganzen Bienenkörper. Der Pollen wird von der Honigbiene „gehöselt", das heißt, zu zwei Klümpchen geformt, am dritten Beinpaar befestigt und so in den Stock getragen. Der Vorgang des Pollensammelns verläuft in zwei Phasen.

Höselnde Biene.

Phase 1

Zuerst bearbeitet die Biene die Staubbeutel der Pflanzen mit Mundwerkzeugen und Zunge. Dabei werden noch geschlossene Staubbeutel aufgebissen und der Pollen daraus durch heftige Bewegungen der Vorderbeine und Mundwerkzeuge ausgeschüttelt. Gleichzeitig feuchtet die Biene den Pollen über den Rüssel mit Honig aus der Honigblase oder Nektar aus der Blüte an. Dies geschieht so ausgiebig, dass sämtliche auch im Haarkleid verfangenen Pollenkörner klebrig werden.

Phase 2

Dann fliegt die Biene aus der Blüte auf. Sie beginnt, ihren Körper zu säubern und mit den drei Beinpaaren die Höschen zu formen.

- Mit dem ersten Beinpaar holt sie den Pollen mit den Bürsten und dem Fersenglied von Kopf, Mund und Halsregion. Der Rüssel ist dabei ständig in Bewegung und gibt weiter Flüssigkeit ab.
- Das zweite Beinpaar säubert die Brust und übernimmt den vom ersten Beinpaar gesammelten Pollen. Diesen gibt sie nun an das dritte, hintere Beinpaar in folgender Weise weiter: Das zweite Beinpaar wird zwischen den Fersenbürsten der parallel gestellten Hinterbeine durchgezogen – dadurch bleibt der Pollen daran hängen.
- Durch schnelle parallele Reibbewegungen werden die angefeuchteten Pollenkörner aus den Bürsten des einen Hinterbeines in den Pollenkamm des anderen abgestreift. Mithilfe des Pollenschiebers werden so nach und nach die an den Körbchen angefallenen Pollenkörner zu Klumpen ausgebildet.

Höselnde Biene an der Maisblüte, die nur in den Vormittagsstunden beflogen wird.

Größe und Gewicht der einzelnen Pollenhöschen können je nach Pflanzenart, Sammeldauer und Entfernung zur Trachtquelle stark variieren. Verhältnismäßig große liefern Weiden, Raps und Mais, kleinere dagegen Kirschen, Heidekraut und auch verschiedene Kleearten. Das Durchschnittsgewicht pro Höschenpaar und die ermittelte Sammelleistung eines Bienenvolkes ist beträchtlich. Eingetragene Pollenmengen von 1 bis 2 kg sind keine Seltenheit.

Einlagerung des Pollens

Der eingesammelte Blütenstaub wird wie Honig und Winterfutter in den Waben gespeichert. Dies geschieht in der Regel in Brutnestnähe, bei einem Überangebot der Natur und genügend Raum jedoch auch in Fluglochnähe. Der Magazinimker findet dann im untersten Raum prall gefüllte Pollenwaben.

Zur Speicherung stoßen die Flugbienen die Höschen mit den Sporen der Mittelbeine in die Zellen. Dort werden sie von den Stockbienen mit dem Kopf festgestampft. Wenn die Zelle zu drei Viertel gefüllt ist, überziehen sie zum Schutz vor Verderben den eingelagerten Pollen mit einer Honigschicht. Verschiedene Pollensorten werden in den Zellen übereinander gelagert.

Bedeutung des Pollens für das Bienenvolk

Der Pollen dient dem Bienenvolk als Aufbaunahrung beim Brutgeschäft in zweierlei Hinsicht. In direkter Weise werden ältere Arbeiterinnen- und Drohnenlarven mit einem Mischfutter aus Honig, Pollen und

Gut zu wissen

Da Blütenstaub reich an B-Vitaminen ist, finden sich diese wachstumsfördernden Vitamine auch im Futtersaft. So gut wie nicht vorhanden sind Vitamine der A-, C- und D-Gruppe.

Zusammensetzung des Futtersaftes und seine Verfütterung an die drei Bienenwesen (nach Jacoby 1964, vereinfacht)

		Königin	Arbeiterin		Drohn	
			bis 4. Tag	ab 4. Tag	bis 4. Tag	ab 4. Tag
Eiweiß	%	45,1	53,4	27,9	55,9	31,6
Fett	%	33,5	8,4	3,7	11,9	4,7
Zucker	%	20,4	18,1	45,0	9,5	38,5

Futtersaft versorgt. Dagegen erhalten die jungen Arbeiterinnen- und Drohnenlarven in den ersten vier Tagen Honig mit reinem Futtersaft. Königinnenmaden werden bis zum Deckeln mit reinem Futtersaft versorgt. Dies ist indirekte Pollennahrung.

Was macht die Biene zur Königin?
Sehr stark haben sich die Forscher in den letzten Jahren mit der Frage beschäftigt, inwieweit aus einem befruchteten Ei sowohl eine Arbeitsbiene als auch eine Königin entstehen kann. Bald erkannte man, dass es nicht der Nahrungswechsel vom Futtersaft zur Pollenhonignahrung ist, der aus einer Made eine Königin entstehen lässt. An der Frage nach dem determinierenden Stoff, aus der jungen Made eine Arbeiterin oder Königin heranwachsen zu lassen, wird intensiv geforscht. Erste Hinweise, dass ein spezifisches Eiweiß dabei eine Rolle spielt, gibt eine japanische Studie (Masaki Kamakura, 2011).

Wirkungen von Pollennahrung
Bei den frisch geschlüpften Bienen sind die Futtersaftdrüsen zwar vorhanden, aber nicht voll ausgebildet. Dazu ist die Aufnahme von reichlich Pollen notwendig, ebenso zur Ausbildung der Wachsdrüsen.

Nur mit Pollen versorgte Arbeitsbienen erreichen ein normales Alter. Entzieht man ihnen die Pollennahrung gleich nach dem Schlüpfen, bei gleichzeitiger Fütterung mit Honig und Zucker, so werden sie höchstens zwei bis drei Wochen alt. Dagegen erreichen auch mit Blütenstaub genährte Arbeiterinnen ein Alter von durchschnittlich 50, manchmal sogar über 100 Tagen.

Mit der Erzeugung und Abgabe von Futtersaft werden Vitamine und Eiweißstoffe verbraucht. Sommerbienen im normalen, weiselrichtigen Volk sind daher kurzlebig. Herbstbienen, die nur noch wenig oder keine Brut mehr pflegen, werden zu langlebigen, den ganzen Winter überdauernden Arbeiterinnen.

Diese im Spätsommer und Herbst schlüpfenden und heranwachsenden Bienen legen sich durch starkes Pollenfressen große Eiweißvorräte im Fettkörper an. So ermöglichen sie schon Brutpflege zu einer Jahreszeit, in der von draußen noch kein Blütenstaub ins Volk kommt und sie keine Pollen verarbeiten können.

Nach Untersuchungen von Prof. Wahl erhöht reichliche und vollwertige Pollennahrung die Widerstandsfähigkeit der Bienen gegen Pflanzenschutzmittel: In dem Labor-

Info
Im Handel wird Königinnenfuttersaft unter dem Namen Gelée Royale als gesundheitsfördernde Substanz angeboten. Gesicherte wissenschaftliche Erkenntnisse darüber gibt es bisher nicht.

Gut zu wissen
Im Volk regelt sich die Lebensdauer der Arbeitsbienen durch eine interessante Wechselwirkung zwischen Pollennahrung und Brutpflege. Pollennahrung verlängert, Brutpflege verkürzt das Leben der Bienen.

Als Reserve eingelagerter Blütenstaub.

versuch erhielten Bienen die gleichen Mengen eines Unkrautbekämpfungsmittels im Honigwasser. Bei Verfütterung von Rapspollen betrug der Totenfall in 24 Stunden unter 21 bis 30 Tage alten Bienen 8,5 %, bei Löwenzahnpollen dagegen 22,5 %.

Pollenverbrauch pro Biene und Volk

Dieser hängt von den Tracht- und Witterungsbedingungen, der daraus resultierenden Volksstärke und nicht zuletzt von anlagemäßig, unterschiedlich stark brütenden Völkern ab. So wird in Jahren mit guter Nektar- und Honigtautracht der Verschleiß an Arbeitsbienen größer sein als in mageren Zeiten.

Das Bienenvolk wird bestrebt sein, den Abgang an verbrauchten Flugbienen zu ersetzen; dazu muss aber reichliche Pollentracht vorhanden sein. Zur Aufzucht und Ernährung einer Arbeiterin werden nach verschiedenen Angaben in der Literatur 120 bis 145 mg Pollen benötigt. Bei einer Jahreserzeugung von 200 000 bis 250 000 Bienen errechnen sich Pollenmengen von 24 bis 36 kg, die auch durch Messungen mithilfe von Pollenfallen bestätigt werden.

Gut zu wissen

Der einzelnen Biene dient Wasser für den Stofftransport im Körper. Als Lösungsmittel für die meisten organischen Substanzen und Salze ist es unentbehrlich, ebenso für die Stoffwechselvorgänge in den Zellen des Bienenkörpers.

Wasser

Neben den organischen Nahrungsmitteln Honig oder Zucker und Pollen, ist Wasser der wichtigste anorganische Bestandteil der Bienennahrung. Nicht nur in den eingetragenen Sammelprodukten Nektar und Honigtau findet das Bienenvolk Wasser, es wird zeitweilig auch aufgenommen und eingetragen. Im Gegensatz zu Honig, Futter oder Blütenstaub wird es nicht in den Waben gespeichert.

- Im Frühjahr, wenn eingedickter, teilweise auch kristallisierter Honig oder Futter in den Waben verflüssigt werden müssen, steigt der Wasserbedarf des Bienenvolkes. Je mehr offene Brut ein Bienenvolk zu ernähren hat, desto höher wird der Wasserbedarf sein.
- In den Sommermonaten kommt durch Sammeln von Nektar und Honigtau ein Großteil des Wassers ins Volk. In dieser Zeit und bei der Einfütterung herrschen Wasserüberfluss. Dem steuern die Bienen durch das Fächeln am Flugloch gegen, es kommt eine Luftzirkulation in Gang, die das Wasser aus der Beute befördert.
- An sommerlich heißen Tagen dient Wasser zur Temperaturregelung in der Beute. Es wird eingetragen und auf Waben und Beutenwänden verspritzt, was zu Verdunstungskälte führt.
- In den Wintermonaten ist der Wasserbedarf des Bienenvolkes gering. In den Monaten, in denen Brut gepflegt wird und Nahrung herbeigeschafft werden muss, kann ein Verbrauch von 200 g pro Tag angenommen werden. Der Wasserbedarf, der zusätzlich zu der Flüssigkeit, die Nektar und Honigtau mit sich bringen, in das Volk kommt, wird auf 20 kg pro Jahr geschätzt.

Info

Der bei Einfütterung mit dünnflüssigen Lösungen auftretende Wasserüberschuss wird regelrecht „hinausgetragen“: im Flug „spritzen“ die Bienen das Wasser durch den After ab.

Luft

Als Brennstoff im Bienenkörper dienen Kohlenhydrate; der zur Verbrennung nötige Sauerstoff wird der Luft entnommen. Dabei entsteht Kohlendioxid, das aus dem Körper entfernt werden muss. Würden wir einem Bienenvolk die Luftzufuhr abschneiden, so würde es infolge des gestörten Nahrungsumsatzes Schaden erleiden und am Ende ersticken. In den Wintermonaten dauert dies etwas länger, in den Sommermonaten kann es sehr rasch gehen.

Der Sauerstoff wird durch die Tracheen aufgenommen und dem Blut zugeführt, das in freien Bahnen die Organe umspült. Der Verbrauch hängt hauptsächlich von der Temperatur und Arbeitsleistung der Biene ab. Während bei reiner Zuckernahrung bei älteren Bienen Sauerstoffaufnahme gleich Kohlendioxidabgabe ist, zeigen sehr junge Bienen zur zusätzlichen Pollenaufnahme wesentliche Unterschiede. Auch die heranwachsende Brut braucht Sauerstoff, jedoch pro Larve wesentlich weniger. Deckelungsreife, durchschnittliche Arbeiterinnenlarven verbrauchen bei 32 °C rund 100 mm³ Sauerstoff in der Stunde.

Sauerstoffverbrauch

10 000 Bienen (ca. 1 kg) benötigen bei 20°C in einer Stunde 1,8 l Sauerstoff. Die gleiche Bienenmenge verbraucht im Flug bei gleichen Verhältnissen schon 78 l Sauerstoff (Zander/Weiß 1964).

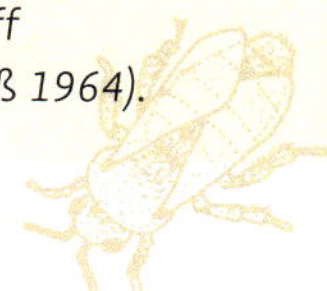

Kohlendioxid

Wegen der Atmung der Bienen ist die Stockluft etwas reicher an Kohlendioxid als die Außenluft. Beeinflusst wird die Kohlendioxidkonzentration im Stock überwiegend durch Witterungseinflüsse, Beschaffenheit des Flugloches, Beutenisolation und Wabenstellung.

Im sommerlichen Bienensitz können Werte von 1 % CO_2 auftreten (Luft 0,03 bis 0,06 % CO_2). In der Wintertraube dagegen kann es auf 6 % ansteigen; dies ist nicht gefährlich. Ein Bienenvolk übersteht ohne Weiteres eine Konzentration von 10 bis 15 % ohne Schaden.

Zur Durchlüftung des Bienensitzes fächeln die Bienen. Sie erzeugen durch intensive Flügelbewegungen einen vom Kopf zum Hinterleib gerichteten Luftstrom. Vom Beuteninneren über das Flugloch nach außen hin, sorgen stehend fächelnde Bienen dafür, dass Luft nach außen geschafft wird; mit einher gehen eine Temperaturregelung, das Abziehen von feuchter Luft und das Hinausschaffen fremder Reizstoffe und Gerüche wie Rauch oder Bienenabwehrspray.

Wärme- und Kälteregulierung

Der gute Beobachter wird bemerken, dass die Biene ein sehr wärmebedürftiges Insekt ist. Abkühlungen auf + 7 bis + 9 °C lassen es in Regungslosigkeit verfallen. Beim Berühren zeigt es in diesem Stadium nur schwache Bein- und Flügelbewegungen. Bei + 4,4 bis + 6 °C tritt eine Kältestarre ein, die bei noch tieferen Temperaturen sehr rasch vor sich geht. Unter solchen Verhältnissen können Bienen als Einzellebewesen durchschnittlich höchstens ein bis zwei Tage existieren.

In der brutlosen Zeit im Winter hält das Bienenvolk nur die zum Überleben notwendige Temperatur aufrecht, wobei Beuteninneres und Waben im Bereich der Wintertraube mit einbezogen werden.

Gut zu wissen

Innerhalb der Gemeinschaft kann das Bienenvolk die Temperatur den Bedürfnissen entsprechend regeln. So herrscht im Brutnest in der Wabengasse in den Monaten Februar bis September eine nahezu konstante Temperatur von 35 °C. Bei dieser Temperatur entwickelt sich die heranwachsende Brut am besten. Diese Temperatur wird selbst nach Störungen durch Eingriffe des Imkers von den Bienen sehr rasch wieder hergestellt.

Der Eintritt der Kältestarre hängt sehr von der Temperatur der Umgebung ab, in der sich die Biene vorher aufgehalten hat. So zeigen Winterbienen eine niedrigere Erstarrungstemperatur als Sommerbienen. Randbienen an der Wintertraube erstarren eher als solche aus der Mitte. Dies alles sind Punkte, die dafür sprechen, dass die Überwinterung möglichst ruhig und ohne größere Störungen verlaufen sollte.

Vergleicht man eine Biene mit anderen Tieren, hat man ein verhältnismäßig kleines Insekt mit einer großen Körperoberfläche vor sich. Um ein gewisses Wärmepotenzial im Stock aufrecht zu erhalten, muss sie viel Wärme an die Umgebung abgeben können. Der Bienenkörper besitzt daher eine sehr schlechte Wärmeisolation, die zwar durch dichte Behaarung besser ist, trotzdem geht die Abgabe von Körperwärme an die Umgebung sehr rasch vor sich. Der überwiegende Sitz der Heizquelle ist die Brust, dort entsteht Wärme durch Muskelbewegungen.

Bei höheren oder lang anhaltend niedrigen Temperaturen stirbt die Brut ab oder entwickelt Verkrüppelungen. Kurzzeitige Unterkühlung schadet nicht. Ebenso kann ein normal eingewintertes und ohne Beeinträchtigungen über den Winter gekommenes Bienenvolk Temperaturstürze auf + 10 °C und weniger ohne Schaden überstehen, sofern es in Brutnestnähe genügend Futter gibt. Schwächlinge dagegen sind gefährdet. Nicht umsonst kommt es zu Beginn der aufsteigenden Entwicklung im Frühjahr zu weitaus mehr Völkerausfällen als während des ganzen Winters.

Bei lang anhaltenden Überhitzungen des Brutnestes wird das gesamte Volk versuchen, die Temperatur auf den normalen Wert zu bringen. Nicht nur Fächeln in den Wabengassen und vor dem Flugloch sind Maßnahmen, sondern auch das Verspritzen und Verbreiten von eingetragenem Wasser auf Waben und Beutenwänden.

Besonderheit Wintertraube

Je tiefer die Außentemperatur sinkt, desto enger ziehen sich die Bienen zusammen. Doch die Traube ist niemals gleichmäßig dicht. Während in den äußeren Schichten die Bienen eng aneinander gedrängt, mit dem Kopf nach innen sitzen, haben die Bienen im Inneren eine gewisse Bewegungsfreiheit. Sie brauchen diese, um Futter für die Beheizung aufzunehmen. Es ist aber nicht so, dass diejenigen Bienen, die bei der Bildung der Wintertraube außen zu sitzen kommen, dort auch bleiben. Die Traube ist dauernd in Bewegung, sodass ein Austausch der Bienen von außen nach innen und auch umgekehrt stattfindet. Ein leises, aber deutliches Summen zeigt dies an.

Die Temperatur der Wintertraube von außen nach innen ist ebenfalls nicht konstant. Während am Rande 7 bis 11 °C gemessen werden können, steigt sie im Innern auf 25 °C bis Nesttemperatur an – bei Störungen sogar noch höher. Vermehrte Futteraufnahme ist die Folge. Die Wintertraubenbildung des Volkes hängt von verschiedenen Faktoren ab.

- Entscheidend dürfte die auf 10 °C sinkende, und um diesen Wert länger anhaltende Außentemperatur sein.
- Große Fluglöcher und fehlende Winterverpackung tragen dazu bei, dass es eher zur Traubenbildung kommt als bei warm verpackten Völkern.

In milden Wintern und an windgeschützten, sonnigen Standorten kann es ohne Weiteres vorkommen, dass sich solche warm eingepackten Völker kaum zur Wintertraube zusammenziehen und dadurch auch durchbrüten. Zu hohe Futteraufnahme und Zehrung an den körpereigenen Eiweißreserven macht diese Völker im Frühjahr sehr krankheitsanfällig und Ausfälle sind unter solchen Umständen kaum zu vermeiden.

Luftfeuchtigkeit in der Beute

Eng verbunden mit den Temperaturverhältnissen im Bienensitz und in der Beute ist die dort vorhandene Luftfeuchtigkeit. Im trockensten Teil des Bienensitzes, in den Wabengassen des Brutnestes, beträgt die relative Luftfeuchtigkeit bei 35 °C Wärme etwa 40 % (Büdel 1947).

In den Frühjahrsmonaten und bei Temperaturstürzen auf etwa + 10 °C steigt sie in den Randbezirken des Bienensitzes an. Es entsteht Schwitzwasser, das sich auf den Abdeckfolien niederschlägt. Schaumstoffisolierte Beuten fördern die Bildung von Schwitzwasser. Aus diesem decken die Bienen einen Teil ihres Wasserbedarfes.

Gut zu wissen

Eine Regelung der Temperatur in der Beute ist den Bienen bis 40,5 °C möglich. Steigt die Temperatur darüber, verlassen sie den Stock.

Von der Waldbiene zur Hausbiene

Nach wissenschaftlichen Untersuchungen und Funden in Böhmen, Frankreich und im Randecker Maar bei Schopfloch auf der Schwäbischen Alb wurde festgestellt, dass das Alter unserer Honigbiene mindestens 25 Millionen Jahre betragen muss (zum Vergleich: *Homo sapiens* etwa 100 000 Jahre). Einschlüsse in Bernstein weisen darauf hin, dass die damalige Gestalt wenig von der heute lebenden Honigbiene abweicht.

In der Urzeit

Nachdem der Mensch bemerkt hatte, dass in den Behausungen der wild lebenden Bienen – die ursprünglich hohle Bäume, Felsspalten und andere Schutz bietende Höhlen bewohnten – etwas Feines zu „ernten" war, verstand er es sehr bald, einen Nutzen daraus zu ziehen.

So ist auf einer etwa 12 000 Jahre alten Höhlenzeichnung im spanischen Bicorp bei Valencia eine Frau zu sehen, die, umschwirrt von Bienen, Waben aus einer Felsenhöhle holt. In den Kulturzentren des Mittleren Ostens wurden in trockenen, heißen und waldlosen Gebieten wahrscheinlich Töpfe zu Bienenwohnungen, in denen sich Schwärme ohne Zutun des Menschen einnisteten. Solche Gefäße wurden etwa ab 5000 v. Chr. hergestellt. Noch heute werden Tonkrüge in Israel und im Libanon als Bienenwohnungen verwendet. Der Deckel dieser Behältnisse kann zur Honiggewinnung abgenommen werden.

Im Altertum

Einer der ersten, der sich eingehend mit dem Studium des Bienenvolkes befasst hat, war Aristoteles (384 – 322 v. Chr.). Er räumte mit der

Ansicht auf, Bienen entstünden aus toten Stieren. Wein und Honig, allein oder gemischt, galt im alten Griechenland als Universalheilmittel; demnach musste man sich mit der Biene näher befasst haben. Auch in der Bibel ist vom Honig die Rede. Im zweiten Buch Moses heißt es im achten Vers des dritten Kapitels, dass Gott sein Volk in ein Land führen werde, darin Milch und Honig fließt.

Im mitteleuropäischen Raum war die Biene ein Tier des Waldes – sie ist es noch immer, sofern sie dort noch leben kann. Als Nistplatz, als Behausung, diente der hohle Baum oder Baumstumpf. Ein solcher Baumstumpf wurde im Velmenmoor bei Oldenburg gefunden. Er wird auf das 5. bis 7. Jahrhundert n. Chr. datiert (Ruttner 1977).

Gut zu wissen

Bienenvölker in natürlichen Baumhöhlen dienten den Menschen als Honigquelle. So nach und nach reichten die im Wald aufgespürten Völker aber nicht mehr aus. Um weiteren Bienenvölkern Raum zu bieten, schufen sie künstliche Nistplätze in den Bäumen.

Mittelalter

Im Mittelalter brachten es die Zeidler, wie damals die Imker genannt wurden, zu hohem Ansehen. Ihre Zünfte und Genossenschaften reichen bis in die Zeit Karls des Großen zurück. Zeidler durften Waffen tragen, hatten besondere Rechte und auch eine eigene Gerichtsbarkeit, das Zeidlergericht. Am bekanntesten wurde das hoch entwickelte Zeidelwesen im Nürnberger Reichswald. Doch auch in anderen Teilen Deutschlands und Europas breitete sich das Zeidelwesen in gleicher oder ähnlicher Form aus.

Erste mobile Bienenwohnungen

Die Zeidler betrieben nicht nur Waldbienenzucht, sondern später auch Hausbienenzucht. Die Nistplätze der Völker wurden mehr und mehr vom stehenden, wachsenden Baum in den abgesägten, von Menschenhand ausgehöhlten Baumstumpf verlegt. Dieser konnte transportiert, in der Nähe der eigenen Wohnung aufgestellt und die Bearbeitung des Volkes konnte einfacher gehandhabt werden. Man brauchte die Bäume nicht mehr zu ersteigen. Die typische Klotzbeute in den verschiedensten Varianten und Formen war geschaffen.

Der Schritt zu der aus Stroh, Rohr, Binsen oder Ruten hergestellten Bienenwohnung leitete eine weniger mühsame Form der Imkerei ein. Es war bedeutend leichter, in den Wintermonaten Körbe zu flechten, als Baumstümpfe auszuhöhlen. In den verschiedensten Gegenden Deutschlands entstanden Körbe, auch Stülper genannt, in unterschiedlicher Prägung. Glockenkörbe, Spitzkörbe oder auch nur Strohwalzen wie in Thüringen haben sich ein Heimatrecht erworben.

Der Bienenkorb

Seine ausgeprägteste Form fand der Strohkorb im Gebiet der Lüneburger Heide. Der Lüneburger Stülper mit oben gelegenem Flugloch ist bis in die heutige Zeit eine noch gebräuchliche Bienenwohnung – und sei es nur als Zierde.

Neuere Geschichte

Eine Weiterentwicklung stellte der von dem Ostpreußen Johann Gottlieb Kanitz (1816–1899) entwickelte Ringkorb dar. Mehrere ringförmige Strohgeflechte konnten übereinander gesetzt werden. Dem

Ganzen diente als Abschluss ein Deckel aus Strohgeflecht. Kanitz selbst bezeichnete seinen Korb als „rundes Magazin". Als Kanitz-Korb ist er heute noch bekannt.

Sowohl die Klotzbeute als auch der Korb hatten den Nachteil, dass Einblicke in ein Volk und genaueres Nachschauen ohne Zerstörung des Wabenbaues nicht möglich waren. So blieben dem Imker die biologischen Grundlagen und Zusammenhänge im Bienenvolk verborgen.

Der erblindete Schweizer Bienenzüchter François Huber (1750 – 1832) schuf einen Beobachtungsstock: Hubers „Rahmenbude". Dieser bestand aus einer Anzahl von Rahmen, die wie die Blätter eines Buches an einer Seite zusammengeheftet waren. In diese Rahmen bauten die Bienen ihre Waben. Für Beobachtungen in der damaligen Zeit war diese Erfindung von unschätzbarem Wert, jedoch für eine praktische Bienenhaltung zu umständlich.

linke Seite: Bienenkörbe aus vergangenen Zeiten waren lange in vielen Imkereien im Gebrauch. Heute verwendet man sie nur noch als Zierde.

Erfindungen, Weiterentwicklungen und Arbeitserleichterung

Der schlesische Pfarrer Johannes Dzierzon (1811 – 1906) erkannte, dass Klotzbeuten sehr umständlich in der Behandlung waren. Er baute deshalb Bienenkästen aus Holz, mit festem Deckel und festem Boden. In ihnen wurden Holzleisten als Wabenträger verwendet. Da die Bienen die Waben an senkrechten Wänden festbauen, musste Dzierzon bei jeder Nachschau mit einem Messer Wabenbau von der Wand trennen.

Rähmchen und Mittelwand

Dzierzons Schüler, Baron von Berlepsch (1815 – 1877) vervollständigte das Wabenstäbchen durch Hinzufügen weiterer drei Leisten zu dem heute in aller Welt verwendeten Rähmchen. Im Jahr 1853 trat er mit dieser Weiterentwicklung an die Öffentlichkeit und bereitete damit den Weg für die moderne Bienenzucht.

Die Erfindung des Rähmchens konnte in ihrer Bedeutung weiter zur Geltung kommen, als es dem Tischlermeister Johannes Mehring (1815 – 1878) aus Frankenthal in der Rheinpfalz gelang, die künstliche Mittelwand aus Bienenwachs herzustellen. Er hat sie 1858 auf einer Wanderversammlung deutsch-österreichischer Bienenwirte in Stuttgart ausgestellt.

Gut zu wissen

Mit dem Rähmchen waren Einblicke in ein Bienenvolk ohne Zerstörung des Wabenbaus möglich und brachten neue Erkenntnisse – so wie die von Dzierzon entdeckte Parthogenese, die Jungfernzeugung. Bei einer flugunfähigen Nachschwarmkönigin beobachtete er, dass sie Drohneneier legte, die nicht befruchtet sein konnten.

Honigschleuder

Die Erfindung der Honigschleuder durch Major Franz Edler von Hruschka (1819 – 1888), die er 1865 in Brünn vorstellte und dabei begeistert gefeiert wurde, leitete vollends zur heutigen modernen Imkerei über. Wesentlich dazu beigetragen hat auch Pfarrer Dr. h. c. Ferdinand Gerstung (1860 – 1925) mit seiner Entdeckung, dass das Bienenvolk einen Organismus darstellt.

Beuten

Dzierzon hatte nicht nur fundamentale Entdeckungen gemacht, sondern mit ausgeprägtem Sinn fürs Praktische gab er der damaligen Imkerei neue Impulse– beispielsweise durch die Konstruktion verschiedenster Bienenkästen. Seine Zwillingsstöcke, Drei- und Mehrfachbeuten leiteten die Entwicklung zur Unterbringung der Völker im Bienenhaus ein, das einen einmaligen Siegeszug im deutschsprachigen Raum erlebte.

Imkerschulen entstehen

Bereits 100 Jahre vor Dzierzon machte man sich über die Schulung der Imker und dessen Nachwuchs ernsthafte Gedanken. Der Slowene Anton Janscha (1734–1773) fand nähere Zusammenhänge bei der Paarung der Königin mit den Drohnen heraus. Diesem imkerlich hoch begabten Mann ist auch die Entdeckung zuzuschreiben, dass auf jeder Brutwabe eine gewisse Ordnung in der Verteilung des Honigs, des Pollens und der Brut herrscht.

Nicht umsonst gründete Kaiserin Maria Theresia 1769 in Wien eine Schule zur Förderung der Bienenzucht und berief Anton Janscha zum Leiter. Sein früher Tod setzte seiner Lehrtätigkeit aber bereits nach vier Jahren ein Ende. Heute steht fest, dass diese kurze Frist von höchster Bedeutung für die damalige Imkerei war. Diese Lehrtätigkeit kann als Vorbild der vielen Imkerschulen und der heutigen staatlichen Bienenfachberatung gelten.

Langstroths Entdeckung

Etwa zur gleichen Zeit, als in Deutschland Dzierzon seine ersten Beuten mit beweglichem Rahmen baute, führte in Amerika Lorenzo Langstroth (1810–1895) das bewegliche Rähmchen ein. Er verwendete sie nicht in Bienenkästen mit festem Boden und Deckel, sondern in Beuten mit losem Deckel zur Oberbehandlung.

Dabei machte er eine fundamentale Entdeckung, die sich fördernd auswirkte: Wenn zwischen Beutenwand und Rähmchen – sowohl an den Seitenteilen als auch an den Rähmchenoberteilen und Deckbrettchen – ein Abstand von 6 mm eingehalten wird, erfolgt dort weder Verkittung noch Wabenbau. Damit wurden die Rähmchen wirklich beweglich. Der Mobilbau hatte in die Magazinbetriebsweise Einzug gehalten.

Die Magazinbetriebsweise

Obwohl sich bereits Mitte bis Ende des 18. Jahrhunderts in Deutschland Pfarrer Johann Ludwig Christ (1739–1813) mit einer Magazinbetriebsweise auseinandersetzte, geriet die Magazinbetriebsweise in Vergessenheit – wahrscheinlich durch die Autorität von Pfarrer Dzierzon und den schon damals sich abzeichnenden Hang zum Bienenhaus.

Anfang der 1960er-Jahre entwickelte Dr. Hans-Georg Sachs (1922–1992) von der Landesanstalt für Bienenkunde in Stuttgart-Hohenheim, aufbauend auf die Magazinbetriebsweise von Pfarrer Christ, die Hohenheimer Wanderbeute und die damit zusammenhängende Betriebsweise und stellte sie vor.

Bienenzuchtberater a. D. und Imkermeister Karl Pfefferle (1918–2009) aus Untermünstertal im südlichen Schwarzwald erkannte durch langjähriger Erfahrungen mit der heutigen Magazinbetriebsweise, dass natürliche Lebensgrundlagen des Bienenvolkes einzig und allein die Voraussetzungen für eine gedeihliche Bienenhaltung sind (Pfefferle 1977).

Die Erkenntnisse von Prof. Dr. Friedrich Ruttner (1914–1988, früher Oberursel) auf züchterischem Gebiet und die Erforschung der Nosema durch Prof. Dr. Wolfgang Steche (1921–1995, Stuttgart-Hohenheim) brachten in der Vervollständigung der heutigen Magazinbetriebsweise wesentliche Fortschritte. Mit dazu beigetragen hat auch die rapid fortschreitende Trachtveränderung in Mitteleuropa durch die Vernichtung der Unkräuter. Vermehrt musste das Wandern mit Bienenvölkern als betriebstechnische Maßnahme eingeführt werden. Das Magazin erleichtert dies.

Die zunehmende Verbreitung der von Bruder Adam Kehrle (1898–1996) in England ab 1960 gezüchteten Buckfast-Biene, hat – anfangs zögerlich, dann jedoch mehr und mehr – die Dadant-Beute als einfaches Betriebsmittel bei den Imkern im deutschsprachigen Raum ins Gespräch gebracht. In Verbindung mit der brutfreudigen wie auch schwarmträgen Buckfast-Biene, bekam der erwerbsorientierte Imker Möglichkeiten an die Hand, eine wirtschaftliche Betriebsweise zu praktizieren.

Neue Herausforderungen

Der seit 1977 rapide zunehmende Befall der Bienenvölker mit Varroa-Milben, muss als erneute Herausforderung an die Imkerei angesehen werden. Erforschung von Bekämpfungsmaßnahmen und Untersuchungen zur Milbenentwicklung im Bienenvolk verlangen auch künftig enorme Anstrengungen.

Während bisher die Suche nach geeigneten Mitteln zur direkten Bekämpfung und Abtötung der Milben vordergründig in Angriff genommen werden musste, wird zunehmend der Ruf laut, betriebstechnische Wege zu suchen. Diese sollen vor allem verhindern, dass das Wabenmaterial bei der chemischen Bekämpfung der Milben mit den Rückständen der Wirkstoffe belastet wird.

Gut zu wissen

Der Mensch hat die Biene vom freien Waldtier zum Nutztier gemacht – ein Haustier ist sie nicht geworden (außer bedingt im juristischen Sinne).
Weder muss man sie täglich pflegen und füttern, noch kann man sie ohne Weiteres einsperren. Könnte ein Bienenvolk in den Frühjahrs-, Sommer- und Herbstmonaten über längere Zeit nicht fliegen, wäre es dem sicheren Tod ausgeliefert.
Wird es entsprechend versorgt, kann der Mensch in aller Ruhe seine dreiwöchige Urlaubsreise antreten – die Bienen brauchen ihn nicht.

Bienenhaltung heute

Bienenbeuten moderner Bauart, Zubehör und viele praktische Hilfsmittel, mobil und flexibel zu handhaben, bieten die Grundlagen für eine erfolgreiche Bienenhaltung.

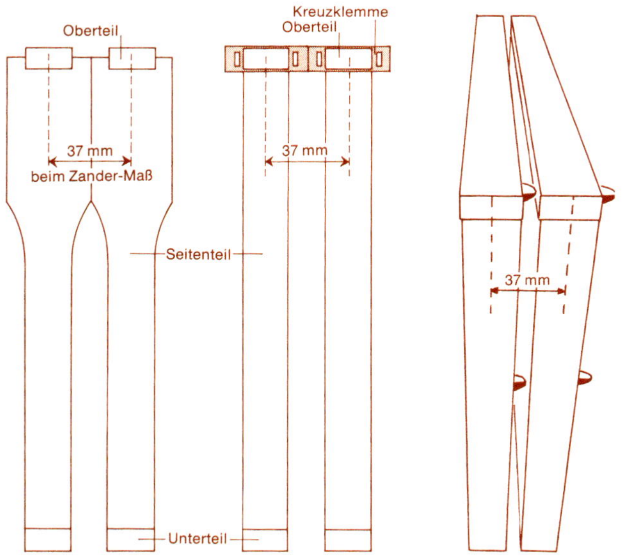

Abstandsregelung mit Seitenteilen in Hoffmann-Ausführung (links), Abstandsregelung mithilfe von Kreuzklemmen (Mitte), Abstandsregelung durch Seitenabstandsköpfe (Pilzköpfe) an den Seitenteilen der Rähmchen (rechts).

Rähmchen, Beuten, Bienenwohnungen

Nachdem das Rähmchen heutiger Prägung geschaffen war, machte die Erfindung der Mittelwand das Einziehen von Drähten notwendig, um sie zu befestigen. Abstandsvorrichtungen verschiedenster Art vervollständigen das unentbehrliche Gerät.

Rähmchenherstellung

Dazu werden 8 bis 10 mm starke und, je nach Ausführung, 20 bis 25 mm breite Holzleisten verwendet. Gut zu bearbeiten sind Stäbe aus astreinen Linden, Erlen, Pappeln und Kiefern. Bei größeren Rähmchenmaßen wie Zander werden die Seitenteile aus Hartholz, beispielsweise Buche, angefertigt. Dies ergibt ein stabiles Rähmchen, das nicht gleich zerbricht und nach gründlicher Säuberung mehrmals neu gedrahtet und verwendet werden kann. Durch entsprechende Gestaltung der Seitenteile nach Hoffmann ist die Abstandsregelung einfach. Hier müssen keine speziellen Teile angebracht werden.

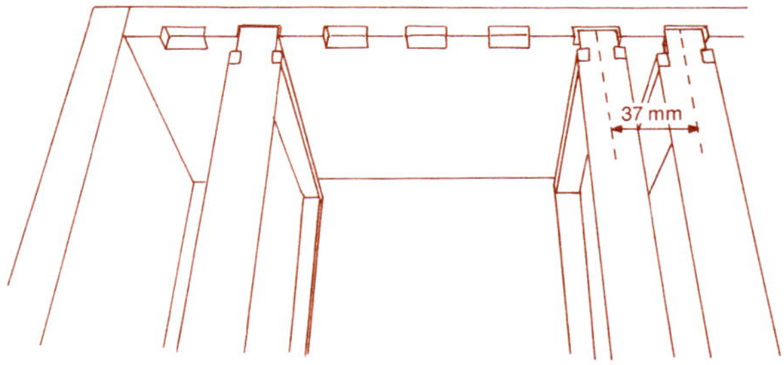

Abstandsregelung durch Abstandshalter in Holz- oder Metallausführung, auch Kammleisten genannt.

An den Seitenteilen werden vier Löcher gebohrt, durch die dann ein nicht rostender Draht gezogen wird. Um ein Durchbiegen der Mittelwand, von den Seitenteilen her gesehen, zu vermeiden, soll der Lochabstand der ersten zwei Löcher mittig 2 bis 3 cm, der weiteren zwei Löcher zum Ober- und Unterteil hin 6 bis 7 cm, betragen. Die Drähte spannen wir dann und befestigen sie an beiden Enden. Die Spannung soll jedoch nicht so stark sein, dass sich Ober- und Unterteil durchbiegen.

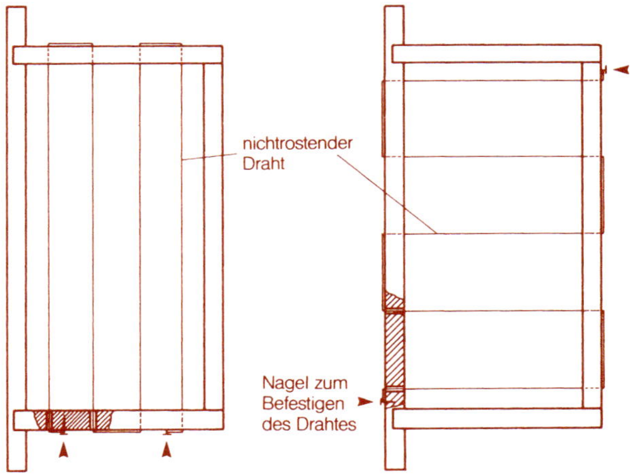

Schema eines gedrahteten Zanderrähmchens; links: Quer-, rechts: Längsdrahtung.

Zur Versteifung der gebohrten Löcher können Messingösen verwendet werden. Sie erleichtern das Einziehen des Drahtes.

Neben der hier beschriebenen Längsdrahtung ist auch Querdrahtung möglich. Dabei kann der Draht zweifellos besser gespannt werden, jedoch ist es schon vorgekommen, dass ausgebaute, mit Brut und Honig gefüllte Waben bei der Wanderung abgebrochen sind.

Das Einlöten der Mittelwände geschieht elektrisch mithilfe eines Trafos. Bei Berühren der Drahtenden mit den Kontakten fließt Strom und durch den Innenwiderstand des Drahtes entsteht Wärme. Der durch das Rähmchen gezogene Draht verbindet sich mit der aufgelegten Mittelwand. Rechtzeitiges Unterbrechen des Stromflusses verhindert, dass der Draht ganz durch die Mittelwand hindurchschmilzt.

Um überwiegend vollständig ausgebaute und bis in alle Ecken des Rähmchens reichende Waben zu erzielen, schlagen wir die Mittelwand an der untersten Leiste an. Der am Oberteil entstehende Spalt wird von den Bienen eher ausgebaut als am Unterteil.

Unterschiedliche Maße

Im Lauf der Zeit entstanden durch besondere Ansichten der Imker und nicht zuletzt unterschiedliche Trachtverhältnisse eine Vielzahl von Rähmchenarten und -größen. Manche haben sich bewährt, viele sind nach und nach wieder verschwunden. Die wichtigsten werden hier aufgeführt. In Deutschland weit verbreitet sind: Zander, Deutsch-Normal, Kuntzsch, Langstroth und Dadant, in Süddeutschland vielfach das Neu-Württemberger Maß.

Die wichtigsten Rähmchenmaße in cm und cm²

Bezeichnung	Außenmaß Breite / Höhe (cm)	Innenmaß Breite / Höhe (cm)	Länge des Oberträgers (cm)	Wabenfläche einseitig (cm²)	Anzahl der Zellen beidseitig	
					Arbeiterinnen	Drohnen
Dadant	44,8 × 28,5	43,0 × 25,5	48,0	1 096,50	8 772	6 579
Dadant-Blatt	43,5 × 30,0	41,5 × 27,5	47,0	1 141,25	9 130	6 847
Langstroth	44,8 × 23,2	43,0 × 20,2	48,0	868,60	6 948	5 211
Dadant 1/2	44,8 × 15,0	43,0 × 12,0	48,0	516,00	4 128	3 096
Dadant-Blatt 1/2	43,5 × 16,0	41,5 × 13,5	47,0	560,25	4 482	3 361
Zander	42,0 × 22,0	40,0 × 20,0	47,7	800,00	6 400	4 800
Deutsch-Normal	37,0 × 22,3	35,4 × 20,7	39,5	732,80	5 862	4 396
Kuntzsch hoch	25,0 × 33,0	23,4 × 31,4	27,8	734,80	5 878	4 408
Neu-Württemberger	27,2 × 27,7	25,6 × 26,1	29,7	668,00	5 344	4 008

Die Rähmchenmaße können, je nach Hersteller und verwendetem Holz, um einige mm schwanken.

Andere, früher bedeutsame Rähmchenmaße sind: Alt-Württembergisch-Badisches Vereinsmaß, Schwäbisches Lagerbeutenmaß, Wiener Vereinsständer, Schweizerstock und Gerstung. Weitgehend werden heute die rechteckigen und größeren Maße verwendet, weil Oberbehandlungsbeuten damit leichter zu bearbeiten sind.

Bei sehr großen Maßen, etwa Dadant, verwendet man als Aufsatz nicht mehr die gleichgroße Wabe, sondern ein halbhohes Rähmchen. Wird dieses mit doppelter Breite der Holzstäbe ausgeführt (z. B. 50 bis 60 mm), erhält man eine Dickwabe. In deren doppelt so tiefe Zellen kann die Königin keine Eier legen, das Einlegen eines Absperrgitters erübrigt sich. Bei guter Tracht werden diese Waben ausschließlich mit Honig gefüllt. Sie stellen nichts anderes dar als die Honigkränze normaler Waben.

Hinterbehandlungsbeuten

Das Rähmchen und damit die bewegliche Wabe veranlasste viele Erfinder, sich mehr mit dem Werkstoff Holz für den Beutenbau zu befassen. Eine Vielfalt von Bienenwohnungen entstand. In zahlreichen Betrieben sind Hinterbehandlungsbeuten verschiedenster Ausführung im Gebrauch. Es würde zu weit führen, all diese Variationen aufzuführen, zumal nach Angaben des Fachhandels dieser Beutentyp, insbesondere beim Anfänger, weniger gefragt ist. Wie der Name es bereits ausdrückt, erfolgt die Behandlung des Volkes von hinten.

Querbau

Hierbei stehen die Rähmchen parallel zum Flugloch, sodass bei einfacheren Ausführungen die einzelnen Waben nacheinander mit einer Zange gezogen werden müssen. Dies funktioniert noch einigermaßen, wenn es sich um die hinteren drei bis vier Waben handelt. Je weiter man nach vorne rückt, desto komplizierter wird es. Richtig schwierig und zeitraubend ist das umständliche Zurückhängen der Waben – dabei gibt es eine Menge Stiche einzustecken. Nicht selten ging bei solch massiven Eingriffen die Königin schon verloren oder wurde an der Beutenwand zerdrückt. Typische Ausführungen sind die in Württemberg verbreiteten Alt- und Neu-Württemberger-Beuten.

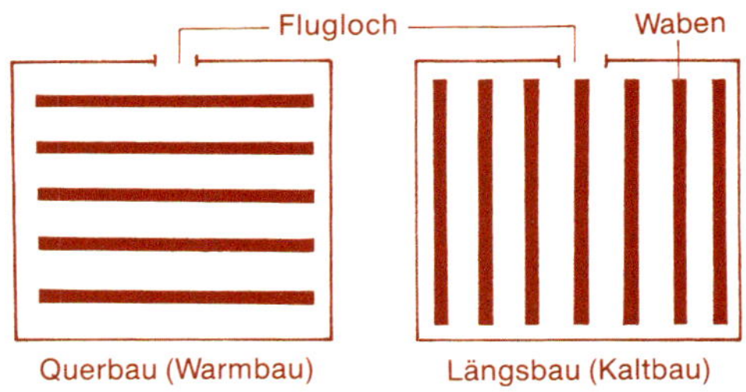

Quer- und Längsbau (schematisch).

Eine gewisse Erleichterung brachte die Konstruktion von Ausziehvorrichtungen. Die Waben hingen auf Metallschienen. Mit einem dafür gebauten Hebel konnte der Wabenbau in einen hinten angehängten Kasten gezogen werden. Die Behandlung erfolgte dort dann von oben. Solche Vorrichtungen verlangten gewissenhafte Pflege und versagten, wenn der Raum zwischen Rähmchenoberkante und Deckbrettchen durch Waben verbaut worden war.

Längsbau

Dabei stehen die Rähmchen senkrecht zum Flugloch. Die Waben können somit unabhängig voneinander gezogen werden. Da der Abstand der einzelnen Waben untereinander 10 mm beträgt, ist es sinnvoll, eine Randwabe zu ziehen und beim weiteren Herausnehmen von Waben diese, wie beim Umblättern einer Buchseite, etwas auf die Seite zu schieben. Daraus entstand die Bezeichnung „Blätterbeute“. Die Abstandsregelung erfolgt über vorn und hinten angebrachte Rechen, in welche die Rähmchen mit abgeschrägten Seitenteilen eingefügt werden. Am Boden stehen sie auf Eisenstäben.

Gegenüber Hinterbehandlungsbeuten im Querbau ohne Ausziehvorrichtung war dieser Typ ein wesentlicher Fortschritt. Sehr bald stellte sich jedoch heraus, dass durch Verkitten, Verbauen und den verhältnismäßig langen Weg von 37 cm bei Deutsch-Normalmaß, das Herausziehen der Waben nicht so einfach war, wie man es sich vorstellte. Sehr viele Bienen wurden zerdrückt. Bei der Behandlung der Völker auf Augenhöhe regte das Atmen des Imkers in die Wabengassen zudem die Bienen auf. Typische, heute noch gebrauchte Modelle sind die Einheits- und die Brauns-Blätterbeute.

Vorteile bei Hinterbehandlungsbeuten

Ganze Räume können nicht abgehoben werden. Zur Bearbeitung des Volkes muss nur so viel Kraft aufgewendet werden, wie zum Ziehen und zum Zurückhängen der Waben nötig ist. Diese Form der Bearbeitung kommt Frauen, älteren oder körperbehinderten Menschen entgegen. Bei entsprechender Anordnung der Beuten, können die Völker auch im Sitzen behandelt werden.

Gemeinsame Merkmale beider Beutentypen

Bis auf wenige Ausnahmen sind Hinterbehandlungsbeuten sowohl im Quer- wie im Längsbau auf einen Brut- und einen Honigraum begrenzt. Beide Räume werden durch ein Absperrgitter getrennt, das manchmal fest eingebaut ist.

Die je Raum unterzubringende Wabenzahl schwankt zwischen 10 und 15. Den Abschluss bildet ein Fenster, das bei der Blätterbeute als Baurahmenfenster ausgebildet ist. Im Honigraum werden anstelle von Glasscheiben engmaschige Drahtgeflechte verwendet. Bei beiden Ausführungen können die Bienen in den Wabengassen oder auf der hintersten Wabe beobachtet werden.

Möglichkeiten zur Fütterung schafft man sich durch den Einbau von Seitenwandfuttertrögen oder durch Anhängen von Futtergeschirren an die Fenster. Von Vorteil ist, dass man die Beuten zwei- oder dreireihig stapeln kann; der Platzbedarf ist deshalb gering. Sie eignen sich zur Unterbringung in Bienenhäusern oder Wanderständen.

Als nachteilig für das Bienenvolk muss der begrenzte Rauminhalt angesehen werden. Die Betriebsweise ist daher aufwendig. Vor allem ist besonderes Augenmerk auf Schwarmvorbeuge und -verhinderung zu richten.

Oberbehandlungsbeuten

Während im deutschsprachigen Raum die Erfindung des beweglichen Rähmchens die Hinterbehandlungsbeuten nach sich zog, baute, wie im Kapitel vorher ausgeführt, der amerikanische Pastor Langstroth etwa Mitte des 19. Jahrhunderts die erste Oberbehandlungsbeute mit beweglichen Rähmchen.

Von Amerika aus trat die Oberbehandlungsbeute ihren Siegeszug um die Welt an. Sie fand in den letzten Jahren auch hier mehr und mehr Anhänger. Gründe mögen unter anderem darin liegen, dass auch bei uns in die Bienenhaltung wirtschaftliche Faktoren einbezogen werden.

Gut zu wissen

Langstroth entdeckte den von den Bienen nicht verbauten Raum zwischen Rähmchen und Kastenwand.

Eine typische, lang im Gebrauch befindliche Oberbehandlungsbeute war die Zanderbeute. Sie wurde in den 1930er-Jahren von Prof. Dr. Enoch Zander (1873–1957) in Erlangen entwickelt. Sie fasste neun

Zanderwaben im Längsbau und hatte einen festen, mit dem unteren Wabenraum verbundenen Boden. Die gleiche Konstruktion wird noch bei den unterschiedlichsten Trogbeuten angewandt.

Das Prinzip der Oberbehandlungsbeute fand erst eine Vollendung, als der feste Boden getrennt wurde und als loses, bewegliches Teil die Austauschbarkeit der Wabenräume untereinander ermöglichte. Damit war das Magazin heutiger Prägung geschaffen, das in den verschiedensten Ausführungen in vielen Imkereien Einzug hielt.

Die nähere Beschreibung einer Magazinbeute beschränkt sich auf eine mit gutem Erfolg aus der Hohenheimer Wanderbeute entwickelten und verbesserten Version. Sie dient im eigenen und in anderen größeren Imkereien als Betriebsmittel in Waldtrachtgegenden – als Hohenheimer Einfachbeute und Dadant-Beute.

Die Magazinbeute

Die moderne Magazinbeute zeichnet sich durch eine Reihe positiver Eigenschaften aus, die beim wirtschaftlich denkenden und folglich rationell arbeitenden Imker zu Buche schlagen.

Die Konstruktion einer Magazinbeute

Sie wird einfach, wenn die Kriterien, die das Bienenvolk von Natur aus vorgibt, beachtet werden:

- Ein Bienenschwarm wird in einem Korb oder einer Fangkiste zuerst eine Wabenzunge und dann links und rechts weitere Waben bauen.
- Ein im Freien bauendes Bienenvolk wird eine ungerade Wabenzahl errichten.
- Die Wintertraube des Bienenvolkes wird sich über eine ungerade Wabenzahl erstrecken.

Daraus folgernd sollte ein Magazin eine ungerade Wabenzahl aufweisen. Die Praxis zeigt jedoch auch, dass Bienenvölker auf gerader Wabenzahl existieren und auch Leistung bringen können – vor allem in Zeiten außergewöhnlich guter Tracht oder wenn der Imker mit Futter in weniger guten Trachtzeiten nicht spart. Vielfach wird der aufmerksame Beobachter auch feststellen, dass bei gerader Wabenzahl das Bienenvolk eine Randwabe nicht besetzt und somit sich nach der Mittelwabe in ungerader Wabenzahl orientiert.

Eine dem Bienenvolk angepasste Konstruktion ist auch durch die gute Wandisolation gegeben. Die Verwendung des Baustoffes Holz ist durch jahrelange Erfahrungen im Beutenbau tausendfach erprobt und bewährt.

Mit Hartschaumstoffen isolierte Beutenwände bringen vor allem im Frühjahr, in der aufsteigenden Entwicklung der Völker, Vorteile. Bei wechselhaftem Wetter und großen Temperaturunterschieden geht hier die Wärme nicht so schnell verloren. Ein Zusammenziehen des Volkes findet

Positive Merkmale der Magazinbeute

- *Einfache, dem Bienenvolk angepasste Konstruktion.*
- *Problemlose Bearbeitung des darin befindlichen Volkes.*
- *Eventuell Wanderfront.*
- *Aufstellung im Freien ohne zusätzliche Schutzvorrichtungen.*
- *Einfacher und schneller Transport.*

Gut zu wissen

Völker, die im Längsbau auf Zandermaß oder Dadant sitzen, werden in unseren Breiten auch bei sehr langen Wintermonaten nicht verhungern, da genügend Zehrweg zur Verfügung steht. Ein Umsetzen des Volkes auf andere Wabengassen braucht nicht stattzufinden.

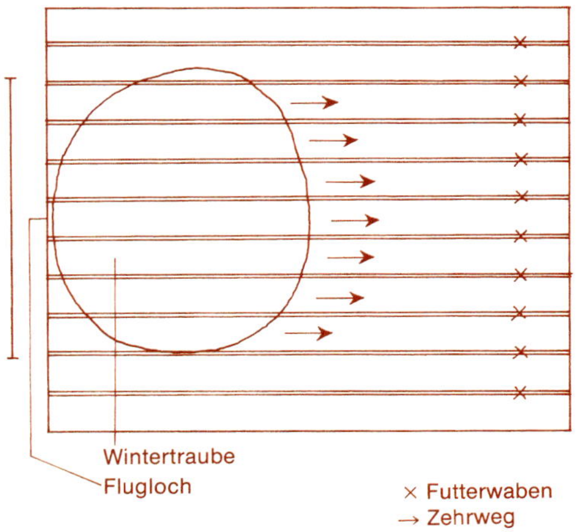

Der Zehrweg (schematisch) bei Einraumüberwinterung (Draufsicht).

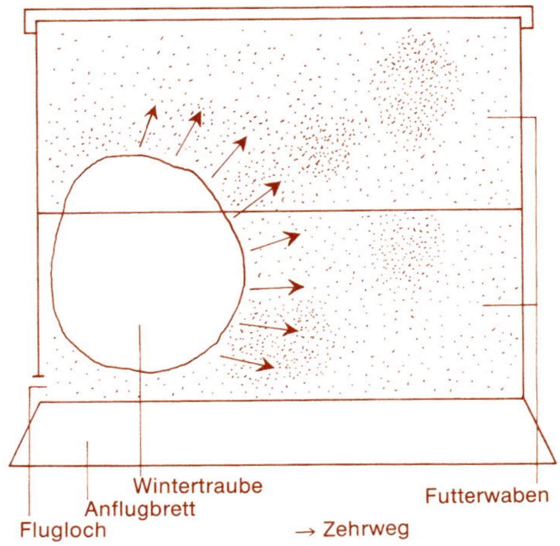

Der Zehrweg (schematisch) bei Zweiraumüberwinterung (Längsschnitt).

Gut zu wissen

Der Nachteil dieser Beutenisolation soll nicht verschwiegen werden: Durch fehlende Wasseraufnahmefähigkeit dieser Schaumstoffe tritt Schwitzwasser stärker auf als bei Holzbeuten. Ein über den ganzen Wabenraum reichendes, 2 bis 3 cm hohes Flugloch ermöglicht den Luftaustausch zur Umwelt und schafft Abhilfe.

in solchen Beuten wesentlich später statt. Desgleichen liegen Völker in Hartschaum, die an heißen Sommertagen in der prallen Sonne stehen, nicht so vor, wie Völker in Holzbeuten, die sich schneller aufheizen.

Der gut isolierte Deckel verhindert, dass die nach oben steigende Wärme entweicht, sodass man davon ausgehen kann, dass der Deckel der Magazinbeute die wärmste Stelle sein muss. Jedoch gerade im Frühjahr können sich Futterdeckel mit entsprechenden Geschirren und Lüftungsgitter auf die zügige Entwicklung sehr negativ auswirken. Dem Volk geht dann zu viel an Wärme verloren. Diese kann es nur durch verstärkte Futteraufnahme ersetzen, will es die Brutpflegearbeiten zügig weiterführen.

Eine einfache Konstruktion einer Magazinbeute weist möglichst wenige lose Teile auf. So sind für ein Volk notwendig:

- 1 Boden mit Varroagitter und Schieber
- 3 oder 4 Magazine mit Waben, auch Halbwaben
- 1 Deckel
- 1 Futtertasche
- 1 Futterzarge
- 1 Fluglochverschlusskeil
- 1 Mäusesicherungskeil
- 1 Abdeckfolie

Die Bearbeitung des Volkes

Bei Oberbehandlung und damit auch bei Magazinbeuten werden die Waben von oben gezogen. Dies bringt den Vorteil mit sich, dass aus dem

Volk heraus nur der Weg der kürzeren Seite des Rähmchens zu überwinden ist. Leichtere Handhabung und Zeitersparnis sind die Folge.

Als Rähmchen bewährt sich im Magazin die Hoffmann-Ausführung. Durch eine Verbreiterung der Seitenteile im oberen Drittel auf 35 bis 37 mm wird nicht nur eine richtige Abstandsregelung der Waben erreicht, sondern auch verhindert, dass beim Transport des Volkes die Waben unten aneinander schlagen, was sehr vielen Bienen das Leben kostet.

Die Berührungsstrecke der Seitenteile von 5 bis 7 cm hat jedoch auch zur Folge, dass die Rähmchen untereinander an den Seitenteilen von den Bienen mit Kittharz verkittet werden – dies gilt auch für die Auflage der Ohren. Beim Herausziehen der Waben aus der Mitte des Volkes, wo die Verkittung am stärksten ist, muss diese erst überwunden werden. Das ist manchmal nicht einfach, lässt sich aber erleichtern, indem man eine Randwabe zieht und dann mit Stockmeißel oder Schraubenzieher die folgenden Waben erst voneinander trennt, bevor man sie herausnimmt. Dazu braucht man Platz im Magazin. Die zuerst gezogene Wabe muss irgendwo anders untergebracht werden können, etwa in der an das Magazin angebauten Wanderfront.

Gut zu wissen

Nach dem Ziehen kann die Wabe über dem ganz geöffneten Magazin und dem Bienensitz betrachtet und beurteilt werden. Abfallende Bienen und vielleicht auch die Königin gelangen ins Volk zurück und sind somit nicht verloren.

Wanderfront

Sie stellt einen 6 bis 7 cm langen, von außen her belüfteten Anbau dar, der zwar die Magazine vergrößert, doch einige Vorteile bringt. Bei der Wanderung und geschlossenem Flugloch verlässt ein Großteil der Arbeitsbienen den Wabenraum wegen Sauerstoffmangels und zu großer Wärmeentwicklung. Sie überstehen die Haft in der Wanderfront und können zusätzlich dafür sorgen, dass der Wabenraum belüftet und damit nicht überhitzt wird.

Völker, die 30 bis 40 Zanderwaben mit Bienen belagern, überstehen so ohne Weiteres das Eingesperrtsein, mit Transportzeiten von abends 21 Uhr bis morgens 6 Uhr. Zudem hat manches Volk in einer mit einer Wanderfront ausgerüsteten Beute den Frevel überstanden, der ihm durch das Verschließen des Flugloches angetan worden war.

Bei herkömmlichen Oberbehandlungsbeuten werden die Waben über die kürzere Seite aus dem Volk gezogen.

Ein Wanderplatz in der Edelkastanientracht.

Gut zu wissen

Für den Imker hat die Wanderfront noch den Vorteil, dass er pro Gang zwei mit Leerwaben gefüllte Magazine transportieren kann. Er wird mit jeder Hand in die Wanderfront eines Magazins hineingreifen können. Zum Transport eines mit Waben gefüllten Magazins ohne Wanderfront braucht er beide Hände.

Die Vergrößerung und damit Verteuerung des Magazins machte die Wanderfront mehr und mehr überflüssig. So werden Magazine mit Wanderfront kaum mehr hergestellt. Doch die 12er-Holzbeute Dadant-Blatt wird mit einer solchen im Brutraummagazin angeboten.

Aufstellung im Freien

Magazinbeuten können wegen der Oberbehandlung nicht gestapelt werden. Die einreihige Aufstellungsart bietet sich gerade für die Freiaufstellung auf der Wiese, im Garten und auch im Wald an. Sie braucht mehr Platz als die Aufstellung der Völker in einem Gebäude oder Unterstand, ist jedoch bei Weitem nicht so kapitalintensiv. Zusätzlich notwendig sind entweder Holzbalken oder Paletten.

Im Gegensatz zur Aufstellung in Bauwerken herrschen bei der Bearbeitung der Völker in Freiaufstellung immer gleichmäßige Lichtverhältnisse. Auffliegende Bienen stören weniger, da sie nach allen Seiten wegfliegen. Ich möchte behaupten, dass es dabei zu weniger Stichen kommt.

Bei leichtem Regenwetter jedoch sollte bei der Durchsicht und Bearbeitung der Völker schneller gearbeitet werden als im Bienenhaus. Bei Dauerregen können auch Völker im Bienenhaus nicht geöffnet werden, da sämtliche Flugbienen zu Hause sind und es dadurch zu verhältnismäßig vielen Stichen kommt.

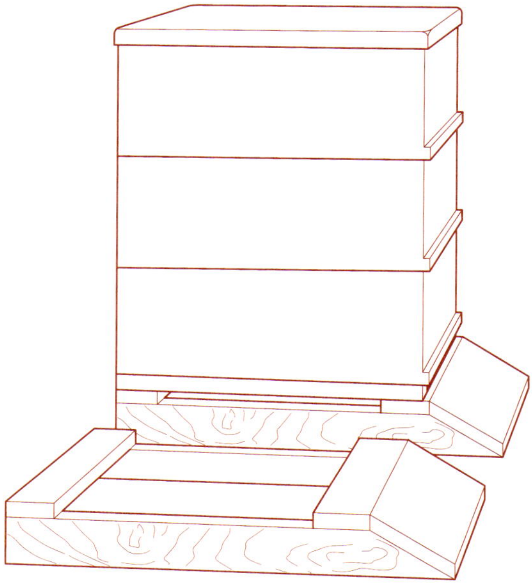

Palette zur Völkeraufstellung.

Paletten

Bei der Konstruktion solcher Paletten verfährt man gleich so, dass das Anflugbrett nicht am Boden der Beute festgemacht ist, sondern einen festen Bestandteil der Palette darstellt.

Das Aufstellen der Paletten im Hausgarten oder am Wanderplatz ist auch bei etwas unebenem Gelände einfach. Durch Unterlegen von Steinen oder Holzteilen an den Ecken gelangt man zu einem festen Standplatz und kann dabei problemlos eine ebene oder etwas nach vorne geneigte Stellung der Beuten erreichen.

Bei genügend Platz ermöglicht die Freiaufstellung der Beute ein gelockertes Hinstellen der Völker. Mit zwei Völkern pro Palette wird zur nächsten Palette so viel Platz gelassen, dass jedes Volk von drei Seiten bearbeitet werden kann. Dies gibt dem Imker sehr viel Bewegungsfreiheit und ermöglicht zügiges Arbeiten. Müssen Verrichtungen in unteren Magazinen vorgenommen werden, so kann das abgehobene Magazin auf das nebenstehende Volk gestellt werden, wobei es möglich ist, das Magazin auch so ins Gras zu stellen, dass die Waben senkrecht stehen.

Gut zu wissen

Handlich ausgeführt ist eine solche Palette dann, wenn darauf zwei Völker Platz finden und diese etwa 15 bis 20 cm vom Boden entfernt stehen. Das Anflugbrett und die niedrige Höhe der Palette verhindern bei windigem Wetter Durchzug unter den Völkern. Zwei oder drei Beuten können bequem im Stehen bearbeitet werden.

Wetterfestigkeit

Magazinbeuten, die für Freiaufstellung das ganze Jahr über ohne zusätzliche Hilfsmittel geeignet sein sollen, müssen dementsprechend gebaut sein. Abdeckungen aller Art sind in den Frühjahrs- und Som-

Eingeschneite Bienenvölker. Sie lässt man am besten in Ruhe.

Gut zu wissen

Am anfälligsten ist der Holzboden. Lebensdauer höchstens fünf Jahre. Eine Ausnahme bilden die im Handel erhältlichen Ausführungen der Hohenheimer Wanderbeute aus Polyurethan-Schaumstoff der Apitherm-Baureihe und solche in Hartpor®-Ausführung.

mermonaten nur hinderlich. In den Wintermonaten können sie ihre Berechtigung haben, da sich ein Öffnen der Völker erübrigt.

Der Deckel mit abschließender Blechhaube ist ein charakteristisches Merkmal. Ein witterungsbeständiger Anstrich macht zwar die Beute nicht dauerhaft haltbar, erhöht aber ihre Funktionsfähigkeit, sofern bereits beim Bau auch die Witterungseinflüsse berücksichtig wurden, etwa durch die Verwendung eines wetterfesten Leimes zur Verbindung der Holzteile.

Trotzdem sind Beuten, die dauernd im Freien stehen, bei Weitem nicht so lange haltbar wie Bienenkästen in Bauwerken. Für Holz und Isolierteile kann mit einer Lebensdauer von zehn Jahren gerechnet werden. Dann sind zumindest Reparaturen fällig.

Transport

Dieser ist bei Magazinbeuten einfach und geht schnell vonstatten, ein großer Vorteil, wenn es (wieder einmal) gilt, die Völker innerhalb kürzester Frist zu verstellen oder zu wandern. Deshalb muss die Magazinbeute mit wenigen Handgriffen wanderfertig sein.

Der Zusammenhalt der Magazine untereinander und der von Boden und Deckel zu den Magazinen mag zwar beim standortgebundenen Betrieb nicht so ausschlaggebend sein, beim Transport ist er jedoch für ein sicheres und schnelles Gelingen unerlässlich. Wie ärgerlich, wenn besetzte Bienenkästen schon beim Aufladen oder dann beim Transport auseinanderfallen. Der Verschluss muss auf jeden Fall gut funktionieren und kann durch Anlegen und Spannen eines Gurtes erfolgen.

Der Falz
Er stabilisiert die Magazine und, sofern er als Außenfalz ausgebildet ist, verhindert er auch das Eindringen von Regenwasser. Er erübrigt das Anbringen von nach unten überstehenden Beschlägen, die sich beim Transport als nachteilig erweisen.

Fluglochverschlusskeile oder -klappen
Sie müssen die Flugöffnung bienendicht verschließen, zudem einfach zu handhaben sein. Bewährt haben sich Keile, die als Einzelteil ausgebildet sind und ihre Befestigung nicht am Beutenboden haben. Dies hat den Vorteil, dass sie nach dem Öffnen des Flugloches aufgeräumt werden können und dadurch mutwilliger Frevel an den Völkern verhindert wird, weil die Fluglöcher nicht so leicht zu verschließen sind.

Nachteile der Magazinbeuten

Da die Behandlung von oben erfolgt, können die Völker zumindest in den Sommermonaten nicht übereinander gestapelt werden. Erhöhter Platzbedarf ist die Folge, sowohl bei Freiaufstellung als auch bei Unterbringung in einem Bauwerk. Zur Nachschau in den unteren Magazinen müssen die oberen abgenommen werden. Das Absetzen und Heben von 15 bis 25 kg Gewicht in einem nicht eben handlichen Format setzt die entsprechenden Kräfte und eine intakte Wirbelsäule voraus. Ältere Menschen, Körperbehinderte und manchmal auch Frauen haben damit Probleme. Kippvorrichtungen, Leichtbauweise und Beuten in Hartschaumstoffausführung erleichtern diese Arbeit.

Die Hohenheimer Einfachbeute – eine Beute ohne Mittelwabe

Dr. Sachs von der Landesanstalt für Bienenkunde in Hohenheim erkannte bald, dass die Hohenheimer Wanderbeute in der Herstellung zu aufwendig war und Nachteile im Gebrauch aufwies. Zusammen mit Dr. Hermann Graze (1913–1997) erarbeitete er eine Vereinfachung und so ist die Sax-Beute entstanden.

Sie ist eine Holzbeute, die pro Magazin 10 Zanderwaben im Längsbau aufnimmt. Die Magazine stehen falzlos übereinander. Der Boden als auch der aus drei Teilen bestehende Deckel mit Blechhaube weisen eine falzlose Verbindung mit den Magazinen auf. An der vorderen Unterseite der Magazine angebrachte Leisten verhindern ein Verrutschen. Stabile Griffleisten an der Vorder- und Rückseite ermöglichen ein Abnehmen und Transportieren der Magazine.

Der Boden ist als Hochboden mit Lüftungsgitter ausgeführt und mit Varroaschieber und variablem Fluglochkeil versehen. Futterzarge, Zwischen- und Ablegerboden ergänzen das Angebot. Heute wird diese Ausführung als „Zanderbeute nach Dr. Liebig“ von verschiedenen Fachhändlern angeboten.

Die Dadant-Beuten

Im deutschsprachigen Raum löste im vorigen Jahrhundert eine Vielzahl kleinerer Rähmchenmaße die Korbbetriebsweise ab und zog daraus folgernd eine große Zahl verschiedenartiger Beutentypen nach sich.

In Amerika ging man um die gleiche Zeit einen anderen Weg. Lorenzo Langstroth (1810–1895) und Charles Dadant (1917–1902) entwickelten einfache Oberbehandlungsbeuten, die durch zunehmende Verbreitung der brutfreudigen und damit leistungsfähigen Buckfast-Bienen auch bei uns in vielen Imkereien Einzug halten.

Bruder Adam hat richtig erkannt, dass der Erfolg in einer Imkerei von der Größe des Brutraumes der Beute abhängt. So wandte er sich folgerichtig 1924 den Dadant-Rähmchen (Außenmaß 44,8 cm × 28,5 cm) und der Dadant-Beute zu und erzielte damit große Erfolge.

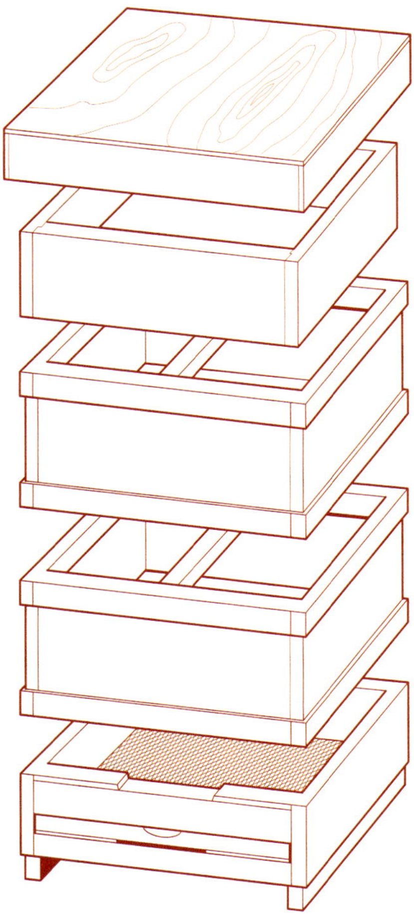

Hohenheimer Einfachbeute.

Freiaufstellung

Dadant-Beuten eignen sich grundsätzlich nur zur Freiaufstellung, entweder in der Reihe oder in der Gruppe. Ist genügend Platz vorhanden, wird man gelockerte Aufstellung wählen. Dies verhindert das Verfliegen der Bienen. Aus Platzmangel wird jedoch bei vorübergehender Aufstellung auf Wanderplätzen oft nichts anderes übrig bleiben, als eine enge Reihenaufstellung zu wählen.

Bedeutung der Halbrähmchen

Der große Brutraum einer Beute ist aber nicht alleine maßgebend. Ebenso ausschlaggebend sind die Halbrähmchen bei

12er-Dadant-Beuten in Zweier-Gruppen auf einer Wiese.

beiden Dadantmaßen in den Aufsätzen. Sie werden vom Bienenvolk als Honigkränze angelegt und können als Ernte entnommen werden.

Abgesehen vom leichteren Gewicht im Vergleich zu Honigaufsätzen mit Ganzwaben (bei Zander), besteht ein nicht zu unterschätzender Faktor im Varroazeitalter darin, dass die Halbwaben nicht mit Chemie behandelt werden. Brutwaben können nicht in die Halbmagazine umgehängt werden.

Ein Volk auf solch großen Brutraumwaben wird niemals Hunger leiden. Bei guter imkerlicher Praxis werden die mit Honig oder Futter gefüllten Randwaben nicht entnommen, sodass Lückenfütterungen auch den Sommer über bei ausbleibender Tracht nicht notwendig werden.

Obwohl die 12er-Dadant-Beute in vielen Imkereien Einzug hielt, blieb es nicht aus, dass weitere, verbesserte Entwicklungen im Lauf der Zeit im Fachhandel auftauchten. Geblieben ist es bei den Rähmchenmaßen Dadant und Dadant-Blatt. Man hatte erkannt, dass diese großen Brutraumwaben und die Halbwaben nicht änderungsbedürftig sind.

Weitere Verbesserungen

Erkannt hat man aber auch, dass einer bienengerechten Beutenkonstruktion die Mittelwabe und die ungerade Wabenzahl entspricht, das

Gut zu wissen

Da bei gangbarer, imkerlicher Praxis nur die Brutwaben mit dem Varroabehandlungsmittel in Berührung kommen, bleiben die Halbrähmchen der Dadant-Beute behandlungsfrei. Ein entscheidender Schritt zur Verbesserung der Honigqualität.

Gut zu wissen

In Zeiten, in denen der Varroabefall der Völker kontrolliert werden muss, war es notwendig, dass der Boden einen herausnehmbaren Schieber erhielt. Dadurch kann man, ohne das Volk zu stören, leicht den Milbenabfall zählen.

12. Rähmchen somit unnötig ist. Die Beuten werden dadurch kleiner und leichter. Hartpor® als Beutenmaterial brachte weitere, wesentliche Gewichtsersparnisse. Die Erkenntnis, dass der Deckel die wärmste Stelle einer Beute sein muss, wurde berücksichtigt. Neuentwicklungen dieses Bauteiles sind kompakt ausgeführt.

Leichtere Handhabung bei Aufsetzen und Stapelung der Magazine führten, als Verbindung der Beutenteile untereinander, zur Konstruktion eines Außenfalzes. Für alle Dadant-Beuten unerlässlich ist eine 10 Liter fassende Futterzarge, die eine zum Beutentyp passende Konstruktion aufweisen muss. Bienenflucht, Absperr- und Wandergitter sind, je nach Betriebsweise, nützliche Zusätze.

Die 12er-Dadant-Beute nach Bruder Adam oder Günther Ries
Dies ist eine Holzbeute ohne Falz. Sie fasst im Brutraum 12 Waben im amerikanischen Dadantmaß (Außenmaß 44,8 cm × 28,5 cm). Die Honigraumaufsätze – auch mit 12 Waben – sind mit Halbrähmchen (Außenmaß 44,8 cm × 15,0 cm) ausgestattet. Ein loser Gitterboden mit Varroaschieber und der Deckel in drei Teilen (Innendeckel, Dämmplatte, Außendeckel) gehören zur Grundausrüstung.

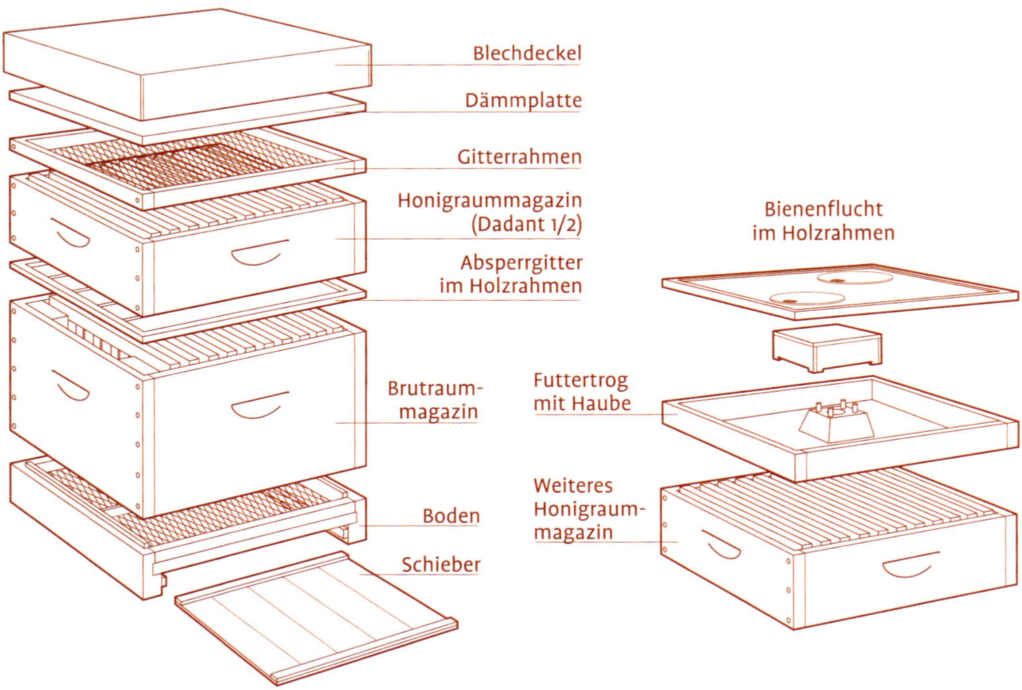

Die 12er-Dadant-Beute mit zusätzlichen Einzelteilen.

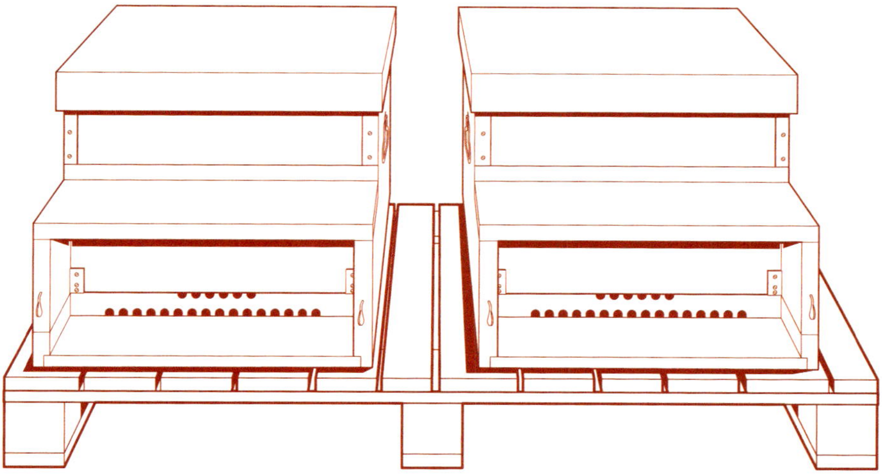

Zwei Holzbeuten (Dadant-Blatt) auf einer Palette. Vielfach sind diese Beuten in Frankreich und Italien im Einsatz. Daher auch die Bezeichnung „Dadant-Blatt-Europa".

Wer mit dieser Beute wandert, braucht ein Wandergitter, das, wird es den Sommer über belassen, mit Dämm- oder Hartschaumplatten abgedeckt werden muss, damit aufsteigende Wärme dem Volk erhalten bleibt (Ries 1992).

Zum Transport ist ein leicht anzubringender Wandergurt notwendig. Da die Beute schwer ist, sind Helfer zum Be- und Entladen der Fahrzeuge unerlässlich.

Diese Beute ist schon jahrelang als einzige mit Dadanträhmchen im Gebrauch und wird in Betrieben, die sich der brutfreudigen Buckfast-Biene zugewandt haben, mit Erfolg genutzt.

Info

Bekannte Hersteller in größeren Stückzahlen sind die Firmen Imkereitechnik Ernst Wagner in 69427 Mudau und Ingenieur R. Weber in 07546 Gera.

12er-Holzbeute Dadant-Blatt

Sie ist ähnlich wie die 12er-Dadant-Beute nach Bruder Adam gebaut, jedoch mit 12 Rähmchen Dadant-Blatt (Außenmaß 43,5 cm × 30 cm) im Brutraum. Die Honigraumzargen nehmen 12 Halbrähmchen (Außenmaß 43,5 cm × 16 cm) auf. Der Gitterboden ist mit Blechvarroaschieber ausgestattet und wird mit zwei Drahtbügeln mit dem Brutraummagazin verbunden. Der dreiteilige Deckel wurde von der 12er-Dadant-Beute übernommen.

Markante Merkmale sind eine an das Brutraummagazin angebaute Wanderfront mit luftdurchlässigem Verschlussgitter und zwei stabile Klappgriffe. Trotz Anbringung von Blechwinkeln an drei Ecken des Brutraummagazins ist zur Wanderung das Anlegen eines Wandergurtes notwendig.

Info

Sie ist in der Schweiz, in Italien und Frankreich vielfach im Gebrauch und wird von der Fa. Heinrich Holtermann in 27386 Brockel vertrieben.

Info

Hergestellt wird die Weissacher Dadant-Beute von der Fa. FRIBIN in 75031 Eppingen-Adelshofen.

Die Weissacher Dadant-Beute

Sie ist aus der Überlegung heraus entstanden, die Vorteile der beiden Dadantmaße in den Brut- und Honigräumen zu nutzen und gleichzeitig eine Beute zu schaffen, die

- mit weniger Einzelteilen, vor allem beim Deckel auskommt,
- eine bienengerechte, ungerade Wabenzahl in den Magazinen zum Merkmal hat und
- den Außenfalz als arbeitserleichternde Konstruktion nutzt.

Die Magazine sind aus Holz und können 11 Waben im Brutraum sowie auch in den halbhohen Honigaufsätzen, mit Verschiebereserve, aufnehmen. Die Beute kann im amerikanischen Dadantmaß und Dadant-Blatt hergestellt werden. Boden und Deckel sind entweder in Holzausführung lieferbar, als witterungsbeständiger haben sich der passende Boden und Deckel der Frankenbeute erwiesen.

Wer Hartpor® als Beutenmaterial bei Magazinen aus ideologischen Gründen ablehnt, kann sich der Weissacher Dadant-Beute zuwenden.

Kunststoffbeuten

Hierzu sind einige grundsätzliche Ausführungen zum Werkstoff Hartschaum oder Hartpor® im Beutenbau notwendig. Unsere Bienenvölker

Ein Volk in der Weissacher Dadant-Beute, mit 20 kg Flüssigfutter zur Einwinterung aufgefüttert.

Zur Einwinterung anstehendes Volk in der Franken-Dadant-Beute.

lebten jahrtausendelang in hohlen Bäumen, Mauerhöhlen, Felsspalten, manchmal auch in Bronzestatuen. Schließlich, nachdem der Mensch sich zunehmend dem Bienenvolk zugewandt hatte, schuf er Behausungen, die dem Imker zur leichteren Bearbeitung der Völker eine echte Hilfe waren. Klotzbeute, Strohkörbe und Beuten aus Holz verschiedenster Ausführungen zeigen, dass es auch in der Imkerei Fortschritte gab, vor allem, was das Material der Beute anbelangt.

Rückwirkend kann festgestellt werden, dass der schützende Hohlraum eine unumgängliche Voraussetzung für ein Bienenvolk darstellt, dass das Material um diesen Hohlraum für das Bienenvolk weniger ausschlaggebend, umso mehr aber ein Faktor für den Imker ist, um ihm die Arbeit am Bienenvolk zu erleichtern.

Nun im Zeitalter der Kunststoffe, die in jedem Bereich Einzug halten, sind wir auch im Beutenbau bei den Hartschaumstoffen angelangt. Der Imker nimmt Nachteile von Hartschaumbeuten, wie gelegentlich zu wenig Widerstand gegen schlagende Spechte (auch manchmal bei Beuten aus Holz der Fall) oder eine nicht mögliche Reinigung durch Abflammen mit einer Lötlampe, in Kauf. Auch zeigen praktische Erfahrungen, dass die Haltbarkeit solcher Hartschaumbeuten gegenüber Holzbeuten als geringer eingeschätzt werden muss, und zwar je nach Behandlung und Pflege höchstens 10 bis 15 Jahre.

Gut zu wissen

Leichtes Gewicht, Witterungsbeständigkeit, hoher Isolationswert und damit ihre gute Handhabung sind Faktoren, die der fortschrittliche Imker bei den Hartschaumbeuten nicht missen möchte.

Info

Vertrieben wird die Frankenbeute von der Fa. Heinrich Holtermann in 27386 Brockel.

In Deutschland im Gebrauch sind 60% der Beuten aus Holz und trotz der vorher genannten Nachteile immerhin 40% aus Hartschaumstoff. Hierbei ist das Segeberger Magazin (Dr. Irmgard Jung-Hoffmann 2000) in Norddeutschland das am weitesten verbreitete.

Frankenbeute

Sie wird in Hartpor®-Ausführung hergestellt und ist in den Rähmchenmaßen Dadant, Dadant-Blatt, Langstroth, Zander und Deutsch-Normal im Handel. Geringes Gewicht zeichnet sie ebenso aus, wie die Witterungsbeständigkeit der Beutenteile. Diese sind jedoch gegen Beschädigungen anfälliger als solche aus Holz. Der Boden ist wahlweise als Flach- oder Hochboden, jeweils mit Gittereinsatz und Varroaschieber erhältlich. Der 6 cm dicke Deckel weist eine gute Isolation gegen Wärmeverluste auf. Die Magazine der beiden Dadantmaße sind mit bienengerechten 11 Waben in den Brut- und Honigräumen erhältlich. Sämtliche Beutenteile passen zur Weissacher Dadant-Beute und sind austauschbar.

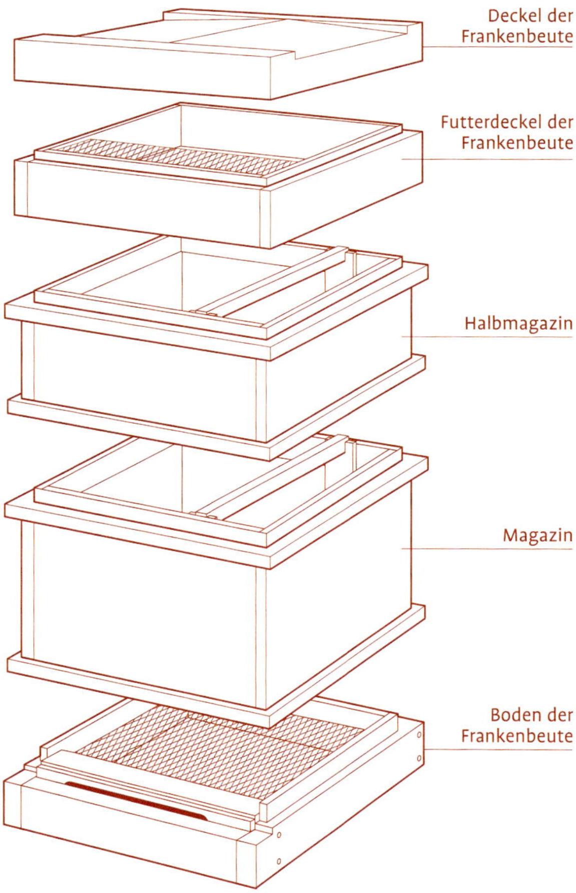

Weissacher Dadant-Beute in ihren Einzelteilen.

Die Combi-Beute

Eine Beute in Styrodur®-Ausführung ohne Falz, die in den Rähmchenmaßen Dadant-Blatt, Langstroth, Zander und Deutsch-Normal lieferbar ist. Das Brutraummagazin Dadant-Blatt kann 10 Waben aufnehmen. Halbhohe Honigraummagazine mit 9 Waben. Langstroth- und Zandermagazine sind mit 10 Waben lieferbar. Neben dem gut isolierenden Deckel ist bei dieser Beute im Boden ein leicht zu beschädigendes Kunststoffgitter ohne Varroaschieber eingelassen. Die Abstandsregelung mit Drahtrechen im Unterteil des Magazins ermöglicht zwar eine sichere Regelung, erschwert aber das Einhängen der Waben.

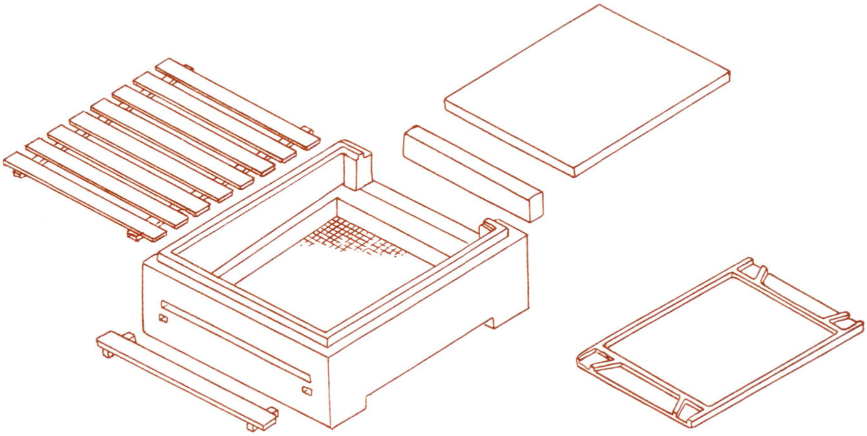

Der hohe Wanderboden der Franken-Beute mit seinen Einzelheiten. Die Bausperre verhindert Drohnenunterbau im Lüftungsraum. (Nach Prospekt Fa. Holtermann)

Mini-Plus-Begattungskästchen im Hausgarten.

Auch im Mini-Plus bevorzugen die Bienen die Mittelwabe.

Das Mini-Plus-Begattungskästchen
Eine wertvolle Ergänzung zu Betriebsweise und Haltung von Bienenvölkern in Dadant-Beuten stellt das Mini-Plus-Begattungskästchen oder, anders genannt, Zuchtmagazin dar. Es ist nach dem Prinzip einer Magazinbeute mit losem Boden, Zarge und Deckel aufgebaut. Der Boden ist mit einem Lüftungsgitter, das mit einer Einlegeplatte verschlossen werden kann, einer Futterkammer für Teig- und Nassfütterung sowie einem Flugloch ausgestattet. Neuere im Handel erhältliche Böden werden ohne Futterkammer angeboten, dafür mit Futterzarge.

Die Zarge oder das Magazin kann 6 Waben in Dadant ¼ (Außenmaß 21,8 cm × 15,0 cm) aufnehmen. Werden zwei Zargen übereinander gesetzt, so finden 6 Waben Dadant ½ hoch (Außenmaß 21,8 cm × 30,0 cm) darin Platz (Lampeitl 1996). Der Deckel ist gut isoliert. Sämtliche Teile des Mini-Plus sind über einen Außenfalz gut verbindbar. Da quadratische Bauweise vorliegt, können die Begattungsvölker in Längs- oder Querbau gehalten werden.

Der große Vorteil dieses Begattungskästchens liegt darin, dass Königinnen überwintert werden können und so eine Vorprüfung in einem Volk stattfinden kann. Überwinterte Völker können zur Aufnahme schlüpfreifer Weiselzellen und auf weitere unbegattete Königinnen aufgeteilt werden oder sie dienen als Bienenlieferant für Kunstschwärme.

Gut zu wissen

Das Mini-Plus-Begattungskästchen wird in Hartschaumstoffausführung von der Fa. Stehr in 24221 Raisdorf hergestellt und über den Imkereifachhandel vertrieben. Die Fa. Imkereitechnik Ernst Wagner in 69427 Mudau produziert und vertreibt das Kästchen in Holzausführung.

Der Bienenstand

Darunter versteht man überwiegend den Wanderstand oder den Bienenschauer. Es handelt sich meist nur um Unterbringungsmöglichkeiten der Bienenkästen zum Schutz vor Witterungseinflüssen.

Beim Wanderstand, der in der Regel drei bis acht Völker in den entsprechenden Beuten aufnehmen kann, sind diese allseitig durch Bretterverschläge geschützt. Zur Bearbeitung der Völker können entweder das Dach abgehoben oder die hinteren Türen geöffnet werden. Der Imker steht im Freien.

Der Bienenschauer ist nichts anderes als eine mit dem Erdboden fest verbundene Überdachung, die sowohl die Beuten als auch den

Imker bei der Bearbeitung der Völker vor Witterungseinflüssen schützt. Meistens sind darin in der Reihe Oberbehandlungsbeuten untergebracht, sodass bei 20 Völkern schon eine Gesamtlänge von mindestens 10 m nötig ist. Die Völker sollten ungefähr 20 bis 50 cm vom Erdboden entfernt aufgestellt werden.

Gewiss verlängert diese Aufstellungsform die Haltbarkeit der Beuten, dem damit verbundenen Nachteil der Völkermassierung aber wird zu wenig Beachtung geschenkt. Doch gerade dieser Gesichtspunkt sollte nicht vernachlässigt werden, wenn etwa Bienenschauer für 30 und mehr Völker erstellt werden sollen.

Gut zu wissen

Wanderstände sind nicht fest mit dem Erdboden verbunden. Sie sollten leicht zerlegbar konstruiert und damit schnell wanderfertig sein.

Das Bienenhaus

Während in der ganzen Welt Bienenvölker überwiegend ganzjährig im Freien stehen, hat sich im deutschsprachigen Raum die Unterbringung der Völker im Bienenhaus teilweise bis heute noch behauptet. Dafür sprechen Gründe wie längere Haltbarkeit der Beuten, Konzentrierung der Völker auf wenig Raum und teilweise Witterungsunabhängigkeit bei der Bearbeitung.

Dem entgegen steht eine geringere Beweglichkeit mit den Völkern, durch Hitze erschwerte Bearbeitung in den Sommermonaten und nicht zuletzt enormer Kapitalbedarf. Ein Bienenhaus für 12 bis 20 Völker wird, sofern es vom Fachmann ausgeführt wird, bei den jetzt gültigen Preisen unter € 2500,– kaum zu erstellen sein. Dem Anfänger muss abgeraten werden, ein Bienenhaus gleich zu Beginn seiner Bienenhaltung zu bauen.

Einrichtung

Neben den darin untergebrachten Völkern muss ein gut eingerichtetes und geplantes Bienenhaus dem Imker genügend Raum zu Bearbeitung der Völker bieten. Bei Hinterbehandlungsbeuten wird ein Wabenschrank gebraucht, der genauso Platz finden muss wie ein Tisch, zwei Stühle und ein Werkzeugregal. Während der Wabenschrank sinnvollerweise an der Hinterwand in der Höhe bis zum Fenster untergebracht wird, kann ein abgetrennter Nebenraum als Arbeits- und Schleuderraum eingerichtet werden. Er sollte bienendicht sein. Für ruhige Stunden erleichtert ein kleines Fenster zur Flugfront hin die Beobachtung des Betriebs an den Fluglöchern.

Bei zweireihiger Stapelung in Bienenhäusern wird für 15 bis 20 Völker der Platzbedarf einschließlich Nebenräume mit rund 1 m² pro Volk richtig angesetzt sein. Behördliche Vorschriften schränken manchmal ein. So sind nach einem Erlass des Innenministeriums Baden-Württemberg für 20 glaubhaft gehaltene Völker nur 15 m² überbaute Fläche zulässig (wobei der Antragsteller auch Fachkenntnisse in der Bienenhaltung besitzen muss).

Gut zu wissen

Bienenhäuser sind in der Regel für Hinterbehandlungsbeuten zu empfehlen. Bei zweireihiger Stapelung kann die untere Reihe im Sitzen, die obere im Stehen bearbeitet werden. Dreireihige Stapelung erschwert die Durchsicht der oberen Reihe, da man sie auf Leitern, Böcken oder Schemeln stehend vornehmen muss.

Ausführung
Als Baumaterial bietet sich Holz für das Bienenhaus an. Es erleichtert nicht nur die Erstellung, sondern ist dem Bienenvolk am zuträglichsten. Mit zunehmend kalter Witterung begünstigt es das Zusammenziehen zur Wintertraube. In der aufsteigenden Entwicklung im Frühjahr werden sich darin untergebrachte Völker schneller der Außentemperatur anpassen.

Gemauerte oder betonierte Bienenhäuser sind dagegen im Spätherbst länger warm, dafür auch im Frühjahr länger kalt. Ein weiterer Vorteil der Holzbienenhäuser ist, dass sie leichter zu zerlegen und damit besser zu versetzen sind.

Bienenhäuser sollen sich in Form und Farbe der Landschaft unterordnen. Dazu trägt ein Satteldach mit rotbraunen Ziegeln wesentlich bei. Überdies wirft ein Dachvorsprung in der sommerlichen Mittagshitze den notwendigen Schatten. Rot- oder dunkelbraune Farbgebung fügt sich gut in die Landschaft ein, während giftgrüne oder gar blaue Farbtöne sie verunstalten.

In dicht besiedelten Gebieten sind zur Vermeidung von Frevel einfache Einfriedungen des unmittelbaren Bereiches der Flugfront notwendig. In einem Abstand von 5 bis 10 m vor der Flugfront verlaufend und mit Maschendraht auf Holzpfosten etwa 1,2 m hoch ausgeführt, wirken sie bei entsprechend lockerer Bepflanzung mit heimischen Laubgehölzen nicht störend. Außerdem bieten heranwachsende Bäume und Sträucher Windschutz.

Info
Bienenstand, Bienenschauer und Bienenhaus zur Unterbringung von Völkern sind im deutschsprachigen Raum kaum mehr wie in früheren Jahren üblich. Nach wie vor bei der Freiaufstellung der Völker notwendig sind aber Räume und Hütten zur Geräteunterbringung.

Die graue Carnica auf einer Brutwabe.

Die wirtschaftlich wichtigsten Bienenrassen

Mit rund 100 000 Arten, darunter Hummeln und Wespen, gehört auch die Honigbiene (*Apis mellifera*) zur Insektenordnung der Hautflügler (Hymenoptera). Die Gattung *Apis* enthält ausschließlich staatenbildende Vertreter. Nach Goetze (1964) können im gesamten Weltverbreitungsgebiet der Honigbiene zwei Formenkreise angegeben werden:

- Honigbiene (*Apis mellifera*)
- Indische Biene (*Apis cerana*, früher *A. indica*)

Von Buttel-Reepen (1906) erkennt zwei weitere unterscheidbare Arten an:

- Riesenbiene (*Apis dorsata*)
- Zwergbiene (*Apis florea*)

Diese Bienenarten sind gut durch ihre Größe zu unterscheiden. Danach steht an erster Stelle die Riesenbiene mit 16 bis 17 mm Körperlänge der Arbeiterinnen, an letzter die Zwergbiene mit 7 bis 8 mm; Honigbiene (9 bis 13 mm) und Indische Biene (8 bis 11 mm) liegen dazwischen.

Das Ausbreitungsgebiet dieser vier *Apis*-Arten ist verschieden: Die Riesen- und Zwergbienen sind auf Indien und benachbarte Inseln beschränkt; die Indische Biene kommt auf dem asiatischen Fest- und Inselland vor. Dagegen bevölkert die Honigbiene gegenwärtig die ganze Welt. Sie dringt polwärts in Schweden bis zum 64. Grad nördlicher Breite vor, in Finnland bis zum 61., in Sibirien bis zum 51. – jedoch war sie ursprünglich nicht überall heimisch.

Im Lauf der erdgeschichtlichen Entwicklung entstanden bei der Honigbiene zahlreiche geografische Rassen, die in der Regel optimal an die jeweiligen Umweltbedingungen angepasst sind, wie beispielsweise die Heidebiene. Uns mögen hier nur die Rassen im europäischen Raum interessieren, die wirtschaftliche Bedeutung gewonnen und sich, auch durch zunehmenden Handel und natürliche Verbreitung, untereinander vermischt und gekreuzt haben.

Gut zu wissen

Korrekt ist es, nach Benennung des Gattungs- und Artnamens den Rassennamen anzuhängen. Im üblichen Sprachgebrauch, vorwiegend unter Praktikern, werden diese jedoch weggelassen und nur der Rassenname genannt.

Deutsche, Dunkle oder Nordische Biene: *Apis mellifera mellifera*

Es handelt sich um eine relativ große Biene mit dunklem bis glänzend schwarzem Panzer und eher schütterer Behaarung des Hinterleibes.

Die Mellifera ist mit der nordafrikanischen, tunesischen Biene nah verwandt. Ihr Verbreitungsgebiet, ursprünglich Südwesteuropa, erstreckte sich nach und nach über ganz West-, Nord- und Mitteleuropa, Nordrussland und Sibirien bis

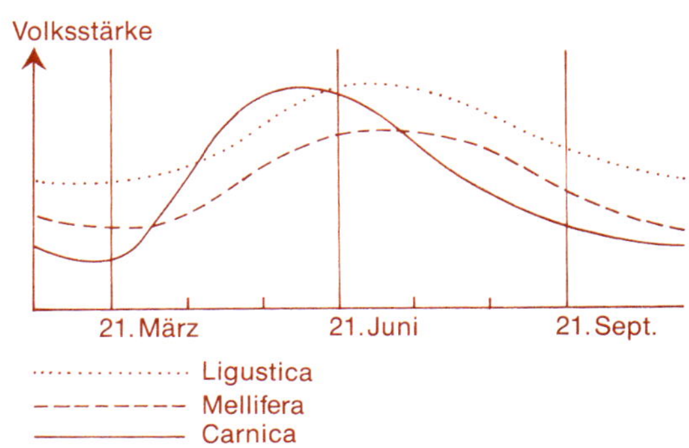

Volkskurve (schematisch).

zum Stillen Ozean. In Westeuropa wird sie zunehmend von der Italiener Biene verdrängt, in Mitteleuropa von der Kärntner Biene.

Die Dunkle Biene baut mittelgroße Völker auf. Die Frühjahrsentwicklung verläuft langsam. Dafür hält im Sommer der Höchststand der Entwicklung lange an. Sie überwintert daher in starken Kolonien. Auffallend sind die große Schwarmneigung, der unruhige Sitz auf den Waben und die manchmal sehr ausgeprägte Stechlust.

In der Schweiz wurde jahrelang ein Stamm dieser Biene gezüchtet und erhalten. Es ist die als „Nigra“ bekannt gewordene Dunkle Biene, die vor allem durch Lebenskraft, Wetter- und Winterfestigkeit auffiel, jedoch ihre enorme Schwarmneigung beibehielt.

Die typische Honigbiene der Lüneburger Heide, auch als Holländische Biene bezeichnet, entstand im Laufe der Zeit durch die Heidebetriebsweise. Ihrer nicht zu bändigenden Schwarm- und Stechlust wegen ist sie außerhalb der Heidetrachtgebiete unbrauchbar. Manchmal schwärmen überwinterte Völker bis zu sechsmal, wobei der Vorschwarm noch einmal einen sogenannten Heidschwarm abgibt. Ausgeprägte Brutlust den Sommer über bis zur Erikablüte ist die Voraussetzung dazu.

Gut zu wissen

Kreuzungen dieser Dunklen Biene wurden bei uns jahrelang als Landrasse bezeichnet und auch erfolgreich gehalten. Sie sind meistens noch dort anzutreffen, wo Schwarm- und Stechlust ausgeprägt sind.

Info

Ausgeprägt ist bei der Ligustica die Neigung zur Räuberei und ihre starke Tendenz zum Verfliegen. Im Gegensatz zu anderen Rassen zeigt sie nahe Futterquellen nicht durch Rundtänze, sondern durch „gerichtete Sicheltänze“ an.

Italiener Biene: *Apis mellifera ligustica*

Die Ligustica stammt von der Apenninen-Halbinsel. Als besonderes Merkmal gilt der gelbe Panzer des Hinterleibes mit ein bis drei gelben Ringen. Jedoch treten sehr wechselhafte Nuancen von sehr hellem bis zu fast hellbraunem Gelb auf. Eine ebenfalls gelbe Behaarung bedeckt den Körper.

Sie weist eine mittlere Frühjahrsentwicklung auf, bewahrt aber den Sommer über eine große Volksstärke, die das Brutgeschäft bis weit in den Spätherbst hinein in Gang hält – in wärmeren Gegenden manchmal sogar den Winter über.

Zur Überwinterung braucht sie starke Völker – daher großer Futterverbrauch. Die Schwarmlust dieser Biene ist gering. Sie sitzt ruhig auf der Wabe und ist auch nicht stechlustig.

Wegen ihrer manchmal geringen Winterfestigkeit hat sie in raueren Gegenden Probleme bei der Überwinterung. Die Italiener Biene ist an lang anhaltende Trachten mit milden Wintermonaten angepasst. Mehr oder weniger erfolgreich wird immer wieder versucht, sie auch außerhalb ihres Stammgebietes einzubürgern.

Kärntner oder Krainer Biene: *Apis mellifera carnica*

Die Carnica hat als ursprüngliches Verbreitungsgebiet die Südostalpen, den Nordbalkan und den Donauraum. Es handelt sich um eine mittelgroße bis schlanke Biene mit dunklem Panzer, dichter Behaarung und breiten, auffällig grauen Filzbinden. Diese haben ihr den Beinamen „graue Carnica“ eingebracht.

Die Buckfast-Biene.

Im Gegensatz zu den vorher beschriebenen Rassen zeichnet sie sich durch eine rasche Entwicklung im Frühjahr aus, die jedoch im Hochsommer und teilweise schon im Frühsommer zurückgeht. Auffallend ist auch die Überwinterung in schwachen Kolonien mit geringer Zehrung. Die Volkskurve ist steil.

Hervorzuheben sind ihre Wabenstetigkeit und Sanftmut. Sie waren der Grund dafür, dass die Carnica vor allem nach dem 2. Weltkrieg eine starke Verbreitung in Deutschland fand und die stechfreudigen Stämme der Landrasse ablöste. Ihre steile Volkskurve macht sie zu einer ausgesprochenen Frühtrachtbiene.

Durch intensive Auslese, auch mithilfe der künstlichen Besamung, konnten nach und nach Stämme herausgezüchtet werden, die heute die Erwartungen der Imker erfüllen, vor allem was Schwarmträgheit und Brutfreudigkeit betrifft. Die Abgabe von Zuchtstoff aus solchen Völkern (Mutterstationen), fördert die Verbreitung dieser Biene.

Info

Manchmal zeigt die Carnica ausgeprägte Schwarmlust, vor allem bei nicht durchgezüchteten Stämmen. Ihre Reaktion auf verschiedene Umweltbedingungen, wie Nachlassen des Brutgeschäftes bei lang anhaltenden Schlechtwetterperioden im Sommer, wirft in wirtschaftlich geführten Betrieben oft Probleme auf. Für den Liebhaberimker ist sie gut zu gebrauchen.

Buckfast-Kreuzungsbiene

Bei der Auswahl entsprechende Geschlechtstiere in der Zucht kann man sich innerhalb einer Rasse bewegen oder zumindest versuchen, verschiedene Rassen untereinander zu kreuzen. Dies kann erfolgreich

Info

Bruder Adams Kunstrasse wurde benannt nach der Buckfast-Abtei in der Grafschaft Devon in Südengland, in der er lebte und imkerte.

oder auch mit einem Fehlschlag enden. So lernte Bruder Adam Kehrle nicht nur durch ausgedehnte Reisen die verschiedensten Bienenrassen kennen und beschrieb sie ausführlich, sondern er versuchte auch durch jahrelange Erprobung verschiedener Kreuzungen, zu einer leistungsfähigen Biene zu kommen.

Durch Kreuzung der in Großbritannien heimischen Mellifera und der Ligustica erhielt er im Laufe von 50 Jahren diese „Kunstrasse", wie Bruder Adam sie selber nennt, – die Buckfast-Biene. Farbe und Aussehen ähneln der dunklen lederbraunen Ligustica.

Eigenschaften

Es handelt sich um eine sehr brutfreudige Biene, die im Vergleich zur Carnica nicht den rasanten Start im Frühjahr aufweist. Dafür hält die Buckfast-Biene aber mit dem Brutgeschäft bis August / September auch in Weißtannentrachtgebieten durch. Schwarmträgheit, Sanftmut und Wabenstetigkeit sind besonders ausgeprägt, ebenso Widerstandskraft gegen Nosema und Tracheenmilbe.

Durch ihre Brutfreudigkeit braucht sie sehr viel Raum. Völker mit 30 oder 40 Bienen besetzten Zanderwaben sind keine Seltenheit. Ihr wahres Können zeigt sie auch in Beuten mit großen Brutraumwaben, wie zum Beispiel im Dadant-Maß.

Da sie im Frühjahr etwas später startet und große Brutnester anlegt, wird ein erheblicher Teil der Frühtracht in Bienenmaterial umgesetzt. Zur Nutzung der Frühtracht kann dem Volk durch Vereinigung mit einem Ableger im vorausgegangenen Herbst die notwendige Anzahl Flugbienen verschafft werden. Jedoch hat sich in den letzten Jahren gezeigt, dass diese betriebstechnische Maßnahme überflüssig ist, wenn der Ableger bereits im Juni erstellt wird und durch optimale Pflegemaßnahmen eine Einwinterungsstärke von 20 mit Bienen besetzten Zanderwaben erreicht oder die Dadant-Beute mit 10 oder 12 Waben füllt. Solche Völker der Buckfast-Biene lassen sich ohne Verstärkung im Herbst zur optimalen Nutzung der Rapstracht im darauf folgenden Frühjahr nutzen.

In Süddeutschland hat diese Biene in manchen Gegenden einen Verbreitungsgrad von derzeit schätzungsweise 30 bis 50 % erreicht. Kreuzung von Buckfast-Königinnen und Carnica-Drohnen und umgekehrt, führt auf keinen Fall zu stechlustigen Bienen (Schundau, 1983).

Kreuzt sich jedoch die Buckfast oder die Carnica mit der in manchen Gegenden noch weit verbreiteten Nordischen Biene (Landrasse), so ergibt dies stechlustige und schwarmfreudige Bienen, die vor allem in dicht besiedelten Gegenden nicht zu gebrauchen sind.

Gut zu wissen

Ihre Findigkeit und damit auch ihre Neigung zur Räuberei dürfen nicht unerwähnt bleiben; gleichfalls ihr Hang zum Verfliegen, weshalb Einzelaufstellung der Völker gegenüber Unterbringung in einem Bienenhaus vorzuziehen ist.

Bienengemäßer Standort am leicht abfallenden Südhang. Intensive Bepflanzung schützt vor Sonne und Wind.

Der bienengemäße Standort

Beispiel: Bei einer behördlichen Kreisbereisung wurde auch ein Bauantrag für einen Bienenstand begutachtet, der inmitten einer 100-jährigen Fichtenkultur in einem Privatwald geplant war. Sämtliche anwesenden Behördenvertreter stimmten sogleich zu. Dieser Standort wurde vor allem aus Landschaftsschutzgründen als unbedenklich angesehen und das zu erstellende Bauwerk würde mit Sicherheit von weit her nicht einsehbar sein. Wer nicht zustimmte, war der Bienenzuchtberater: Es handelte sich auch um einen Platz, an dem kein Sonnenstrahl an die Flugfront der Bienenvölker gelangen konnte, den ganzen Tag und zu jeder Jahreszeit.

Ein angrenzender Südhang, mit Hecken und allerlei Gebüsch bewachsen, bot sich dagegen als gute Lösung an. Durch Rodung wild wachsender Sträucher und Ausräumung eines Steinhaufens konnte ein Platz in entsprechender Größe entstehen, an dem der Bienenstand nicht nur für die Bienenvölker optimale Lebensbedingungen bot, sondern auch den landschaftsschützerischen Gesichtspunkten entsprach.

Gut zu wissen

Merkmale eines bienengemäßen Standorts in unseren Breiten:

- *sonnig, warm, trocken und windgeschützt;*
- *ausreichendes Nahrungsangebot im Flugbereich der Völker;*
- *vom Imker aus gesehen, gute Anfahrmöglichkeit mit dem Pkw.*

Beschaffenheit des Geländes – Konsequenzen

Sonnig, warm, trocken

Die Forderung nach dem bienengemäßen Standort ist besonders in den Frühjahrsmonaten wichtig. An solchen Standorten werden die Völker rechtzeitig einen Reinigungsflug durchführen. Dabei werden sie sich von allen möglichen Krankheitserregern trennen. Tote Bienen und Gemüll werden hinausgeschafft. Obwohl in jedem Bienenvolk Nosema-Erreger vorhanden sind, haben diese an solchen Plätzen kaum die Möglichkeit zur Entfaltung zu kommen.

Eine gesteigerte Flugintensität gibt die Gewähr, dass genügend Nahrung vom zeitigen Frühjahr an herbeigeschafft werden kann. Daraus hervorgehender intensiver Putzbetrieb erhöht die Bau- und Bruttätigkeit, was zu kraftstrotzenden Völkern führt. Allerdings geraten schwarmfreudige Bienenrassen an solchen Standorten gern in Schwarmstimmung.

Windgeschützt

Dem genauen Beobachter wird es nicht entgehen, dass unsere Honigbiene im Vergleich zu anderen Insekten, besonders wenn sie beladen zum Landeanflug ansetzt, eine sehr schlechte Fliegerin ist. Sie wirkt dabei manchmal recht unbeholfen. Unzählige tote Bienen an sonnigen Tagen im Frühjahr an Standorten mit Ostwind sind der Beweis dafür. Meistens sind es mit Pollen beladene Bienen. Sie werden beim Anflug regelrecht ins Gras geworfen und erstarren dort bei Temperaturen unter 10 °C. Windgeschützte Standorte, vor allem von Osten her, sind die logische Forderung – von Osten her deswegen, weil besonders im Frühjahr bei Ostwind Flugwetter herrscht.

Begrenzter Flugbereich

Die fliegerische Reichweite der Arbeitsbienen ist beschränkt. Sie beträgt im Frühjahr rund 1 bis 2 km; mit fortschreitender Jahreszeit und Nachlassen des Trachtangebotes wird der Flugbereich auf 3 bis 4 km ausgedehnt. (Karl Pfefferle berichtete in einem Gespräch von Flugentfernungen über 7 bis 8 km in Weinbaugebieten – allerdings im Zusammenhang mit Vergiftungserscheinungen.) Ein genügendes Nahrungsangebot im engeren Flugbereich in Form von Nektar, Blütenstaub und Wasser wird daher leicht erreichbar sein. Es verhindert nicht nur Flugbienenverluste, sondern schafft auch günstige Voraussetzungen für eine zügige Entwicklung und manchmal schon die Grundlage für eine spätere Ernte.

Flugrichtung

Eng verbunden mit dem bienengemäßen Standort ist die Flugrichtung der Völker. Man versteht darunter die Himmelsrichtung, in die die Flugfront und damit das Flugloch der Beute zeigt.

In südlicheren Ländern und damit wärmeren Gegenden oder auch an exponierten heißen Standorten mag die Flugrichtung für die Völker nicht so wichtig sein. Die Erfahrung hat jedoch gelehrt, dass sie im mitteleuropäischen Raum und bei aufsteigender Entwicklung im Frühjahr eine entscheidende Rolle spielt.

Von untergeordneter Bedeutung ist sie auch bei uns in den Wintermonaten und mit Einschränkungen im Sommer und Herbst. Kälte, Schnee und Regen sind kein Flugwetter. Die Flugrichtung Norden kann deshalb auch in den Wintermonaten gewählt werden. Dies wird den Völkern nicht schaden, es kann an bestimmten, zu dieser Jahreszeit an warmen Tagen sogar nützen. Verstärkte Ausflüge werden unterbleiben. Flugbienenverluste treten nicht auf. In den Sommer- und Herbstmonaten erreichen wir in unseren Klimaverhältnissen an schattigen Stellen rasch Lufttemperaturen, die den fliegenden Bienen nicht schaden. Die Flugrichtung ist zu diesen Jahreszeiten fürs Bienenvolk nicht so ausschlaggebend.

In der aufsteigenden Entwicklung im Frühjahr ist eine südliche Flugrichtung zu wählen, also Süd-Südost-Südwest. Im Gegensatz zur Flugrichtung Osten, lockt die Sonne die Flugbienen erst zu einer Tageszeit heraus, in der Umgebungstemperaturen von 12 °C bis 15 °C erreicht sind. Flugbienenverluste werden dadurch wesentlich gemindert.

Gut zu wissen

Stehen die Völker in einer Fichten- oder Weißtannentracht, so ist unbedingt Flugrichtung Osten vorzuziehen. Die Völker beginnen gleich bei aufgehender Sonne mit dem Trachtflug, da die unmittelbare Umgebung der Flugfront erwärmt wird und die Sonne direkt in die Fluglöcher scheint. Der Honigtau ist zu dieser frühen Tageszeit noch nicht angetrocknet. Solche Völker sind im Ertrag deshalb anders aufgestellten Völkern überlegen.

Völkermassierung

Durch den begrenzten Flugbereich unserer Honigbiene wird das in einem bestimmten Gebiet vorhandene Nahrungs- und Trachtangebot unter den darin aufgestellten Völkern aufgeteilt. Bei geringer Tracht und vielen Völkern sind Mangelerscheinungen keine Seltenheit und die für den Imker anfallenden Ernten entsprechend gering. Ebenfalls nicht selten sind Missernten, vor allem bei stationären Imkereien. Hier hilft nur, entweder die Trachtmöglichkeiten wesentlich zu verbessern oder Völkermassierungen zu vermeiden.

Wenn, wie in den USA, auf zwei Quadratkilometer Trachtfläche nur ein bis zwei Bienenvölker aufgestellt sind, kann von Völkermassierung keine Rede sein. Ernten von 40 kg Honig und mehr pro Jahr / Volk sind ohne Weiteres zu erzielen. Der dort überwiegend ansässige Berufsimker braucht diese auch, um existieren zu können.

Die mitteleuropäischen Verhältnisse sehen ganz anders aus. Bienendichten von vier bis fünf Völkern und mehr pro Quadratkilometer Trachtfläche sorgen für eine ausreichende Bestäubung vieler Pflanzen und gewähren dem Imker Durchschnittsernten zwischen 10 bis 15 kg / Volk im Jahr. Wir finden bei uns überwiegend den Imker mit 10 bis 20 Völkern und die großen Bienenzuchtvereine. Der Neben- und Zuerwerbsimker verbessert seine notwendigen Ernten durch Verringerung der Bienendichte und Wanderung in die entsprechenden Trachtgebiete.

Info

In vom Menschen nicht beeinflusster Natur wird es kaum vorkommen, dass ein Bienenschwarm in eine Behausung einzieht, die in unmittelbarer Nähe seines Muttervolkes liegt. Er wird ein paar Kilometer weiterziehen, um sich und seinem Muttervolk die Nahrungsgrundlage zu erhalten.

Mini-Plus-Begattungskästchen, aufgestellt in Gruppen in einem Hausgarten.

Unterscheidung zwischen Außen- und Innenbereich

In einer Zeit, in der überall der Landverbrauch durch Wohnbebauung, Straßenbau und Industrialisierung ansteigt, werden bei der Suche nach bienengemäßen Standorten sehr oft Kompromisse einzugehen sein, auch wenn die Besitzverhältnisse festgelegt sind und Änderungen nicht herbeigeführt werden können.

Jedoch sollte ein Kompromiss nie so weit gehen, dass Standorte gewählt werden, an denen Bienenhaltung nicht mehr möglich ist. Die folgenden Beschreibungen sollen dem suchenden Imker Anhaltspunkte für die richtige Wahl eines Standortes seiner Völker geben.

Außenbereich

Bienenstände, Bienenhäuser oder Bienenvölker, aufgestellt am Waldrand, in einem Bereich der nach Osten, Westen und Norden Windschutz bietet und wo sich nach Süden ein mit Obstbäumen bewachsenes Wiesengelände anschließt, sind standortmäßig optimal versorgt. Ebenso sind Grundstücke zu bewerten, die in einem Südhanggelände in einer sogenannten Klinge, also in einem Einschnitt, gelegen sind.

Nicht minder zu bewerten sind leicht ansteigende Nordhänge, an denen aber keine Kaltluftseen vorhanden sein dürfen. Dies sind feuchte, schattige, kalte Stellen, die die Flugaktivität hemmen und dadurch Krankheiten wie Nosema und Tracheenmilbe fördern.

Am besten ausfindig machen kann man solche Plätze im Frühjahr bei der Schneeschmelze. Ungeeignet zur Aufstellung von Bienenvölkern sind

- Abschnitte, an denen der Schnee lange liegen bleibt,
- wenig feuchte, in Fluss- oder Bachnähe schattig gelegene Plätze,
- im freien Gelände befindliche Parzellen auf Höhen und Kuppen, wo weder Baum noch Strauch vorhanden sind.

Bevorzugt werden Grundstücke, die landwirtschaftlich nicht mehr genutzt werden und dadurch im Laufe der Jahre mit Sträuchern, Hecken und Bäumen bewachsen sind. In Anlehnung an solche Hecken stationierte Bienenvölker stehen windgeschützt und bei entsprechend sonniger Lage der Parzellen auch warm. Zudem bietet der natürliche Bewuchs besonders im Frühjahr genügend Nahrung.

Bäume und Sträucher, die von Mitte Mai an ab etwa 12 Uhr auf die in der Nähe befindlichen Völker Schatten werfen, optimieren einen bienengemäßen Standort. Die Schwarmneigung wird verringert, insbesondere in Holzbeuten. Völker in schaumstoffisolierten Beuten mit entsprechend großen Fluglöchern sind weniger anfällig. Fehlt ein solcher Bewuchs, pflanzt man Weiden und Haselnusssträucher.

Der Magazinimker, der seine Völker im Freien stehen hat, wird ebenes Gelände bevorzugen. Bei entsprechender Größe des Grundstückes bieten sich verschiedene Aufstellungsvarianten an, wobei Zufahrtmöglichkeiten mit Fahrzeugen aller Art notwendig sind und auf ebenem Gelände leichter geschaffen werden können.

Innenbereich

In Dorfgebieten mit landwirtschaftlichem Charakter und gelockerter Bauweise erstellten schon unsere Vorfahren ihre Bienenhäuser in den Hausgärten, oft in Anlehnung an bereits bestehende Gebäude. Zusätzliche Bepflanzung bot Wind- und Sonnenschutz. Diese Standorte hatten den großen Vorteil, dass Arbeiten an den Bienenvölkern zwischendurch verrichtet werden konnten, ohne Haus und Hof zu verlassen.

Durch Vergrößerung landwirtschaftlicher Betriebsgebäude verlor mancher bienengemäße Standort in den Dörfern seine Bedeutung für Imker und Bienenvolk. Mancher sonnig, windstille Platz wurde praktisch über Nacht zu schattig und feucht, sodass sich Bienenvölker dort nicht mehr wohlfühlten.

Landschaftliche Gegebenheiten

Intensive Wohnbebauung und die Erschließung neuer Bau- und Industriegebiete haben viele Dörfer ihres ländlichen Charakters beraubt. Die Bienenhaltung wäre allerdings in einem solchen Dorf mit Misch- und reinen Wohngebieten bei entsprechender Größe der Grundstücke möglich. Hierbei ist jedoch auch auf den Nachbarn Rücksicht zu nehmen.

Gut zu wissen

Nicht bewährt hat sich die Aufstellung von Bienenvölkern in unmittelbarer Nähe viel befahrener Straßen und Autobahnen – nicht wegen des Lärms, sondern der durch die hohe Geschwindigkeit stark verwirbelten Luft um die Fahrzeuge. Flugbienen, die in solche Wirbel geraten, sind verloren.

Gut zu wissen

Die Völker wird man so aufstellen, dass Gemüsebeete und ähnlich viel benutzte Gartenflächen nicht gerade in der Flugrichtung liegen. Es ist nicht auszuschließen, dass an- und abfliegende Bienen sich in Kleidern und Haaren verfangen und dann stechen, selbst wenn sie nicht zu den stechlustigen Rassen gehören.

Besonders der Anfänger, der seine Völker intensiv beobachten will, hätte sie gerne in der Nähe seiner Wohnung aufgestellt. Gärten mit einer Größe von 4 oder 5 Ar, eine mit Bäumen und Sträuchern bewachsene Rasenfläche ermöglichen es ohne Weiteres, darin drei oder vier Völker zu halten. Dies hat zudem den Vorteil, dass notwendige Gerätschaften im Wohnhaus aufbewahrt werden können.

Der Aufstellungsplatz ist möglichst so zu wählen, dass die Nachbarn auf ihren Terrassen und Balkonen nicht ausgerechnet die Bienenvölker im Blickfeld haben. Die Beurteilung vieler solcher Fälle macht deutlich, dass Beeinträchtigungen durch Bienenvölker den Nachbarn als Nichtimker weniger stören, wenn er vor allem die Bearbeitung der Völker nicht beobachten kann.

Nicht zu empfehlen ist die Aufstellung in Gärten von 1 bis 2 Ar Größe an Reihenhäusern oder in parkähnlichen Anlagen, die von Hochhäusern umgeben sind. Manche Menschen haben Angst vor Bienen, auch wenn sie nicht gestochen werden. Stehen die Völker in zu geringer Entfernung von Terrassen, Balkonen und Fenstern, können einfliegende Bienen durchaus als Belästigung empfunden werden. Gute nachbarschaftliche Verhältnisse werden auf eine Probe gestellt, die sie nicht aushalten. Hier ist dem Imker zu raten, nach anderweitigen Lösungen im Außenbereich zu suchen.

Aufbau einer Bienenhaltung

Sehr selten wird der Gedanke, eine Bienenhaltung aufzubauen, spontan geboren. Meist löst die Begegnung mit dem Insekt Biene oder einem Imker die Lust aus, sich selber Bienenvölker zuzulegen. Damit einhergegangen ist eine gewisse Überlegungsphase, nachdem man Bienen auf einem blühenden Baum beobachtet oder sich auf einer Ausstellung mit näheren Einzelheiten der Imkerei befasst hat.

Erste Frage: Verträgt man Bienenstiche?

Vor Beginn der Imkerei und der Anschaffung von Bienenvölkern sollte die Frage, ob man auch ohne böse Folgen Bienenstiche vertragen kann, unbedingt geklärt sein. Man weiß heute, dass allergische Anfälle mit tödlichem Ausgang im Zusammenhang mit Bienengift sehr selten sind. Wir stellen aber auch fest, dass es in zunehmendem Maße Menschen gibt, die bei mehreren Stichen pro Tag von körperlichem Unwohlsein befallen werden und etwa Nesselsucht, Schweißausbrüche und manchmal sogar Herzbeschwerden bekommen.

Der mit dem Bienenstich einhergehende Schmerz sowie das Anschwellen der Stichwunde sind zu ertragen. Der Schmerz lässt nach fünf bis zehn Minuten nach, wird jedoch mit zunehmendem Alter größer. Die Schwellung vergeht nach zwei bis drei Tagen. Sie ist natürlich an empfindlichen Körperteilen, beispielsweise am Kopf, intensiver als an Händen und Fingern.

Der Anfänger in den Lehrjahren wird infolge mangelnder Verhaltenserfahrung beim Umgang mit den Bienenvölkern sicherlich öfters den Stachel zu spüren bekommen als der erfahrene Imker. Das zugeschwollene Auge und damit so manche Sticheleien bei den Kollegen am Arbeitsplatz dürfen die Begeisterung aber nicht beeinträchtigen.

Gut zu wissen

Obwohl man nicht stechlustige Bienen hält und beim Nachschauen und Bearbeiten der Völker Schutzmaßnahmen trifft, wird es nicht ausbleiben, dass man gestochen wird. Sollte es verstärkt zu Beschwerden kommen, ist auf jeden Fall der Arzt zu befragen. Tritt trotz Behandlung keine wesentliche Besserung ein, so möchte ich vom Aufbau einer Bienenhaltung abraten.

Eine Bienenhaltung wird am ehesten erfolgreich funktionieren, wenn die ganze Familie mit einbezogen werden kann.

Überlegungen und Voraussetzungen zum Anfang

In dem Zeitraum, in dem man sich Gedanken über eine eventuelle eigene Bienenhaltung macht und der manchmal über Jahre gehen kann, wird sich der angehende Imker sehr oft die Frage stellen müssen, ob er tatsächlich genügend Interesse, Zuneigung und Hingabe für das stachelbewehrte Insekt aufbringt.

Ist dies nicht der Fall, hat es überhaupt keinen Sinn, sich weiter mit dem Gedanken der Bienenhaltung zu tragen. Sehr oft habe ich in meiner Beraterpraxis die Erfahrung gemacht, dass beim Anfänger falsche Vorstellungen über den Sinn und Zweck einer Bienenhaltung bestehen. Oft werden materielle Gesichtspunkte in den Vordergrund gerückt, die sich selten erfüllen. Man hat irgendwo Ertragszahlen über zu erntenden Honig gelesen und meint dann, diese müssten sich auch im eigenen Fall, und zwar gleich, einstellen. Die Enttäuschung ist dann groß, wenn am Ende des Jahres oder im nächsten Frühjahr die Völker nicht mehr am Leben sind, geschweige denn Honig eingebracht haben.

Es ist eine realistische Einstellung, dass der Anfänger mit drei oder vier Lehrjahren rechnen muss, bis er einigermaßen Grundkenntnisse und praktische Erfahrung zur Haltung von fünf bis zehn Bienenvölkern erworben hat. Zu seinem späteren Vorteil sollte er in dieser Zeit nicht so sehr an den Ertrag denken, denn diese Einstellung brachte bessere Imker hervor, als wenn die Erwartungen gleich zu Beginn zu hoch geschraubt wurden. Wie oft musste ich hören, dass der Anfänger bei solch falschen Einschätzungen viel Lehrgeld zahlen musste!

Die Familie sollte dahinter stehen

Der heutige Mensch findet in der Regel zur Bienenhaltung, wenn sportliche Betätigungen in den Hintergrund rücken, das Eigenheim gebaut und die Familie gegründet ist. Eine Bienenhaltung wird am ehesten erfolgreich funktionieren, wenn die ganze Familie mitmacht. Es sollte nicht so sein, dass der angehende Imker sich nur noch seinen Bienen widmet und dabei die Familie vergisst. Kommt im Laufe der Sommermonate wegen unbedingt notwendiger Arbeiten an den Völkern die Familie einmal zu kurz, wird ein vernünftiger Imker in den Wintermonaten einen Ausgleich schaffen. Dies wird weniger bei Kleinimkereien mit fünf bis zehn Völkern der Fall sein, in größeren Bienenhaltungen kann es in den Sommermonaten schon vorkommen, dass es, etwa in der Königinnenzucht, unaufschiebbare Arbeiten gibt, die einfach erledigt werden müssen.

Eine Bienenhaltung wird am ehesten dann keine Familienprobleme aufwerfen, wenn sich alsbald der Erfolg einstellt. Hiermit meine ich vor allem, wenn ein gewisser Ertrag an Honig geerntet werden kann – und sei es nur die Menge, die ganze Familie das Jahr über zu versorgen. Kann in bestimmten Jahren so viel Honig geerntet werden kann, dass Verwandte und Bekannte eventuell gegen ein Entgelt beliefert werden können, so hilft dies nicht nur, die angefallenen Kosten zu decken, sondern ist auch ein Erfolgserlebnis, das der Anfänger gerade in der Bienenhaltung unbedingt braucht.

Gut zu wissen

Nach Überwindung der anfänglichen Schwierigkeiten und vor allem, wenn der Einsteiger gelernt hat, dass das Insekt Biene auf keinen Fall mit der Lebensweise von Säugetieren zu vergleichen und wie diese zu behandeln ist, wird aus dem Anfänger ein erfolgreicher Imker.

Der Weg zum erfolgreichen Imker

Zweite Frage: Was zeichnet einen guten Imker aus? Der jahrelange Umgang mit Imkern in der Beratung sowie manche Diskussion bei kleineren und größeren Versammlungen zeigt, dass der erfolgreiche Imker drei Voraussetzungen erfüllt:

- Er muss sich die theoretischen Kenntnisse auf dem weiten Gebiet der Bienenhaltung aneignen.
- Er muss die praktischen Erfahrungen besitzen, die beim Umgang mit dem Bienenvolk notwendig sind.
- Er muss ein Gefühl für ein Bienenvolk haben.

Die beiden ersten Punkte wird jedermann nach einer gewissen Zeit erfüllen können. Dazu verhelfen ihm Fachbücher, Vorträge, Lehrgänge praktischer Art sowie der Umgang mit eigenen Bienenvölkern. Die Vermittlung dieser Kenntnisse und Erfahrungen kann beim jungen Menschen in einer Ausbildung im Beruf Tierwirt geschehen; darin ist die Imkerei neben der Pelztierzucht und anderen Sonderberufen einbezogen. Der Nachweis der Kenntnisse ist nach dreijähriger Lehre in der Abschlussprüfung zu erbringen.

Sinnvoll und notwendig für den angehenden Imker ist es, den Winter zum Erwerb und zur Vertiefung der erforderlichen theoretischen Kenntnisse zu nutzen. Er wird zwar ohne Weiteres in der Praxis Bienenvölker bewirtschaften können, auch wenn er etwa über die Anatomie der Insekten so gut wie nichts weiß. Er wird aber nicht erfolgreich imkern können, wenn ihm unbekannt ist, dass eine Arbeitsbiene vom Ei bis zum Schlüpfen 21 Tage braucht.

Bienenvölker in Freiaufstellung in einem Hausgarten. Für den Anfänger mit vier bis fünf Völkern eine gute Möglichkeit, mit dem Aufbau einer Imkerei zu beginnen.

Das Gefühl für die Bienen entwickeln

Die Erfüllung des dritten wichtigen Punktes setzt eine gewisse Begabung voraus, wobei es schwer fällt zu sagen, wann jemand dieses Gefühl für ein Bienenvolk hat. Ein erlebtes Beispiel im negativen Sinne mag zur Erläuterung dienen. Vor einigen Jahren kam ganz aufgeregt ein Imker, der zehn Bienenvölker hält, mit der Forderung zu mir, ich müsse gleich kommen. Nach seiner Ansicht hatte eine der Wissenschaft noch unbekannte Krankheit seine Bienenvölker befallen.

Bereits die Beobachtung der Völker am Flugloch, ohne ein Volk geöffnet zu haben, ergab, dass es sich um keine geheimnisvolle Krankheit handelte. Seine Bienen waren am Verhungern. Dies alles spielte sich im August bei schönem Wetter, aber am Standort der Völker einer trachtlosen Zeit ab. Ein längeres Fachgespräch zeigte mir, dass dieser Imker Kenntnisse und Erfahrungen in der Bienenhaltung besaß. Eine Äußerung aber verriet mir, dass er kein Gefühl für ein Bienenvolk hatte. Er sagte: „Wenn diese Bienen zu faul sind, sich bei diesem schönen Wetter mit Nahrung zu versorgen, dann gehen sie wohl ein." Ich war damals überzeugt, dass dieser Mann nicht mehr lange Bienen halten wird. Die Bestätigung bekam ich kurze Zeit später, vom dortigen Vereinsvorstand.

So schwierig es ist, will ich dennoch eine Aussage darüber wagen, wann ein Imker ein Gefühl für ein Bienenvolk hat: Er hat es dann, wenn er ein Bienenvolk aufmacht und sofort weiß, was zu tun ist, damit er es in den nächsten zwei Wochen in Ruhe lassen und die der Jahreszeit entsprechende Entwicklung ohne Unterbrechung weitergehen kann.

Einen guten Platz für die Bienen finden

Mit dem Entschluss, eigene Bienenvölker zu halten, geht die Suche nach einem Aufstellungsplatz für sie einher. Es muss nicht unbedingt ein eigenes Grundstück sein. Eine nicht mehr bewirtschaftete Wiese, ein verwilderter Garten oder manchmal auch ein ungenütztes Gemeindegrundstück eignen sich ebenso gut, wie eine Hecke größeren Ausmaßes am Waldrand. Auch Waldparzellen in bienengemäßer Lage haben manchem Anfänger gute Dienste geleistet (siehe auch „Der bienengemäße Standort" und zur juristischen Seite „Rechtliche Vorschriften und Verordnungen").

Kauf der Völker: wann, wie viele?

Für den Kauf kommen nur gute Bienenvölker oder Ableger infrage. Dies hat seinen besonderen Grund: Dem Anfänger ist davon abzuraten, den Aufbau seiner Imkerei mit Schwarmvölkern zu beginnen. Es ist zwar ein schönes Erlebnis, den ersten Schwarm in die Beute einzuschlagen, jedoch werden mit großer Wahrscheinlichkeit, vor allem bei Abstammung von einer schwarmfreudigen Biene, in den folgenden Jahren von diesem Volk weitere Schwärme anfallen.

Dies bringt manche Unsicherheit bei der Betreuung der Völker mit sich, ja sogar manche Enttäuschung, hauptsächlich dann, wenn Schwärme verloren gehen. Schwarmfreudigkeit ist sehr oft mit Stechlust verbunden. Solche Bienen haben manchem Anfänger das Imkern verleidet und außerdem die ganze Familie und die Nachbarn vergrault. Deshalb ist besonders Wert auf sanftmütige Bienen zu legen.

Frühjahr / Sommer

Bienenvölker schafft man sich am besten im Frühjahr oder Sommer an. Im Frühjahr deshalb, weil der Anfänger sich entsprechende Völker beim Kauf aussuchen kann und dann die aufsteigende Entwicklung miterlebt. Er wird seine Freude daran haben, wenn er beim Nachschauen entdeckt, wie sich die Wabengassen mehr und mehr mit Bienen füllen, wenn an den Waben selber Veränderungen vor sich gehen und an schönen Tagen mit Außentemperaturen von 15 bis 20 °C reger Flugbetrieb herrscht.

Er wird aber auch Enttäuschungen erleben, wenn etwa eines der Völker schwärmt und dieser Schwarm, vielleicht aus Mangel an praktischer Erfahrung verloren geht. Es wird auch enttäuschend für ihn sein, wenn die Völker, anstatt im Frühjahr zu erstarken, immer weniger Bienen zählen. Die Ursache mag ein Nachbar sein, der mit bienengefährlichen, chemischen Schädlingsbekämpfungsmitteln unsachgemäß blühende Obstbäume oder Unterkulturen behandelt oder ganz einfach die Tatsache, dass die Königin aus irgendeinem Umstand verloren ging.

Sommer / Herbst

Die Anschaffung von Bienenvölkern im Sommer oder Herbst ist dem Anfänger dann zu empfehlen, wenn er Jungvölker oder Ableger kaufen kann, die junge und leistungsfähige Königinnen haben. Er wird die absteigende Entwicklung der Jungvölker über die Einfütterung bis zum Zusammenziehen auf die Wintertraube mit den letzten Flugtagen erleben. Er ist nicht gleich in der Praxis so gefordert, wie wenn er sich im Frühjahr Völker zulegt. Die Arbeiten an den Völkern im Herbst werden weniger. Sie schließen mit Abräumung der Futtergeschirre und dem Fertigmachen der Völker für die kommenden Wintermonate ab.

Winter

Nicht sinnvoll wird es sein, sich Bienenvölker in den Wintermonaten anzuschaffen. Einmal ist es unmöglich, zu dieser Jahreszeit eine Beurteilung des Volkes vorzunehmen; zum anderen wäre der Anfänger enttäuscht, wenn er zwar Völker in seinem Garten aufstellen könnte, sie aber nicht fliegen. Er ist ja neugierig. Er will, was er über Verhaltensweisen gelesen und gehört hat, in der Praxis am lebenden Bienenvolk beobachten. Dies ist im Winter nicht möglich.

Die richtige Völkerzahl

Die Zahl der Bienenvölker oder Ableger beim Beginn einer Imkerei ist von wesentlicher Bedeutung. Ein Anfänger, der gleich einen ganzen Stand mit 20 Völkern kaufte, hatte am Ende des Jahres kein einziges mehr. Ein anderer war sparsam, er legte sich ein Volk zu. Auch dieses Volk lebte am Ende des Jahres nicht mehr.

Der Erste war überfordert. Dadurch hat er vieles falsch gemacht und manches aus Zeitmangel nicht in Angriff genommen. Die Folge war, dass die Bienenvölker eingegangen sind. Der Zweite war nicht überfordert. Er hat aber dieses einzige Volk aus Neugierde und fehlender praktischer Erfahrung regelrecht zu Tode beobachtet. Vielfach werden empfindliche Störungen erst gemerkt, wenn es zu spät ist und wenn nötige Eingriffe und Maßnahmen nicht mehr unternommen werden können.

Die richtige Völkerzahl, mit der der Jungimker seine angehende Bienenhaltung aufbauen soll, liegt zwischen drei und fünf Völkern. Er wird zwar trotzdem noch unnötige Eingriffe durchführen, er wird dieses und jenes falsch machen, aber es ist unwahrscheinlich, dass bei-

Gut zu wissen

Es gibt nichts Schlimmeres für ein Bienenvolk, als es jeden Tag aufzumachen. Die ganze Harmonie wird gestört. Meistens gehen nicht nur viele Jungbienen, sondern auch die Königin verloren. Sie fallen von den Waben und finden nicht mehr in die Beute zurück. Die Entwicklung ist gehemmt.

spielsweise alle drei Völker gleichzeitig eingehen. Geht eines ein, hat er immer noch zwei. Er hat die Möglichkeit, Fehler nicht zu wiederholen. Außerdem ist die Gefahr groß, dass bei dem Anfänger, der nur ein einziges Volk besitzt und dieses verliert, die Lust an der Bienenhaltung schwindet und er die begonnene Beschäftigung wieder aufgibt.

Tipp

Nach überzeugender Aussage von Anfängern hat es sich sehr gut bewährt, wenn ihnen im ersten Jahr ein erfahrener Imker mit Rat und Tat praktisch zur Seite steht: Ein Imker, der Vertrauen genießt und der dem Jungimker offen sagt, was zu tun ist, um Bienenvölker optimal zu versorgen.

Welche Beute, welches Rähmchen?

Die schwierigste Frage für den Anfänger ist die nach der richtigen Beute und dem Rähmchenmaß. Die Entscheidung ist schon deshalb nicht einfach, weil der Markt eine Vielzahl von Beuten und Rähmchen anbietet. Zunächst wird man folgende Punkte abwägen: persönliche Voraussetzungen (Alter, Gesundheit), Trachtangebot im Einzugsgebiet der Bienen (Früh-, Waldtracht), Vorstellungen über die künftige Imkerei.

- Wenn bei den Überlegungen zu Beute und Rähmchen körperliche Anfälligkeit oder fortgeschrittenes Alter eine Rolle spielen, fährt man sicher besser mit einer **Hinterbehandlungsbeute**, vor allem dann, wenn eine Liebhaberimkerei in einer Frühtrachtgegend aufgebaut werden soll.
- Einem kräftigen jungen Mann dagegen, der in Waldtrachtgegenden zu imkern beabsichtigt, ist eine einfache **Oberbehandlungsbeute** mit einem größeren Rähmchenmaß, zum Beipiel Dadant, zu empfehlen.
- Die **Wanderung** mit den Völkern will natürlich mit bedacht werden. Sind bereits Vorstellungen über eine Imkerei mit 20 oder mehr Völkern vorhanden, dann wird es zweckmäßig sein, als Betriebsmittel das Magazin in Betracht zu ziehen. Die Erfahrung der letzten Jahre zeigt, dass sich der Anfänger mehr und mehr der Oberbehandlungsbeute mit Zandermaß oder Dadant-Beute zuwendet.
- Der **standortgebundene** Imker, der überwiegend Wert auf Ernten aus der Blütentracht legt, wird sich mit kleineren Maßen begnügen, etwa Deutsch-Normal oder Neu-Württemberg. Das gilt auch für diejenigen, die ihre Bienenhaltung in einem Bienenhaus betreiben wollen.
- Der Wanderimker, der **mehrere Trachten** nutzen will, wird mit größeren Maßen mehr Erfolg haben. Die Magazinbetriebsweise wird dabei bevorzugt.

Grundausrüstung

Sicherheitskleidung für den Imker ebenso wie Hilfsmittel und Gerätschaften zur Bearbeitung der Bienenvölker sind grundlegende Utensilien, mit denen sich jeder, der mit der Imkerei beginnt, ausrüsten sollte.

Schleier, Handschuhe, Imkeranzug

Ohne passenden Schleier eine Bienenhaltung aufzubauen, wäre nicht sinnvoll. Dem Anfänger fehlt noch die Erfahrung, erfolgreich Stiche, vor allem am Kopf und im Gesicht, abzuwehren. Ein Kombischlüpfschleier, der über den Kopf gezogen wird, leistet gute Dienste, sofern man sich von Anfang an daran gewöhnt hat, ihn überzuziehen.

Handschuhe aus weichem Nappaleder in passender Größe schützen zwar die Hände, sie erschweren aber, wie der Anfänger bald merken wird, ein gefühlvolles Arbeiten. Wer keine überempfindliche Haut hat oder allgemein nicht allergisch gegen Bienenstiche ist, der sollte sich daran gewöhnen, ohne Handschuhe zu arbeiten.

Imkeranzüge haben am Ärmel und am Hosenbein Gummizüge, der Stoff liegt dort eng an. Keine Biene kann eindringen. Dies ist besonders an den Hosenbeinen wichtig. Heruntergefallene Bienen krabbeln gerne die Beine hoch ins Dunkle und man merkt es oft erst, wenn man gestochen wird. Wer keinen Imkeranzug hat, kann sich mit Gummistiefeln behelfen – vor allem beim Bearbeiten der Völker nach Regenwetter.

Gut zu wissen

Weite Ärmel ohne Bund lassen an den Händen herumfliegende Bienen leicht zwischen Ärmel und Hand oder Arm gelangen. Mit Sicherheit wird man von ihnen gestochen, weil sie gedrückt werden und sich dann bedroht fühlen.

Rauch und Rauchapparate

Jedes Öffnen eines Bienenvolkes wird von ihm als Störung empfunden, die abgewehrt werden muss. Bei nicht stechlustigen Bienen werden zunächst Öffnungen, wie Wabengassen, sofort mit Bienen bedeckt. Dadurch wird auch verhindert, dass aus dem Volke zu viel Wärme verloren geht. Beim Anfassen von Waben würde es jetzt nicht ausbleiben, dass Bienen zusammengedrückt werden und sie nach und nach den „Eindringling" – die Hand des Imkers – angreifen. Mit Sicherheit wird es dabei Stiche geben.

Je länger ich selbst mit Bienenvölkern umgehe und je öfter ich dabei bin, wenn Imker Bienenvölker bearbeiten, desto stärker wird mein Eindruck, dass Zaghaftigkeit zu mehr Stichen führt als die deutliche Demonstration, wer hier „Herr im Hause" ist.

Von jeher hilft dem Imker ein einfaches Mittel. Man überbläst die sich mehr und mehr über den Wabengassen sammelnden Bienen mit Rauch. Er bewirkt, dass sich die Bienen in die weniger beräucherten Räume in der Beute und den Wabengassen zurückziehen. Ein sanfter Rauchstoß genügt vollauf. Beim zu starken Beräuchern erreicht man das Gegenteil. Sanftmütige Bienen werden angriffslustig. Man vertreibt sie von Waben und aus der Beute.

Als die gängigsten Rauchapparate haben sich die Pfeife, mit der man aber nur blasen kann, der Vulkan und der Smoker erwiesen.

- Bei Verwendung der **Pfeife** sind beide Hände zum Bearbeiten frei; mit der Zeit wird es jedoch unangenehm, dieses nicht leichte Gerät zwischen den Zähnen zu halten. Außerdem hindert es beim Sprechen, wenn jemand etwas erklärt werden muss.

Gut zu wissen

Es ist sehr wichtig, dass der Rauchstoß schon gegeben wird, bevor die Bienen nach Abnehmen der Folie oder der Deckbrettchen die Möglichkeit haben, zum Angriff überzugehen. Dies gilt besonders, wenn eine Nachschau bei schlechtem Wetter vorgenommen werden muss und alle Flugbienen zu Hause sind, ebenso bei stechlustigen Bienen .

- Der **Vulkan** hat ein Uhrwerk, das aufgezogen und eingeschaltet wird und dann einen gleichmäßigen Rauchstoß liefert, der in gewissen Situationen aber zu stark sein kann. Bei der Handhabung sind Mund und Zähne entlastet. Dafür muss man die Bearbeitung des Volkes zum Rauchgeben unterbrechen.
- Beim **Smoker** muss zwar die Bearbeitung ebenfalls unterbrochen werden, jedoch hat man hierbei je nach Betätigungsstärke des Blasebalges die Möglichkeit, den Rauchstoß in der Intensität zu variieren.

Tipp

Nicht zu empfehlen ist die Verwendung von Hobelspänen; der in den Augen stechende Rauch erschwert das Arbeiten an den Völkern.

Rauchmaterial

Zur Erzeugung des Rauches werden je nach Einstellung des Imkers und nach örtlichen Gegebenheiten verschiedene Materialien verwendet. Neben Pfeifentabak findet man morsches Eichenholz, Fichten- und Tannennadeln, getrocknete Schafgarbe und getrockneter Birnentrester. Bewährt hat sich auch die Verwendung alter Jutesäcke, die vor allem beim stehenden Vulkan die Glut lange halten und einen für den Imker angenehmen Rauch liefern.

Abwehrspay

Der Handel bietet sogenannte Bienenabwehrsprays an. Die Dosen enthalten eine für die Bienen unangenehme Flüssigkeit, wobei es Varianten mit ätherischen Ölen oder einer chemischen Substanz gibt. Bei leichten und kurzzeitigen Eingriffen sind sie sehr handlich und ersparen das Anzünden eines Rauchapparates. Ich möchte jedoch davon abraten, besonders bei größeren Eingriffen, diese Sprays über längere Zeit anstelle von Rauch zu verwenden. Die Bienenvölker werden stechlustiger.

Bewährt haben sie sich beim Vertreiben von Flugbienen aus Magazinen und beim Öffnen der Fluglöcher nach einer Wanderung; besonders wenn es sich um Beuten mit einer Wanderfront handelt. Ein kurzer Sprühstoß veranlasst die Flugbienen, sofort abzufliegen und Flugöffnungskeile und Klappen können entnommen oder aufgemacht werden, ohne dass Bienen infolge von Luftnot verstärkt herausquellen.

Beim Öffnen eines Volkes bewirken sanfte Rauchstöße eine Beruhigung der Bienen.

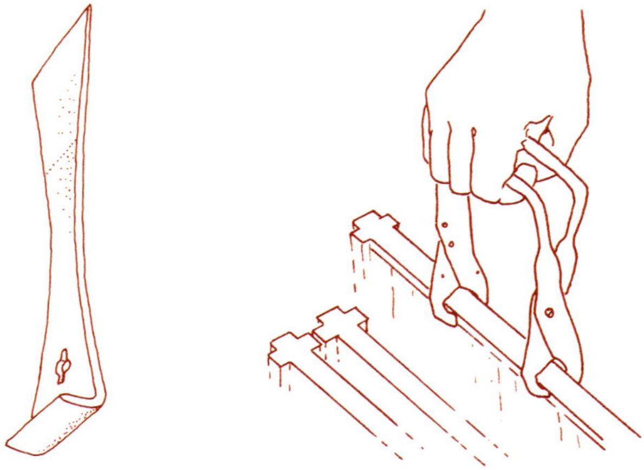

Wichtige Arbeitsgeräte: Stockmeißel und Wabenheber.

Werkzeug und Gerät

Nötig ist auf alle Fälle ein handlicher, gut eingerichteter Werkzeugkasten mit Hammer, Zange, Schere, Stemmeisen, Schraubenzieher und nicht zuletzt einem stabilen Stockmeißel. Dieser leistet nicht nur bei der Bearbeitung der Völker zum Auseinanderziehen zusammengebauter Waben gute Dienste, er ist auch zum Abkratzen überstehender, an Rähmchen und Beutenwänden angebauter Wachs- und Wabenteile geeignet.

Tipp
Schreibgeräte und Papier machen es leichter, die nötigen Aufzeichnungen an den Beuten oder im Notizbuch vorzunehmen.

Je nach Beutenverschluss braucht man einen Beutenschlüssel, um die Beute mit geringer Kraftanstrengung zu öffnen und zu schließen. Weitere Gerätschaften, etwa zum Schwarmfassen oder zur Honiggewinnung, werden in den Kapiteln über diese Themen beschrieben.

Die ersten Investitionen

Beim Aufbau einer Bienenhaltung sind zwar sofort keine allzu großen Aufwendungen notwendig, ohne Geld geht es jedoch auch nicht. Da in den ersten zwei bis drei Jahren meist nicht mit endgültiger Sicherheit feststeht, ob die Bienenhaltung über längere Zeit weiterbetrieben wird, sollten sich die Anschaffungen zunächst auf das Nötigste beschränken.

Tipp
Dem Anfänger muss abgeraten werden, Beuten in nicht mehr gängigen Rähmchenmaßen und in veralteten Ausführungen zu kaufen.

Die folgende Aufstellung gibt dazu einen Überblick. Die angegebenen Preise sind aus Katalogen des Fachhandels entnommen und wurden zumeist aufgerundet. Selbstverständlich können sie von Angebot zu Angebot schwanken. Die für den Anfang notwendigen Geräte und Kosten beziehen sich auf eine Imkerei mit vier Völkern im Frühjahr. Daneben muss für einen Schwarm oder Ableger eine komplette Beute bereitgestellt werden.

Bei der Anschaffung von Beuten kann gespart werden, wenn man Bausätze erwirbt oder es möglich ist, gebrauchte Beuten zu kaufen. Bei der Verwendung von Bausätzen lassen sich nach den Firmenangaben bis zu 25 % der Kosten gegenüber fertigen Beuten einsparen – vorausgesetzt, etwas handwerkliches Geschick und eine kleine Werkstatt für den Zusammenbau sind vorhanden. Bei gebrauchten Beuten ist unbedingt der qualitätsmäßige Zustand zu prüfen. Auf jeden Fall müssen alle gebraucht gekauften Geräte und Beuten vor der Besetzung mit einem Bienenvolk sauber gereinigt und durch Abflammen entseucht werden.

Eine teure Honigschleuder braucht der Anfänger nicht gleich anzuschaffen. Manchmal werden gebrauchte, gut erhaltene und auch preiswerte Ausführungen von Schleudern von Imkern abgegeben, die sich bei der Vergrößerung ihres Betriebes leistungsfähigere Geräte zulegen. Oft bieten auch hilfsbereite Imkerkollegen dem Anfänger die Möglichkeit, seine Honigwaben in ihrer Schleuder auszuschleudern. Wird anfangs eine Schleuder in einfacher Ausführung gekauft, sollte sie die Möglichkeiten eines Umbaues auf elektrischen Antrieb und der Austauschbarkeit des Korbes bieten.

Geräte	Anschaffungswert
4 Beuten Dadant	400,– €
4 Futterzargen	80,– €
Beutenzubehör, Rähmchen usw.	100,– €
Mittelwände	40,– €
Schwarmfangkorb	35,– €
Kombi-Schlüpfschleier	27,– €
Handschuhe (eventuell)	20,– €
Smoker	30,– €
Abkehrbesen	6,– €
Stockmeißel	8,– €
Trafolöter	50,– €
Kleinteile, Werkzeug	25,– €
Summe	**820,– €**
Investition für Geräte pro Volk	205,– €
Anschaffung 4 Völker	**480,– €**
Gesamtanfangsinvestition	**1300,– €**
Gesamtinvestition pro Volk	325,– €

Nicht vergessen

Für Futtermittel – insbesondere zur Winterauffütterung – fallen im Spätsommer Kosten von rund 15 € pro Volk an. Ebenso sind für Mittel zu Varroabekämpfung etwa 3 € pro Volk aufzuwenden.

Eine wichtige Hilfe: Aufzeichnungen

Dem Anfänger in der Imkerei fehlen vor allem die nötigen praktischen Erfahrungen bei der Bearbeitung der Völker. Um sich diese so rasch wie möglich anzueignen, ist es notwendig, bei der Durchsicht eines Volkes auf vorausgegangene Beobachtungen aufzubauen, um daraus die erforderlichen Schlüsse ziehen zu können.

Aufzeichnungen über durchgeführte Arbeiten, Beobachtungen und Feststellungen über jedes Volk sind daher wichtig und erleichtern wesentlich die Einarbeitung. Sie brauchen nur auf einem Zettel festgehalten zu werden, der in der Beute unter dem Deckel aufbewahrt wird. Vor jedem Eingriff oder jeder Nachschau werden diese Notizen durchgesehen, sodass schon vor dem Öffnen des Volkes feststeht, wann der letzte Eingriff war und was dabei beobachtet und unternommen worden ist. Wenn diese Aufzeichnungen im Laufe des Winters noch einmal verglichen werden, lässt sich feststellen, inwieweit die vorgenommenen Arbeiten an den Völkern richtig waren.

Muster eines Stockzettels mit beispielhaften Eintragungen

			Volk Nr. Königin Jahrgang
Datum	**Wetter**	**durchgeführte Arbeiten**	**Beobachtungen Bemerkungen**
10.2.11	sonnig + 15 °C	~	Reinigungsflug, starker Flug, viel Kotspritzer
27.2.11	wolkig + 12 °C	Böden wechseln	wenig Totenfall, ca. 50 Varroa-Milben
10.3.11	windstill + 14 °C	Futterkontrolle	noch 4 Waben Futter
20.3.11	sonnig + 18 °C	Nachschau	2 Waben Brut, lückenhaft
15.4.11	sonnig + 20 °C	Nachschau	Futter genügend, 4 Waben Brut
usw.			

Einfache Betriebsweise mit dem Magazin

Grundlage der in den folgenden Kapiteln beschriebenen Betriebsweise sind:

- ein geräumiges Magazin mit losem Boden und Deckel;
- eine schwarmträge Biene;
- eine gute Frühjahrs- und Entwicklungstracht.

Haupttrachten, die es erschöpfend zu nutzen gilt:

- die Honigtautrachten der Wälder;
- die Rapstrachten;
- die Edelkastanientrachten.

Weitere Voraussetzungen für eine erfolgreiche Betriebsweise:

- der bienengemäße Standort;
- die Freiaufstellung der Völker.

Das Bienenjahr

Es beginnt im Spätsommer / Frühherbst. Diesem, aus menschlicher Sicht „verdrehten" Jahreslauf wollen wir hier folgen – auch auf die Gefahr hin, dass dies manchen Anfänger verdrießen mag, weil er ja gewöhnlich im Frühjahr mit der Bienenhaltung startet.

Aber kommen wir nicht weiter, wenn wir auf den Lebensrhythmus unserer Bienen eingehen, anstatt auf unserem Kalender zu bestehen? Deshalb setzt die Beschreibung zu einer Jahreszeit ein, in der sich das Bienenvolk für die kommenden kalten Monate einrichtet und vorbereitet.

Ich werde nun die im Laufe des Jahres durchzuführenden Verrichtungen an den Völkern so genau wie möglich beschreiben. Dennoch kann dies nur als Leitfaden angesehen werden, da durch unterschiedliche Tracht- und Klimaverhältnisse Abweichungen vorkommen können.

Gut zu wissen

Der Imker legt hierbei den Grundstock für eine erfolgreiche Betriebsweise. Er schafft dabei die Grundlage für starke, auswinterungsfähige Völker, die im kommenden Jahr erfolgversprechend geführt werden können.

Dies gilt hauptsächlich für den zeitlichen Ablauf. Das verwendete Bienenmaterial und nicht zuletzt andere als die hier beschriebene Beutenformen können die Betriebsweise erleichtern oder erschweren.

Nachsommer: Vorbereitung auf Winter und Frühjahr, Einwinterung

Im Spätsommer und beginnenden Herbst richtet sich nach und nach das Bienenvolk für die Winterruhe, die brutlose Zeit, ein. Die Drohnen werden beim weiselrichtigen Volk nicht mehr gebraucht und als unnötiger Ballast abgestoßen. Der Übergang von der Sommer- zur Winterbiene vollzieht sich allmählich. Dabei gehen abgewirtschaftete Arbeiterinnen ein. Die Brutnester werden kleiner und das Winterfutter wird in Brutnähe abgelagert, dort, wo die Wintertraube zu Anfang gebildet wird.

Durchsicht der Völker

Die Aufgabe des Imkers besteht darin, seine Völker einer genauen Durchsicht zu unterziehen. Diese ist wesentlich wichtiger, als Arbeiten am Bienenvolk im zeitigen Frühjahr. Zunächst ist zu entscheiden, ob

Einwinterungsfähiger Kunstschwarm auf neuen Waben und Rähmchen.

das Volk die Voraussetzungen erfüllt, um mit in den Winter genommen zu werden.

Leistungsfähige Königinnen in Völkern sind nicht nur an geschlossenen großen Brutnestern zu erkennen, sondern auch an einer der Jahreszeit angepassten Volksstärke. Hat beispielsweise ein Volk eine normal aufsteigende Entwicklung genommen und dann plötzlich ab Juli rapide den Zugang an Jungbienen vermissen lassen, so ist meistens die Königin nicht mehr leistungsfähig, sie legt nicht mehr genügend Eier.

Eine Umweiselung durch das Volk selber findet sehr oft statt, hat jedoch ab August / September keinen Sinn mehr, da nicht mehr genügend Drohnen vorhanden sind. Daher werden solche Völker in der Regel weniger als 10 Deutsch-Normalmaß-Waben oder 8 Zanderwaben mit Bienen belegen. Die Erfahrung zeigt, dass solche Völker für eine Einwinterung zu schwach sind. Man wird sie daher auflösen, ebenso wie weisellose und drohnenbrütige Völker.

Gut zu wissen

Das Volk muss eine leistungsfähige Königin und noch eine Stärke aufweisen, die die Gewähr bietet, dass dieses Volk zunächst einmal das dargebotene Winterfutter aufnimmt, umarbeitet und dann die brutlose Zeit im Winter übersteht.

Auflösen

Dies geschieht am besten, indem man das Volk vom Standplatz wegnimmt und die Waben in einer Entfernung von 5 bis 10 m von den anderen Völkern abkehrt. Die Flugbienen betteln sich bei den Nach-

Ein nicht lebensfähiges, drohnenbrütiges Volk. In den Zellen wachsen nur Drohnen heran.

barvölkern ein, besonders wenn ihnen die Möglichkeit gegeben wurde, sich vor dem Abkehren mit Futter vollzusaugen. Dazu werden die Waben auseinandergezogen und man lässt das geöffnete Volk etwa 10 Minuten vor dem Abkehren stehen. Eventuell vorhandene Brutwaben verteilt man auf andere Völker.

Wabensitz richten

Das Ziel einer solchen Betriebsweise wird sein, Völker einzuwintern, die mindestens 8 Zanderwaben mit Bienen besetzen. Günstiger ist es natürlich, ein Volk geht mit 20 besetzten Zanderwaben in den Winter, es hat im Frühjahr einen wesentlich besseren Start.

Zur Gesunderhaltung eines Bienenvolkes ist der einwandfreie, nicht zu häufig bebrütete Wabenbau eine unumgängliche Voraussetzung. Jetzt ist die Gelegenheit, fürs nächste Jahr die richtigen Weichen zu stellen, und zwar durch Einhängen einwandfreier, heller Waben. Oft bebrütete, zu dunkle Waben werden entfernt.

Es ist auch notwendig, Waben, die überwiegend Honigtauhonig enthalten, dem Volk zu nehmen. Nicht bebrütete Waben oder halb ausgebaute Mittelwände werden ebenfalls entnommen oder, wenn nicht genügend einwandfreie hellbraune Waben zur Verfügung stehen, diese als Randwaben eingehängt.

In Kunststoffbeuten oder in Holzbeuten mit engem Flugloch empfiehlt es sich, bei Zwei-Raum-Überwinterung im untersten Magazin die beiden Randwaben fehlen zu lassen, da diese leicht schimmeln. Futtertaschen, die sich teilweise vom Frühjahr her noch in den Völkern befinden, werden ebenfalls entfernt. Das Einengen oder das Auffüllen von Zwischenräumen mit entsprechenden Schieden ist nicht erforderlich.

Gut zu wissen

Völlig abwegig wäre es, Völker, die 20 oder sogar 30 Zanderwaben besetzen, auf 10 Waben einzuengen. Durch zu wenig Platz in der Beute geht wertvolles Bienenmaterial verloren, das zur Umarbeitung des Winterfutters nötig gebraucht wird.

Schnelle Arbeitsweise

Da diese Arbeiten meistens im Spätsommer zur trachtlosen Zeit verrichtet werden müssen, ist die Gefahr groß, dass Räuberei entsteht. Langsame Durchsicht der Völker, bei der durch herumstehende Waben und offenen Deckel suchende Bienen immer etwas finden, führt dazu, dass in kürzester Zeit eine Masse von Bienen nach Futter sucht. Dies erschwert nicht nur die Arbeit, sondern leitet auch Räuberei ein. Schwächere Völker oder Ableger werden regelrecht überfallen und ihnen das Futter aus der Beute geholt. Meist sind sie nicht mehr zu retten.

Nicht nur zügiges, sondern auch der Tageszeit entsprechendes Bearbeiten der Völker bringt Abhilfe. Rasche Durchsicht wird erreicht, wenn man die Vorbereitungen dazu noch bei geschlossenem Volk durchführt:

- Einzuhängende Waben wird man in mit Deckeln geschlossenen Magazinen bereitstellen.
- Der Raucher muss gut funktionieren.
- Werkzeug sowie andere Hilfsmittel müssen griffbereit in der Nähe sein.

Gut zu wissen

Durch Bienen, die nach Wegnahme der beraubten Völker oder Waben weitersuchen, kommt es oft zu einer Belästigung von Menschen auf Nachbargrundstücken. Daraus entstehende Streitigkeiten können vermieden werden.

Suchaktionen, etwa nach einem Stockmeißel bei offenem Volk, verzögern die Bearbeitung unnötig. Entnommene, bienenfreie Honigwaben werden sofort verstaut, und zwar in bienendichten Magazinen, Räumen oder im Auto, das man mit geschlossenen Fenstern in unmittelbarer Nähe des Volkes abgestellt hat.

Leichter und schneller geht die Arbeit voran, wenn eine Hilfskraft Handreichungen übernimmt. Ein zusätzlicher Rauchstoß aus dem Smoker vertreibt auffliegende Bienen und hält die Flugbienen des zu bearbeitenden Volkes in ferneren Wabengassen fest.

Trotzdem wird es im Spätsommer bei noch so zügiger Arbeit und einer Außentemperatur von 12 bis 15 °C schwerfallen, nach der Durchsicht einiger Völker weitere zu bearbeiten, ganz einfach deswegen, weil die suchenden Bienen von nebenstehenden Völkern überhand nehmen, zumal bei Freiaufstellung.

Dann hilft nur noch, die Bearbeitung auf eine günstige Stunde mit unter 10 °C Außentemperatur zu verlegen. Die Flugaktivität ist noch nicht so intensiv, sodass bei flottem Arbeiten an 5 bis 10 Völkern nacheinander der Wabenbau gerichtet werden kann. Dem Bienenvolk schadet es auf keinen Fall, unter solchen Bedingungen bearbeitet zu werden. Ich mache dies bei günstigen Lichtverhältnissen recht gern am frühen Morgen oder späten Abend.

Räuberei

Ist Räuberei ausgebrochen, sollte sie schnellstens abgestellt werden, sonst breitet sie sich weiter aus. Beraubtes Gut wie Honigwaben oder Zuckerwasser wird von Bienen gesäubert, man vertreibt sie und verschließt die Waben bienendicht. Beraubte Völker oder Ableger können auf einen 1 bis 2 km entfernten Standort gebracht werden, nachdem die raubenden Bienen durch Rauch einigermaßen vertrieben worden sind. Erfahrungsgemäß sind jedoch beraubte Völker meist verloren.

Tipp

Bei Räubereien in Räumen, schließt man Fenster und Türen. Die zum Licht strebenden Bienen lässt man von Zeit zu Zeit ins Freie. Dabei heißt es flink sein, weil weiterhin Bienen von draußen eindringen wollen.

Genügend Winterfutter reichen

Dem Volk, das 10 Zander- oder 12 Deutsch-Normalmaß-Waben mit Bienen belagert, sollten mindestens 12 bis 15 kg Zucker gereicht werden. Diese Menge wird zwar im Winter nicht restlos verbraucht werden, jedoch ist es für ein Bienenvolk von großem Vorteil, wenn es im Frühjahr noch genügend umgearbeitetes Futter in den Waben hat. Völker, die mit 20 besetzten Zanderwaben in den Winter gehen, brauchen nach den Erfahrungen der letzten Jahre 15 bis 20 kg Zucker, wobei es günstiger ist, wenn sich der Imker bei der Auffütterung solcher Völker eher an 20 kg hält.

Gut zu wissen

Das Bienenvolk muss im Spätsommer mindestens mit so viel Futter aufgefüttert werden, wie Honig geerntet wurde.

Fütterung und weitere Versorgung

Damit die Arbeitsbienen das Futter aufnehmen und umarbeiten können, muss es in Wasser gelöst werden. Bewährt haben sich Lösungsver-

Bei niedrigen Temperaturen (ab +5 bis +7 °C) ziehen sich die Bienen zur Wintertraube zusammen.

hältnisse von 1:1 und 3:2. Im letztgenannten Fall werden 3 kg Zucker in 2 l Wasser gelöst. Zusätze wie Nosema-Heilmittel, Bienentees oder auch Alkohol können zwar in der Regel keinen großen Schaden anrichten, sind aber zur Gesunderhaltung der Völker nicht unbedingt notwendig.

Das Futter muss in einem Gefäß gereicht werden, das so beschaffen ist, dass die Bienen nicht hineinfallen und darin ertrinken. Es sollte eine mindestens drei bis vier Tage reichende Futtermenge aufnehmen können.

Futterdeckel

Auf das Magazin passende Futterdeckel machen die Auflösung des Zuckers notwendig, erlauben aber, 8 bis 10 l Futter auf einmal zu reichen. Nach einer Wiederholung der Fütterung ist ein Volk mit genügend Wintervorrat versorgt. Nicht zu übersehen ist die verhältnismäßig hohe Investition. Solche Futterdeckel kosten heute etwa 25 bis 40 €.

Eimerfütterung

Nicht mehr erforderlich ist die Herstellung einer Zucker-Wasser-Lösung bei der heute weit verbreiteten Eimerfütterung. Die dafür verwendeten Kunststoffeimer mit 5 l Fassungsvermögen verringern die Investitionskosten (ca. 4 €/Eimer) und sie sind nach Gebrauch leicht zu reinigen. Die Eimerfütterung wird inzwischen immer mehr von der Fütterung mit Futtermagazinen verdrängt.

Die Handhabung ist ganz einfach: Man schüttet 3 kg Zucker in den Eimer und füllt ihn bis zum Rand mit Wasser. Dann wird der Deckel aufgesetzt, der in der Mitte eine mit einem feinen Sieb verschlossene Öffnung hat, und mit Klammern festgehalten. Den Eimer umstülpen und schütteln; dadurch fällt der Zucker auf den Deckel, das Wasser steht darüber. Bei Verwendung von feinkristallinen Zuckersorten empfiehlt es sich, vor Aufsetzen des Deckels mit einem Holzstab umzurühren.

Der Eimer wird dem Volk so gereicht, dass genügend Bienen an das Sieb gelangen können. Sie saugen mit ihrem Rüssel über den feuchten Zucker das Wasser heraus, wobei der Zucker aufgelöst wird, wenn er in der richtigen Menge zugesetzt wurde. In der Regel braucht ein Bienenvolk zum Leeren eines solchen Eimers eine Woche. Es kann vorkommen, dass in einen Eimer zu viel Zucker und dadurch zu wenig Wasser gefüllt wird. Dann bleibt ein Rest Zucker zurück, der bei der nächsten Füllung mit verwendet werden kann.

Empfehlenswert ist es, die Folie auf den Rähmchenoberteilen als Abdeckung zu belassen und dort, wo der Eimer platziert wird, einen Ausschnitt von etwa 60 bis 80 mm Durchmesser anzubringen. Das Abstellen des Eimers auf zwei etwa 10 bis 20 mm starken Holzleisten ermöglicht den Bienen freien Zugang zum Sieb, das einen Durchmesser von 60 mm hat. Zum Schutz vor räuberischen Bienen und Witterungseinflüssen wird ein Leermagazin mit Deckel aufgesetzt.

Schwache Völker brauchen lange, bis der Eimer leer ist. Ja, oft wird er überhaupt nicht leer, vor allem bei kühler Witterung. So kann es passieren, dass das Futter darin in Gärung übergeht. Öftere Kontrollen während der Auffütterungszeit bringen dies zutage. Die Erfahrung hat gezeigt, dass es meistens diese Völker sind, die über den Winter eingehen. Dagegen führt ein Auflösung noch im Herbst den Nachbarvölkern die Flugbienen zu, die noch gute Dienste leisten.

Gut zu wissen

Bei 11 Zanderwaben fassenden Magazinen können dem Volk gleichzeitig zwei Eimer gereicht werden, sodass sich die Einfütterungszeit von vier bis fünf auf zwei bis drei Wochen verkürzt.

Reinigung

Die Säuberung der Kunststoffeimer ist problemlos. Schwieriger ist es schon, die mit Wachs verbauten und Kittharz verklebten Siebe der Deckel zu reinigen. Sehr mühsam und zeitraubend ist die Reinigung mit Mitteln wie Salmiak. Bewährt hat sich dagegen das Ausbrennen dieser feinen Siebe mit einer Lötlampe. Dabei ist darauf zu achten, dass die Flamme klein bleibt und nicht zu nahe an den leicht schmelzenden Kunststoff gelangt.

Winterarbeiten

Frei aufgestellte Bienenvölker, versorgt mit genügend Futter, überstehen extreme Kälteperioden in unseren Breiten. Notwendig und wichtig ist es, dass Störungen ferngehalten werden. Einfache Einfriedigungen verhindern zwar nicht Frevel, können aber davon abhalten. Oft sind es spielende Kinder, die im Winter den frei aufgestellten Bienenvölkern Schaden zufügen.

Spechte haben auf ihrer Nahrungssuche schon manches Loch in einen Bienenkasten geschlagen und damit Völker durch Beunruhigung zu Tode gebracht. Wo ein Specht auftritt, spannt man ein feines Netz; nur so wird verhindert, dass er an die Beute gelangt.

Nicht minder schlimm ist es, wenn im Spätherbst Mäuse durch weite Fluglöcher in die Beuten eindringen und dort ihre Überwinterungsnester zusammentragen. Abgesehen von der Störung des auf der Wintertraube sitzenden Bienenvolkes, bleibt der Wabenbau von den Mäusen nicht verschont. Bis auf Draht und Holzteile zernagen sie die Waben, um an die Nahrung zu kommen – wobei sie überwiegend eingelagerten Blütenstaub suchen.

Versperrtes Flugloch
Selbst wenn starke Völker den Verlust von Bienen, die die Wintertraube verlassen, verkraften, sind diese sehr oft im Frühjahr verloren. Der Grund: Abgenagte Wabenreste versperren das Flugloch. Entweder ersticken die Bienen oder, was öfter vorkommt, sie gehen an der Ruhr ein, weil ein Reinigungsflug nicht rechtzeitig durchgeführt werden konnte. Der aufmerksame Imker merkt dies und macht das Flugloch frei.

Gut zu wissen

Abhilfe schafft das Einlegen von Keilen in die Flugöffnungen nach Beendigung der Aufffütterung. Die Keile ermöglichen bei einer Öffnung von 6 bis 7 mm auch im Winter kranken Bienen das Abfliegen. Mäusen verwehren sie das Eindringen.

Abdeckung
Eine der letzten Arbeiten die wir durchführen, ist das Abdecken der Beuten, um sie nicht zu sehr dem Schnee und dem Regen auszusetzen. Nicht nötig ist dies bei Beuten aus Polyurethan-Schaumstoff oder Hartpor®, sie sind sehr witterungsbeständig. Die Abdeckung sollte so beschaffen sein, dass stürmischer Wind sie nicht fortnimmt oder durch Klappern zu einer dauernden Beunruhigung des Volkes wird. Maßgerecht zugeschnittene und mit Steinen beschwerte Hartfaserplatten eignen sich genauso gut wie mit Drähten befestigte Welleternit- oder andere wasserundurchlässige Platten.

Weniger zu empfehlen ist die Abdeckung mit Kunststofffolien. Trotz noch so guter Befestigung mit Drähten und Schnüren wird es nicht ausbleiben, dass der Wind sie herunterreißt. Abgedeckte Beutenstapel sind keine Zierde für die Landschaft.

Kontrollgänge alle ein bis zwei Wochen verschaffen Gewissheit, dass an den Völkern alles in Ordnung ist. Sollte Frevel vorgekommen sein, wird der Witterung entsprechend das Nötigste verrichtet, um das Volk am Leben zu erhalten. Je nach Art und Umfang des Schadens verständigt man Versicherung und Polizei.

Frühjahr: Volksaufbau

Ausreichend mit Winterfutter versorgte und nicht gestörte Bienenvölker werden je nach Witterung Mitte bis Ende Januar mit dem Brutgeschäft beginnen. Die aufsteigende Entwicklung hat begonnen. Sie führt allmählich zu einer Vermehrung der Arbeitsbienen und damit einer Zunahme der Volksstärke. Die ersten von der Königin gelegten Eier werden mit Futtersaft aus körpereigenen Reserven der Winterbienen genährt.

Gut zu wissen

Eine der wichtigsten Aufgaben des Imkers in diesen Frühjahrsmonaten besteht darin, dafür zu sorgen, dass die Winterbienen dem Volk so lang wie möglich erhalten bleiben.

Aufsteigende Entwicklung
Ein frühzeitiger Brutbeginn oder gar ein Durchbrüten bei zu warmer Verpackung zehrt zu sehr von den im Herbst angelegten Eiweißreserven der Winterbienen. Die Folge ist, dass solche Völker nicht mehr in der Lage sind, zu gegebener Zeit ausreichend und genügend Brut zu pflegen. Der Abgang an Winterbienen ist dann größer als der Zugang

an schlüpfenden Jungbienen, sodass der Zusammenbruch solcher Völker nicht verhindert werden kann.

Reinigungsflug

Bei normaler Witterung wird in unseren Breiten der Flugbetrieb Ende Oktober/Anfang November eingestellt. Mitte bis Ende Februar hat die Sonne bereits wieder einen Stand erreicht, bei dem Tage mit 12 °C, 15 °C oder sogar 20 °C keine Seltenheit mehr sind. Solches Flugwetter veranlasst die Bienen zum Ausflug und damit zur Entleerung der Kotblase. Dies ist gut, um eventuell angesammelte Krankheitserreger im Darm abzustoßen. Anderenfalls wäre zu diesem Zeitpunkt trotz Zehrung von rückstandsarmem Winterfutter eine Überlastung der Kotblase zu befürchten.

Beobachtungen zeigen, dass nur Bienen abfliegen und sich entleeren, die es wirklich nötig haben. Die Wintertraube gerät zwar etwas in Bewegung, wird sich aber nicht auflösen. Dass in bestimmten Jahren manche Völker den Reinigungsflug dringend brauchen, sieht man an mit Kotspritzern übersäten Schneeflächen oder in der Nähe des

Mit den ersten sonnigen und warmen Tagen im Frühling sieht man auch wieder Bienen fliegen.

Standortes abgestellten hellen Autos – alles ist braun verschmutzt. Der Verschmutzungsgrad nimmt mit steigender Völkerzahl und -stärke zu, mit der Entfernung zum Standort der Völker ab.

Erste imkerliche Aufgaben

Keile und Mäusesicherungen müssen nun entfernt und eventuell mit toten Bienen verlegte Fluglöcher freigemacht werden. Das Volk muss ungehindert fliegen können. Unruhige, zu stark brausende Völker lassen auf Weisellosigkeit schließen, wobei Eingriffe zu dieser Jahreszeit zwecklos sind. Kann der Imker an diesen Tagen nicht bei seinen Völkern sein, so wird er dennoch merken, welche Völker geflogen sind – heraus getragene tote Bienen oder Gemüll zeigen es ihm. Bei den anderen wird eine genauere Kontrolle ergeben, ob das Flugloch versperrt war oder es sich um ein Volk handelt, das noch keinen Reinigungsflug nötig hat.

Gut zu wissen

Imker mit Völkern in Hausgärten oder nahe an bewohnten Gebieten werden die Nachbarsfrauen darauf aufmerksam machen, dass der Reinigungsflug bevorsteht. Zum Trocknen aufgehängte, von den Bienen verschmutzte Wäsche gibt oft Anlass zu Streit, den man sich hätte sparen können.

Böden wechseln

Selbst intensiver Reinigungsflug, der sich manchmal auf mehrere Tage erstrecken kann, wird nicht ausreichen, um alles Gemüll und tote Bienen auf den Bodenbrettern hinauszuschaffen.
Solche Überbleibsel des Winters sind Krankheitsherde und müssen entfernt werden. Der Imker kann helfend eingreifen, indem er nach dem Reinigungsflug die Böden säubert, und zwar durch Abkratzen des Gemülls auf dem Boden und Wegkehren der toten Bienen. Rationeller kann man vorgehen, wenn genügend Ersatzböden zur Verfügung stehen, die nur ausgetauscht werden.

Reinigung

Zur Säuberung verwendet man am besten heißes Wasser mit einem Spritzer Lauge. Will man es ganz gründlich machen, kann man die Holzteile und Hartfaserplatten nach dem Trocknen mit einer Lötlampe so abbrennen, dass Fasern des Holzes angesengt erscheinen. Dadurch sind sämtliche Bakterien und Krankheitserreger mit Sicherheit abgetötet. Vor dem Besetzen mit Bienen sollte man auch mit Magazinen und Deckeln gleichermaßen verfahren. Vorsicht ist bei hartschaumstoffisolierten Beutenteilen geboten, diese halten den hohen Temperaturen einer Lötlampe nicht stand. Hier hilft nur sehr gründliches Abwaschen.

Erste Nachschau, Futterkontrolle

Reinigungsflug und Auswechseln der Böden haben bewirkt, dass sich das Volk von kranken Bienen und Krankheitserregern getrennt hat. Wenn jetzt, wie in unseren Breiten üblich, noch einmal Schlechtwetterperioden eintreten, wird dies dem Volk nicht schaden, sofern es noch genügend Winterfutter in den Waben gespeichert hat. Eine kurze Nachschau gibt Gewissheit darüber. Es kommt jetzt die Zeit, in der das Volk durch zunehmende Bruttätigkeit mehr Futter verbraucht.

Invertierter Zucker wird entweder durch Anhängen von Futterwaben vom Spätherbst oder durch eine Gabe von etwa 500 bis 1000 g nicht zu dünnflüssigem oder kristallisiertem Blütenhonig auf den Bienensitz gereicht. Der Blütenhonig wird sogleich abgenommen und in den Waben gespeichert. Dadurch konnte schon manches Bienenvolk vor dem sicheren Tod gerettet werden. Bei dieser Kontrolle müssen nicht sämtliche Waben gezogen und begutachtet werden. Zieht man eine Randwabe, so können die Waben daneben auf einer Seite so weit auseinander geschoben werden, dass genügend Einblick gewährt wird.

Gut zu wissen

Sollte der noch vorhandene Futtervorrat in einem Volk zu gering sein, kann dem Mangel nur durch Reichung von umgearbeitetem, invertiertem Futter abgeholfen werden.

Sitz der Wintertaube

Bei dieser Gelegenheit wird auch die Stelle erkennbar, an der die Wintertraube gebildet wurde. Dies kann sehr unterschiedlich sein.

Die meisten Völker beginnen mit der Zehrung in der Mitte des Wabensitzes in der Nähe des Flugloches. Nicht selten kommt es vor, dass Völker bei Zwei-Raum-Überwinterung im unteren Magazin die Wintertraube bilden und über sich das Futter als Kappe anlegen. Sie zehren von unten nach oben. Doch auch am Magazinrand, entweder links oder rechts, oben und unten, wird die Wintertraube gebildet. Eine Gesetzmäßigkeit gibt es nicht.

Pollenversorgung

Die beginnende und fortschreitende Schneeschmelze und nicht zuletzt die ansteigenden Tagestemperaturen, lassen die ersten pollenspendenden Trachtpflanzen erblühen. An schönen Flugtagen wird der erste Blütenstaub ins Volk eingetragen; er leitet vollends die aufsteigende Entwicklung ein. Der Pollen wird von den bereits geschlüpften Jungbienen aufgenommen und zu Futtersaft umgearbeitet.

Als eine der ersten blühenden Pflanzen finden die Bienen bei der Nahrungssuche den Winterling. Er öffnet seine Blüten nur bei Sonnenschein und bietet ihnen Nektar und Pollen.

Reizfütterung – Futterwaben aufritzen

Das Angebot an Blütenstaub in der freien Natur bewirkt eine verstärkte Eiablage der Königin und somit auch eine vermehrte Brutpflege der Arbeitsbienen. Die Wintertraube hat sich aufgelöst. Dies wiederum erfordert einen erhöhten Bedarf an Futter in Form von Kohlenhydraten. Um diese Jahreszeit – März / April – ist invertiertes, von der Auffütterung im Herbst noch eingelagertes Winterfutter das Beste für das Bienenvolk. Entsprechend der Volksstärke, der Leistungsfähigkeit der Königin und der Zahl der zur Verfügung stehenden freien Arbeiterinnenzellen, wird das Volk vom vorhandenen Winterfutter aufnehmen.

Nötige Wärme

Eine entscheidende Beeinflussung der Aufwärtsentwicklung bringt die Wärme mit sich, die im Volk erzeugt und gehalten werden kann. Hier sind wiederum die stark eingewinterten Völker im Vorteil, die keine Flugbienenverluste im Winter erlitten haben. Wärme wird in einem Bienenstock auch erzeugt, wenn vorübergehend größere Mengen Futter aufgenommen werden.

Um dies zu erreichen, ritzt man die noch im Volk vorhandenen Futterwaben auf. Mit einem Stockmeißel oder einer Entdeckelungsgabel drückt man die Zelldeckel ein, damit das Futter in den Zellen die Bienen anreizt, es aufzunehmen. Sie tun es auch, sofern man die Waben an schon vorhandene Brutwaben heranschiebt. Dabei ist es unerheblich, ob Futter heruntertropft und sich auf den Rähmchenteilen oder an Zellen sammelt. Auch dort wird es von den Bienen aufgenommen, denn für sie gehört es da ja nicht hin. Ebenso passt es dem Ordnungssinn des

Wasser saugende Bienen an einer Tränke.

Volkes nicht, wenn sich Waben am Brutnest befinden, die schon einmal gedeckelt waren und nun aufgeritzt sind.

Bei dieser Maßnahme sollte nicht vergessen werden, dass es um diese Jahreszeit noch Temperaturstürze von 20°C und mehr geben kann. Deshalb ist es notwendig, das Brutnest beieinander zu lassen.

Das wiederholte Aufritzen der Futterwaben hat einen weiteren großen Vorteil: Winterfutter wird zügig verbraucht – in Jungbienen umgesetzt, die zur Nutzung kommender Trachten nötig sind – und es verfälscht die Blütenhonige nicht mehr.

Tränke

Der Wasserbedarf eines Bienenvolkes im Frühjahr ist groß. Nektartrachten, die 60 bis 70% Wasser enthalten, sind jetzt kaum vorhanden. Überwiegend wird der Bedarf durch Eintragen der Flugbienen gedeckt. Das Aufstellen einer Tränke in der Nähe der Völker hilft ihnen dabei und verhindert Flugbienenverluste, die bei weiter entfernten Wasserquellen und vor allem schlechtem Flugwetter auftreten.

Es ist eindeutig erwiesen, dass Bienen Wasser holen, wenn sie es brauchen – auch an unhygienischen Stellen wie Wasserpfützen, an Weg- und Feldrändern. Nachteile im Sinne einer Ansteckung von Krankheiten sind bis heute nicht bekannt geworden.

Trotzdem werden wir die Bienentränke so rein wie möglich halten. Bewährt hat sich ein 20 bis 30 cm hoher, rechteckiger Behälter, der 40 bis 50 Liter Wasser fasst. Als Schwimmer dient ein Gitterrost aus Holzstäben, deren Abstand 2 bis 3 mm beträgt. Dieser Abstand sollte auch vom Rand des Behälters eingehalten werden. Dadurch wird verhindert, dass Bienen ins Wasser fallen, erstarren und ertrinken.

Der Behälter, an einem windstillen, sonnigen Platz aufgestellt, wird sogleich von den Bienen gefunden und regelmäßig angeflogen, sofern das Wasser nicht ausgeht. Es ist darauf zu achten, dass diese Tränke gleich nach dem Reinigungsflug in Betrieb genommen wird. Eine monatliche Reinigung mit Neuauffüllung von Wasser hält eine solche Tränke hygienisch.

Gute Erfolge werden auch mit Tränken erzielt, die aus einem Behälter mit Tropfhahn das Wasser über ein Brett mit Rillen fließen lassen. Hier ist jedoch öfter eine Kontrolle nötig, da solche nur leicht fließende Quellen leicht verstopfen.

Völker in schaumstoffisolierten Magazinbeuten decken einen Teil ihres Wasserbedarfes durch Schwitzwasser, das sich an der Folie auf den Rähmchenoberteilen niederschlägt. Es wird dort auftreten, wo sich der Bienensitz nicht befindet. Die sich an den Randzonen bildenden Tröpfchen werden von den Bienen aufgesaugt. Nach eigenen Beobachtungen fliegen solche Völker bei wechselhaftem Flugwetter wesentlich weniger als Völker in Holzbeuten. Auch Flugbienenverluste werden dadurch vermieden.

Gut zu wissen

Das Einschieben aufgeritzter Futterwaben zwischen Brutwaben ist nur möglich, wenn die Jahreszeit vorangeschritten ist und krasse Temperaturunterschiede nicht mehr zu erwarten sind. Dies trifft in der Regel ab Mai zu.

Tipp

Manchmal kommt es vor, dass die Bienen erst an die Tränke gewöhnt werden müssen. Dann wird der Gitterrost mit kristallisiertem Futterhonig bestrichen; das lockt mit Sicherheit Flugbienen an, die sofort diese Nahrungsquelle ihren Artgenossinnen weitervermitteln.

Durchsicht der Völker

Die Weiden-, die Schlehen- und auch die Stachelbeerblüte bringen ersten Nektar ins Bienenvolk. Die aufsteigende Entwicklung wird vorangetrieben. Jetzt ist die Zeit gekommen, die Völker einer näheren Durchsicht zu unterziehen.

Wir haben zwar im Herbst nur solche Völker eingewintert, die von Volksstärke, Futter und Königin her beste Voraussetzungen boten, doch es ist nicht auszuschließen, dass uns das eine oder andere Volk getäuscht hat und erst jetzt seinen wirklichen Zustand offenbart.

Ist ein starker Totenfall beim Reinigen der Böden aufgefallen, macht die reduzierte Volksstärke durch Abgang vieler Altbienen den Weiterbestand des Volkes fraglich. Die Königin mag doch nicht mehr so leistungsfähig gewesen sein, wie sie sich im Herbst bei der Durchsicht darstellte. Solche Völker bleiben Sorgenkinder. Eine Auflösung oder Vereinigung sind die besten Auswege, das gilt auch für weisellose Völker.

Die Nachschauen, die bei Außentemperaturen von 12 bis 15 °C schon genauer durchgeführt werden können, werden auch die Völker zutage bringen, die akuten Futtermangel aufweisen. Die Ursache mag ein starker Bruteinschlag durch eine überaus gute Königin und eine entsprechende Volksstärke sein. Keine gedeckelten Futterwaben, nur an den oberen Rändern und Ecken der Brutwaben noch etwas Futter, würden solche Völker zum Verhungern bringen. Hier ist Abhilfe nötig.

Vereinigen von Völkern

Im Frühjahr ist das Vereinigen kein Problem, jedoch sollte der Grundsatz gelten: Niemals ein schwaches Volk mit einem anderen schwachen vereinigen! Die praktische Erfahrung zeigt, dass sie immer schwach bleiben. Die Vereinigung mit einem starken, auf mindestens 10 Zanderwaben sitzenden Volk kräftigt ein schwaches und eröffnet ihm bessere Entwicklungsmöglichkeiten.

Bei der Vereinigung wird das schwächere Volk einfach dem starken aufgesetzt. Die Königin des aufzusetzenden Volkes kann entfernt werden, braucht es aber nicht. Probleme mit beiden Königinnen gibt es nicht – nach ein bis zwei Wochen fehlt eine.

Fütterung mit der Futtertasche

Dies ist eine einfache Einrichtung, die zur Aufnahme von Futterteig und Trockenzucker dient. Sie hat die Form und Größe eines doppelt breiten Rähmchens, ist aber beidseitig mit 3 bis 4 mm starken Hartfaserplatten beschlagen. Im Zandermaß fasst sie 2 bis 3 kg Futterteig. Eingehängt wird sie am Rand des Magazins, wobei ein bis zwei Waben, von der Futtertasche her gesehen, ohne Weiteres bienenfrei sein können. Ein Volk in der aufsteigenden Entwicklung braucht diesen Platz. Völker in zwei Räumen erhalten die Futtertasche im unteren Magazin. In dieser Jahreszeit kann ein Volk bei Futtermangel nur mit Futterteig

Tipp

Bei einer Vereinigung ab Juni/Juli empfiehlt es sich, die schlechtere Königin herauszusuchen und ein Zeitungsblatt zwischen die Magazine zu legen, in das einige Löcher gestochen wurden. So gewöhnen sich die Bienen leichter aneinander.

oder noch besser, mit kristallisiertem Blütenhonig gefüttert werden. Dies erzeugt Wärme und damit Umtrieb im Volk.

Zu diesem Zeitpunkt nicht bewährt haben sich die Fütterung von Trockenzucker oder die Nassfütterung mit dem Eimer. Die Gründe:

- Bei Trockenzuckerfütterung benötigt das Volk zu viel Wasser, das zur Aufnahme des Zuckers herbeigeschafft werden muss. Zu viele Flugbienenverluste wären die Folge.
- Bei Nassfütterung muss zu viel Flüssigkeit hinausgeschafft werden, was bei Darreichung größerer Mengen an Futter wiederum zu großen Flugbienenverlusten führt. Die Arbeitsbienen werden regelrecht hinausgetrieben.

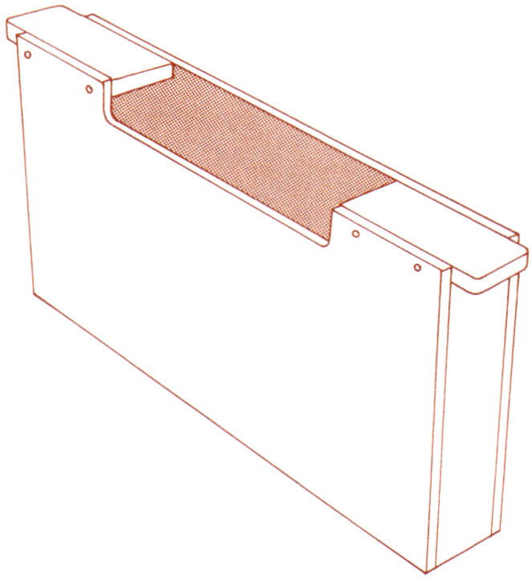

Futtertasche, doppelt breit. Kann 2 bis 3 kg Futterteig aufnehmen.

Fütterung eines Ablegers mit Futterteig in der Futtertasche.

Einengen

Bei den Vorbereitungen der Völker zur Einwinterung haben wir angestrebt, der jeweiligen Völkerstärke den entsprechenden Wabensitz zu richten. Dabei sind Völker auf zwei Magazinen sitzend in den Winter gegangen, andere auch nur auf 10 Zanderwaben. Die jetzt im Frühjahr stattfindende Durchsicht wird ergeben, dass ein Teil der auf zwei Magazinen sitzenden Völker diese 20 Zanderwaben nicht mehr mit Bienen besetzen. Eine Entnahme von Waben oder eines ganzen Magazins wird notwendig sein.

Völker, die auf 10 Zanderwaben eingewintert wurden, brauchen in der Regel nicht eingeengt zu werden. Bei Zwei-Raum-Überwinterung wird es dann notwendig, wenn bei der Nachschau nach Abheben des oberen Magazins, der untere Raum bienenleer ist. Hier entfernt man das bienenleere Magazin und setzt das obere Magazin, in dem sich der gesamte Volkskörper befindet, auf den Beutenboden.

Völker, die im oberen Magazin halbhohe Zanderwaben mit Futter belagern und mit einem Großteil des Volkskörpers ins untere Magazin hineinragen, werden nicht eingeengt. Diese Völker brauchen den zur Verfügung stehenden Raum zur Brutausdehnung und zur Ablagerung von Blütenstaub und Nektar.

Dagegen werden wir auch Völker mit 3 bis 4 Waben Brut finden, mit schönen Futterkränzen über dem Brutnest und zusätzlich noch 2 bis 3 gedeckelten Futterwaben. Nach einer Pollentracht entdecken wir zwischen Brut und Futter genügend Zellen mit eingelagertem Blütenstaub. Aufritzen der Futterwaben und Anhängen an das Brutnest fördert die aufsteigende Entwicklung solcher Völker, ob sie ein oder zwei Magazine belagern.

Gut zu wissen

Ein zu starkes Einengen von Nachteil sein kann. Gerade in der aufsteigenden Entwicklung sind genügend freie Zellen und damit Raum für eine stetige Aufwärtsentwicklung von erstrangiger Bedeutung.

Reizfütterung bei Schlechtwetterperioden

In den Monaten März und April, manchmal auch noch im Mai, ist bei uns die Witterung wechselhaft, mit ein, zwei Wochen dauerndem Schlechtwetter durchsetzt. Schnee und Regen fallen, Nachttemperaturen von 0 °C und weniger sind keine Seltenheit.

Auch die bestversorgten Bienenvölker mit genügend Arbeitsbienen reagieren darauf mit einer Stagnation im Brutgeschäft. Dies ist besonders bei Holzbeuten anzutreffen. Das Volk zieht sich regelrecht zur Wintertraube zusammen. Vergleiche mit schaumstoffisolierten Beuten ergeben, dass bei solchen Wetterlagen durch die bessere Wärmedämmung das Brutgeschäft wesentlich geringer beeinträchtigt wird. Das Nachlassen der Legetätigkeit der Königin macht sich dann bemerkbar, wenn die Flugbienen verbraucht sind oder fehlen.

Abhilfe und damit Aufrechterhaltung des Brutgeschäftes erreichen wir in solchen Wetterlagen durch eine Reizfütterung mit Futterteig oder Honig – nicht in der Futtertasche, sondern direkt über dem Bienensitz. Circa 500 g eines solchen Futters werden mit einem Spachtel auf die Rähmchenoberteile gestrichen, wobei sich kristallisierter, kandierter Blütenhonig bewährt. Er bleibt dort liegen, wo wir ihn hinstreichen und wird sogleich von den Bienen aufgenommen.

Gut zu wissen

Solche schnellen Arbeiten können auch bei Temperaturen um den Gefrierpunkt durchgeführt werden. Das Abheben des Deckels, der Folie und das Überstreichen des Futters geschehen innerhalb von ein bis zwei Minuten. Ein kräftiger Rauchstoß erleichtert die Arbeit und verhindert, dass Bienen zerdrückt werden.

Verkleinern der Fluglöcher

Die Meinungen gehen auseinander, ob es notwendig ist, an Magazinbeuten Flugöffnungen von 450 × 20 mm im Frühjahr einzuengen. Befürworter erhoffen sich davon weniger Wärmeverlust, Gegner sprechen von einem günstigeren Kontakt des Volkes zur Umwelt. Jahrelange Versuche und Beobachtungen haben mir gezeigt, dass bei beiden Möglichkeiten keine wesentlichen Unterschiede festgestellt werden konnten, sodass ich die Flugöffnungen im Frühjahr nicht mehr verenge. Bei schaumstoffisolierten Beuten entsteht bei übermäßig verengten Fluglöchern zu viel Schwitzwasser im Inneren der Beute.

Nach der ersten gründlichen Durchsicht der Völker und nach Beginn der Weiden- und Stachelbeerblüte, können Mäusesicherungen und Keile entfernt werden. Da bereits reger Flugbetrieb herrscht, sich die Wintertraube aufgelöst hat und sich Eindringlinge daher im Bienenvolk bestimmt nicht mehr wohl fühlen würden, besteht auch kaum mehr die Gefahr, dass sie eindringen.

Erweitern des Brutnestes

Ende April/Anfang Mai wird bei normaler Aufwärtsentwicklung der Zugang an Jungbienen infolge großer Brutflächen größer sein als der Abgang von Winterbienen. Diese werden in manchen Völkern bis Ende Mai noch vorhanden sein, aber nicht mehr die Bedeutung haben wie in vorangegangenen Wochen. Die Völker erstarken jetzt.

Die Erweiterung der Völker, das heißt, Raum geben, wird angebracht sein; einmal, um der Königin genügend Möglichkeiten zum Eierlegen zu bieten, zum anderen, um Platz für Nektar und Pollen zu schaffen. Ein Bienenvolk ist erweiterungsfähig, wenn im oberen Magazin sämtliche Wabengassen mit Bienen ausgefüllt sind. Zieht man bei solchen Völkern einzelne Waben, so wird man feststellen, dass sich auf 5 bis 7 Waben die Brut in jedem Altersstadium befindet, und zwar in den Mittelwaben. Die Randwaben sind teilweise schon mit Nektar, Honig und Blütenstaub angefüllt.

Bei einem guten Volk auf zwei Magazinen mit einer leistungsfähigen Königin, werden auch im unteren Magazin bebrütete Waben vorhanden sein. Nach einer ergiebigen Pollentracht aus Weiden- und beginnender Löwenzahnblüte, wird dort überwiegend der Blütenstaub gelagert.

Vorgehensweise

- Zur Erweiterung richtet man vorher ein Magazin, in dem sich mittig 4 ausgebaute, möglichst aus dem Vorjahr stammende, honigfeuchte

Brut und Honigwaben drei Wochen nach der Erweiterung. Der Honig in den Randwaben ist noch nicht schleuderreif.

Waben und 7 Mittelwände befinden. Dies alles wird vor dem Öffnen bei dem zu erweiternden Volk bereitgestellt.

- Zwei der ausgebauten Waben werden aus dem bereitgestellten Magazin herausgenommen.
- An diese Stelle hängt man vom zu erweiternden Volk 2 gedeckelte Brutwaben samt Bienen.
- Die entstandene Lücke in der Mitte des Brutnestes wird nun zusammengeschoben, die beiden Leerwaben beidseitig am Rand, ganz außen, eingehängt.
- Das Erweiterungsmagazin wird oben aufgesetzt, wobei die eingehängten Brutwaben in der Mitte belassen werden.
- An die Brutwaben schließen die ausgebauten Waben an. Dann erst kommen die Mittelwände.

Bei dieser Erweiterungsmethode erreicht man zum einen, dass das Brutnest unten und oben zusammenbleibt und zum anderen, dass die Brut im Erweiterungsmagazin die Königin nach oben lockt. Schlechtwetterperioden führen zu keiner Verkühlung der Brut, auch haben solche Völker bei Einsetzen einer guten Tracht genügend Raum. Ebenso wird verfahren, wenn man Völker vom ersten ins zweite Magazin, vom zweiten ins dritte oder vom dritten ins vierte Magazin erweitert.

Gute Erfolge bei der Erweiterung erzielt man auch, wenn auf das Nach-oben-Hängen von Brutwaben verzichtet und das Magazin mit 3 oder 4 ausgebauten Waben und Mittelwänden einfach aufgesetzt wird. Bei eng sitzenden Völkern, bei denen eine Erweiterung unbedingt notwendig ist, wird die Königin die ausgebauten Waben sofort bestiften, sofern sich das Volk noch nicht in Schwarmstimmung befindet. Bei guter Tracht können diese Waben jedoch auch sofort mit Honig gefüllt werden.

Auszubauende Mittelwände

Zur ersten Erweiterung stehen in der Regel noch genügend ausgebaute, honigfeuchte Waben vom Vorjahr zur Verfügung. Bei weiterem Aufsetzen von Magazinen fehlen in der Regel die ausgebauten Waben, sodass nur mit Mittelwänden erweitert werden muss.

Dies ist nicht weiter schlimm. Gut genährte, in voller Tracht stehende Völker bauen diese Mittelwände ab Mai zur Löwenzahn-, Obst- und Rapsblüte auch aus, bebrüten sie und lagern darin ebenso Blütenstaub und Nektar. Solche Völker werden durchschnittlich pro Jahr mindestens 10 Mittelwände ausbauen. Spitzenvölker brauchen nach Einsetzen einer Fichtentracht ab Juni 20 bis 30 Mittelwände. Ein solch stark ausgeprägter Bautrieb führt zu einwandfreiem Wabenmaterial, das zur Gesunderhaltung der Völker und zu einer guten Honigqualität beiträgt.

Das Absperrgitter

Dieses im Jahr 1890 wahrscheinlich von Preuss erfundene Betriebsmittel hat den Sinn, die Königin am Verlassen eines bestimmten Raumes in der Beute zu hindern. Zwischen den runden Gitterstäben, die im Abstand von 4,2 mm angeordnet sind, können zwar Arbeitsbienen hindurchschlüpfen, nicht jedoch die Königin und die Drohnen. Man wollte dadurch brutfreie Räume erreichen und teilweise auch die Königin beim Schwarmakt am Ausfliegen hindern. In den vergangenen Jahren wurde dies mit mehr oder minder gutem Erfolg praktiziert.

Folgt man in mittleren und guten Honigjahren der hier beschriebenen Betriebsweise, konnte sich das Einlegen eines Absperrgitters nach eigener Erfahrung als Nachteil erweisen:

- Das abgetrennte obere Magazin wurde trotz des Einhängens von Brutwaben bei Weitem nicht so in den Volkskörper miteinbezogen.
- Vergleiche von jeweils fünf Völkern mit und ohne Absperrgitter brachten keine Mehrerträge infolge von Brutbeschränkung.

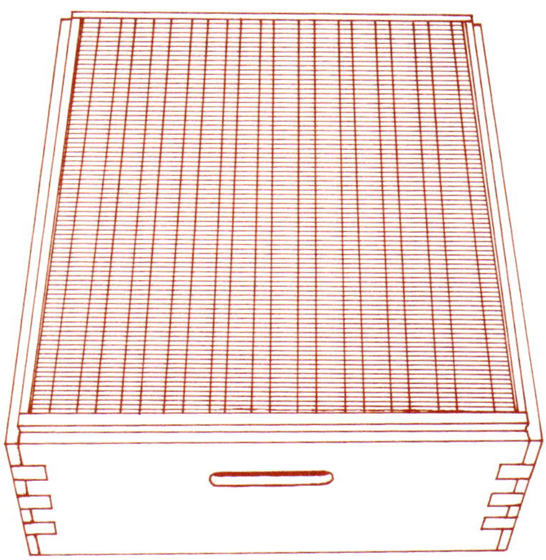

Absperrgitter.

- Auch in schlechteren Honigjahren konnten keine Mehrerträge durch Einlegen des Gitters erzielt werden. Das in solchen Jahren von der Natur mäßige Angebot an Tracht wurde immer in Brutnähe gelagert.

Ich hatte stets den Eindruck, dass das Absperrgitter vom Volk als Fremdkörper betrachtet wurde. Wie wir später noch sehen werden, hat es aber seine Berechtigung bei der Königinnenaufzucht im Pflegevolk.

Sommermonate: Völkerführung

Obst-, Wiesen- und Rapsblüte bedeuten für die Bienenvölker gute bis sehr gute Trachtangebote an Blütenstaub und Nektar. Ausgedehnte Brutflächen ergeben genügend Jungbienen, sodass eine täglich zunehmende Volksstärke zu beobachten ist. Während in den Frühjahrsmonaten das Augenmerk des Imkers dem Volksaufbau galt, wird er jetzt Maßnahmen ergreifen, die die Volksstärke zur Nutzung der Raps-, Fichten- und Weißtannentracht aufrechterhalten.

Schwarmvorbeuge

In früheren Jahren war derjenige Imker in bestimmten Gebieten führend, der die meisten Schwärme von seinen Völkern bekam. Die Schwarmbetriebsweise wurde gefördert durch Haltung einer schwarmfreudigen Biene und durch wenig Raum in den Bienenkästen. Der Zeitaufwand war kein Problem, weil die damaligen Wohn- und Arbeitsverhältnisse dem Imker in der Regel erlaubten, tagsüber bei seinen Bienen zu sein. Auch spielten die um diese Zeit vorhandenen Trachtverhältnisse eine entscheidende Rolle. Bis zur Schwarmzeit anhaltende Blütentrachten sicherten gute Ernten, sodass danach durch Verkauf von Schwärmen zusätzlich Einnahmequellen geschaffen wurden.

Beim heutigen Imker liegen oft beträchtliche Strecken zwischen Wohnung, Arbeitsstätte und Aufstellungsort. Er kann nur an Samstagen und Sonntagen tagsüber bei seinen Bienen sein. Daher wird er schwarmvorbeugende Maßnahmen unbedingt in seine Betriebsweise einbeziehen müssen. Außerdem zeigte sich in den vergangenen Jahren eindeutig, dass bei unseren heute gehaltenen Bienen die Völker, die in Schwarmstimmung kamen oder geschwärmt haben, für die Nutzung von Honigtautrachten aus Fichte und Weißtanne gegenüber den schwarmfrei gebliebenen im Ertrag nachhinken oder sogar leer ausgehen.

Trotz Haltung schwarmträger Bienen ist das Problem nicht zu lösen, wenn die Völker vom zeitigen Frühjahr an zu eng gehalten werden. Vermutlich ist es der Futtersaftüberschuss der vielen schlüpfenden Jungbienen, der zum Schwarm führt. Die stetige, nicht zu zaghafte Erweiterung sowie die Haltung der Völker in angemessen großen Magazinen sind wichtige Voraussetzungen, um Schwarmstimmung zu unterbinden.

Gut zu wissen

Die Haltung einer schwarmträgen Biene ist durch züchterische Maßnahmen und Auslese heutzutage möglich. Jedoch zeigt es sich auch, dass aus schwarmträgen Bienen im Laufe der Zeit durch natürliche Einkreuzung schwarmfreudiger Linien wieder schwarmfreudige Bienen hervorgehen. Eine gezielte Königinnenerneuerung bringt Abhilfe.

Obwohl beides schwarmhemmend wirkt, kann das eine oder andere Volk dennoch in Schwarmstimmung geraten. Wenn dies bei nicht mehr als 10 % der Völker der Fall ist, kann die Angelegenheit als normal betrachtet werden.

Manchmal kann ein Steiger nötig sein, um einen Schwarm hoch oben aus einem Baum zu holen.

Durchsicht der Völker auf Schwarmstimmung

Nach Zander/Böttcher (1979) und Berichten erfahrener Imker empfiehlt es sich, in der Schwarmzeit sämtliche Völker im Rhythmus von sieben bis neun Tagen einer Durchsicht zu unterziehen, außer mehr als 10 % der Völker geraten in Schwarmstimmung. Der Verlust an Schwärmen würde mehr ins Gewicht fallen als der Zeitaufwand zur Durchsicht. Will man nur auf Schwarmstimmung kontrollieren, so genügt es oft, das obere oder zweite Magazin von oben abzukippen.

Bei wirkungsvollen schwarmvorbeugenden Maßnahmen ist diese zu zeitaufwendige Durchsicht nicht erforderlich. Dann ist es wirtschaftlicher, wenige Schwärme zu schöpfen oder fassen und zu versorgen.

Schwarmverhinderung

Ein deutliches Zeichen für Schwarmstimmung ist die Vielzahl angesetzter und auch schon mit Weiselfuttersaft gefüllter Weiselzellen. Das Ausbrechen nützt nichts mehr. Das ganze Volk hat sich schon auf die neue Situation, die Teilung, eingestellt. Brutpflegemaßnahmen werden nicht mehr so intensiv durchgeführt. Auch der Sammeleifer lässt nach. Aufmerksame Beobachter können dies am Flugloch im Vergleich zu früheren Tagen und zu anderen, nebenstehenden Völkern feststellen. Die Weiselzellen befinden sich meistens am unteren Rand der Waben, 15 bis 20 an der Zahl sind keine Seltenheit.

Findet man schon gedeckelte Weiselzellen, so wird es nicht mehr lange dauern, bis der Schwarm abgeht. Hier erhebt sich immer die Frage: Soll man warten, bis der Schwarm kommt, oder ist es besser, vorher verhindernde Maßnahmen zu ergreifen? Das Abschwärmen ist mit dem Risiko des Verlustes verbunden, verhindernde Maßnahmen mit zusätzlichem Arbeitsaufwand.

Gut zu wissen

Völker in Schwarmstimmung ziehen überwiegend ihre Weiselzellen an den unteren Leisten der Rähmchen oder an freien Stellen in den Ecken der Waben.

Der Zwischenableger

Die Bildung eines Zwischenablegers ist ein massiver Eingriff in das in Schwarmstimmung geratene Volk; dadurch soll verhindert werden, dass es schwärmt. Das ist bei Schwarmquoten von über 10 % der Völker zweckmäßig, unter 10 % lässt man das Volk schwärmen, vereinigt aber den Schwarm mit dem abgeschwärmten Volk. Ein Zwischenableger hat nur Sinn und bringt den gewünschten Erfolg, wenn sich das Volk im Anfangsstadium der Schwarmstimmung befindet.

Vorgehensweise

- Zunächst muss man die Königin suchen, was manchmal viel Zeit kostet.
- Mit der Königin und 3 bis 4 offenen Brutwaben mit entsprechendem Futter wird ein Ableger gebildet, den man in ein Magazin mit Boden und Deckel einlogiert.
- Beim Rest des Volkes, sofern es sich um ein gutes handelt, werden alle Zellen bis auf eine ausgebrochen. Sonst beweiselt man es entweder mit einer schlüpfreifen Weiselzelle oder einer begatteten Königin guter Abstammung.
- Den Ableger stellt man auf einen anderen Platz oder auf den Deckel des Restvolkes. Dieses erhält die Flugbienen des Ablegers und kann damit noch ein Trachtvolk werden.
- Sollte der Ableger sich nicht zur Zufriedenheit entwickeln, kann er nach zwei bis drei Wochen mit dem Restvolk vereinigt werden, bis dieses wieder weiselrichtig ist und damit eine legefähige Königin hat.

In der Regel ist damit die Schwarmstimmung dieses Volkes gehemmt. In Ausnahmefällen kann es trotzdem noch schwärmen, vor allem dann, wenn bei der Durchsicht Weiselzellen übersehen wurden.

Gut zu wissen

Sterzelnde, die Duftdrüse zeigende Bienen verraten dem Imker, dass das Fassen des Schwarmes geklappt hat. Wenn nicht, bildet sich die Schwarmtraube erneut und das Einfangen muss wiederholt werden.

Schwarmfassen, Versorgung

Zum Einschlagen, Schöpfen oder Fassen des Schwarmes in einer Kiste oder einen Korb empfiehlt es sich, die Traube vorher mit etwas Wasser aus einem Zerstäuber anzusprühen; dann fliegen die außen sitzenden Bienen beim Einschlagen nicht so leicht auf. Ein kräftiger Schlag auf den Ast, an dem sich die Traube gebildet hat, lässt den größten Teil der Bienen in den Korb oder die Kiste fallen. Bei minderwertigen Bäumen oder Sträuchern empfiehlt es sich, das Ästchen abzuschneiden und dann samt Schwarmtraube herunterzuholen.

Schwärme an Baumstämmen oder Zaunpfählen müssen mit einem Besen in die Fangeinrichtung gekehrt werden. Hierbei ist Besprühen mit Wasser unbedingt notwendig. Der Schwarmkorb wird jetzt in unmittelbarer Nähe der Schwarmtraube aufgestellt. Gelingt es, die Königin in den Korb einzuschlagen, werden noch herumfliegende Bienen bald einziehen.

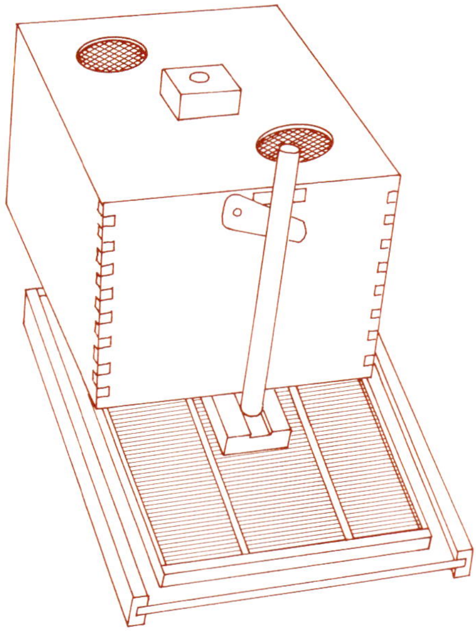

Schwarmfang- und Siebkasten.

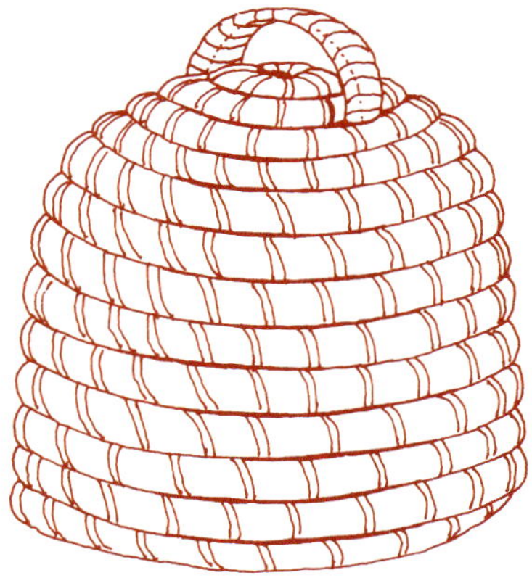

Schwarmfangkorb.

Es empfiehlt sich, die Fangeinrichtung schattig aufzustellen, weil Schwärme, die praller Sonnenbestrahlung ausgesetzt sind, gerne ausziehen. Findet sich kein schattiger Platz, hängt man als Behelf einen nassen Sack über den Schwarmkorb. Nach etwa einer halben Stunde wird normaler Flugbetrieb anzeigen, dass wir ein neues Volk vor uns haben; es hat sich vom abgeschwärmten Volk völlig getrennt.

Es ist nicht unbedingt notwendig, den Schwarm, bevor er seinen endgültigen Platz in einer Beute bekommt, eine Zeit lang in Dunkelhaft in den Keller zu stellen. Dunkelhaft anzuraten ist dagegen dann, wenn man den Schwarm nicht gleich einlogieren kann. Sie soll dann ein bis zwei Tage dauern. Die beste Zeit für Einlogierung und Beginn der Dunkelhaft ist abends, nachdem die Bienen den Flug eingestellt haben. Alle Bienen, die sich noch draußen befinden, bleiben dem Schwarm erhalten.

Schwierig wird es, wenn Schwärme von schwer zugänglichen Stellen eingefangen werden sollen. In den Großstädten ist die Feuerwehr damit beauftragt; sie gibt solche herrenlosen Schwärme an die ihr beim Einfangen behilflichen Imker weiter. Zum Einfangen wird eine Wabe mit offener Brut an einer langen, bis zur Schwarmtraube reichenden Stange befestigt. Diese Wabe wird beim Anstellen der Stange an die Traube sofort von ihr belagert. So kann auf einfache Weise ein Schwarm an nicht erreichbaren Stellen geholt werden.

Wird ein Schwarm nicht gefasst, suchen die Spürbienen nach geeigneten Plätzen und Räumen, wo der Schwarm einziehen kann. Dies kann eine leere Beute sein, ein hohler Baum, eine Mauerlücke, ein Loch in einer Hausdecke oder auch nur dichtes Heckengestrüpp (Mauthe, Horn, Lampeitl 1992). Der Schwarm wird dort seinen Wabenbau errichten.

Die Erfahrung zeigt allerdings, dass solche Schwärme aufgrund der gehaltenen Bienen und des veränderten Nahrungsangebotes über längere Zeit kaum Überlebenschancen haben.

Kunstschwarm, Hungerschwarm

Zu erwähnen ist noch, dass der Imker auch die Möglichkeit hat, einen Kunstschwarm zu bilden. Dazu setzt man eine begattete Königin in einem mit Zuckerteig verschlossenen Zusetzkäfig in einen Korb oder eine Kiste und kehrt ihr etwa 2 bis 3 kg Bienen zu. Leichtes Anfeuchten dieser Bienen erleichtert die Arbeit. Die Annahme der zugesetzten Königin gelingt nur, wenn keine andere dazu kommt. Es empfiehlt sich, diese künstlichen Gebilde bei zusätzlicher Fütterung ein bis zwei Tage dunkel aufzustellen.

Das Zusetzen einer begatteten oder unbegatteten Königin in ein Volk ist oft mit Schwierigkeiten verbunden, besonderes dann, wenn eine vollwertige, stechlustige Königin durch eine sanftmütige ersetzt werden soll. Es gelingt am ehesten, wenn die Bienen keine Möglichkeit mehr haben, aus der Brut der zu ersetzenden Königin Weiselzellen nachzuziehen. Im Kunstschwarm ist dies der Fall, wie auch im Ableger, der mit gedeckelten Brutwaben gebildet wurde.

Der Hungerschwarm kommt dadurch zustande, dass das ganze Volk wegen akuten Futtermangels auszieht. Dies ist jedoch sehr selten.

Behandlung der Schwärme

Das geglückte Fassen des Schwarmes ist der Anfang eines neuen Volkes. Die zu ihm gehörenden Bienen verlieren die Orientierung zum Muttervolk. Seine neue, sauber gereinigte Beute wird je nach Stärke des Schwarmes mit Mittelwänden ausgestattet, weil der Baubetrieb besonders ausgeprägt ist.

Ein Schwarm von 2,5 kg wird ohne Weiteres 10 Mittelwände ausbauen. Trotzdem erhält er in der Mitte eine ausgebaute Wabe, um der Königin sogleich das Bestiften und den Arbeitsbienen die Ablagerung des mitgebrachten Futters zu ermöglichen. Nach einigen Tagen wird der Schwarm eingeflogen sein.

Bei trachtloser Zeit oder während Schlechtwetterperioden wird eine Fütterung mit Honig oder Zuckerlösung die Entwicklung zu einem vollwertigen Volk unterstützen. Es kann dann in einer späten Weißtannentracht noch eingesetzt werden. Solche, im Mai / Juni angefallenen Schwärme werden noch trachtreife Völker.

Ein abgeschwärmtes Volk mit geschlüpften Weiselzellen.

Behandlung abgeschwärmter Völker

Abgeschwärmte Völker bedürfen einer besonderen Pflege. Da sie einen Großteil der Bienen jeder Altersstufe abgegeben haben, sind sie zunächst einzuengen. Nicht mehr oder nur schwach mit Bienen belagerte Waben sind zu entnehmen.

Weiselrichtig oder nicht?

Zwei Wochen nach Abgang des Schwarmes erfolgt eine Kontrolle auf Weiselrichtigkeit im verbliebenen Volk; sie wird zeigen, ob das Volk so belassen werden kann.

- Stiftet die junge Königin bereits, so wird eine weiterhin gute Futterversorgung ein einwinterungsfähiges Volk zu Stande bringen.
- Tut sie das nicht, so ist die Auflösung dieses Volkes vorteilhafter als die Anwendung nicht sicherer Zusetzmethoden von Königinnen.

Vereinigung Schwarm – Schwarmvolk

Sehr oft fallen die Schwärme auch kurz vor Einsetzen einer Fichtentracht. Sowohl Schwarm als auch abgeschwärmtes Volk eignen sich dann kaum zur Nutzung. Das Gleiche trifft auf Schwärme von Völkern zu, die während der Rapstracht anfallen.

Gut zu wissen

Eine Vereinigung des Schwarmes mit dem abgeschwärmten Volk verhilft zu Ertragsvölkern mit genügend Flugbienen, wobei gleichzeitig ein Ableger gebildet werden kann. Die Bildung eines Trachtvolkes und dessen Vermehrung kann miteinander einhergehen.

Der Schwarm kommt in ein mit Mittelwänden und Leerwaben ausgestattetes Magazin, das am Platz des abgeschwärmten Volkes auf den Boden gestellt wird. Das abgeschwärmte Volk erhält einen neuen Platz. Die Flugbienen kehren zum Schwarm zurück und verstärken diesen. Nach zwei bis drei Tagen wird vom abgeschwärmten Volk ein Ableger gebildet, mit einer Jungkönigin beweiselt und der übrig gebliebene Rest des abgeschwärmten Volkes mit dem Schwarm vereinigt. An den dem Schwarm zugehängten Waben werden sämtliche Weiselzellen ausgebrochen.

Fütterung nach Trachtende

In Jahren ohne Honigtautrachten geht im Juni/Juli vielerorts das Angebot an Nektar so rapide zurück, dass eine Fütterung der Völker notwendig wird. Unterließe man sie, wären nicht nur manche Völker am Verhungern, sondern würden das Brutgeschäft soweit reduzieren, dass kaum noch einwinterungsfähige Völker zustande kämen.

In solchen Jahren greift der Imker ein, indem er schon zu dieser Jahreszeit den Wabenbau für den Wintersitz richtet und entsprechendes Futter zur Verfügung stellt. Alle 3 bis 4 Wochen den Futtereimer mit einer Lösung aus 3 kg Zucker aufzusetzen, hält das Brutgeschäft im Gange und lässt somit starke, natürlich zusammengesetzte Völker zur Einwinterung kommen.

Im August/September schließt sich die Winterfütterung an. Die Völker haben dann meistens schon so reichliche Futtermengen in den Waben, dass weniger aufgefüttert zu werden braucht.

Königinnenzucht, Königinnenvermehrung – Bestandsergänzung

Königinnenvermehrung setzt gute praktische Kenntnisse voraus. In der Beraterpraxis hat sich gezeigt, dass der Anfänger über diese Materie das Bienenvolk selbst näher kennenlernt, zu praktischen Arbeiten schneller eine Beziehung findet und auch, dass er gleich bei Beginn seiner Bienenhaltung die Zusammenhänge der Fakten einer Königinnenaufzucht wissen will.

Gut zu wissen

Königinnenvermehrung im eigenen Betrieb ist notwendig und sinnvoll, wenn 15 bis 20 Wirtschaftsvölker und mehr gehalten werden.

Zuchtverfahren

Bei einer Haltung weniger Völkern empfiehlt es sich, vollwertige Geschlechtstiere bei anerkannten Vermehrern und Züchtern zu erwerben. Hinweise geben Anzeigen in den Fachzeitschriften. Gut geführte Züchtergruppen in den Vereinen bieten sehr oft ebenfalls gutes Material an; sie sind auch bereit, dem Anfänger zu helfen.

Dabei kann man durch das Zuchtverfahren, die Verwertung der schlüpfreifen Weiselzellen und nicht zuletzt durch eine gesteuerte Begattung wesentlich dazu beitragen, vollwertige Königinnen zu gewinnen. Zudem bestimmt man selbst den Termin, an dem die herangezogenen Weiselzellen oder Königinnen zur Verfügung stehen.

Gezielte Königinnenvermehrung setzt voraus, dass neben gutem Ausgangsmaterial auch ein Pflegevolk bereitsteht. Die darin mit dem Umlarvverfahren herangezogenen, schlüpfreifen Weiselzellen finden gleich in dem zu bildenden Ableger Verwendung. Umwege über Schlupfkäfige und Begattungskästchen aller Art sind überholt, außer bei der künstlichen Besamung der Königin.

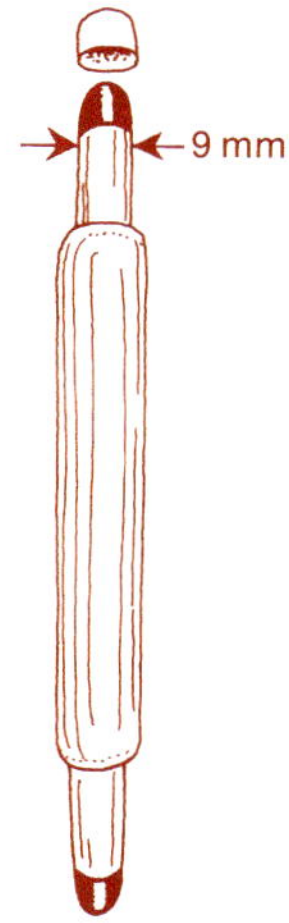

Formholz für Weiselbecher.

Zuchtvolk, Mutterstation

Das Zuchtvolk liefert den Zuchtstoff. Es muss deshalb gute Eigenschaften besitzen, auf deren Weitervererbung es uns ja ankommt. Dazu zählen zunächst:

- gute Honigerträge in den Vorjahren,
- Schwarmträgheit,
- ruhiger Wabensitz und
- Sanftmut.

Weiter ist darauf zu achten, dass dieses Volk in den vergangenen Jahren frei von Krankheiten war und es eine zügige Frühjahrsentwicklung genommen hat. Sollten zusätzlich bestimmte Körpermerkmale, etwa Flügelindex der Arbeitsbienen, erwünscht sein, muss das Zuchtvolk solche Merkmale aufweisen.

Über die künstliche Besamung der Bienenköniginnen erreicht man eine gezielte Paarung. Sie wird vorwiegend bei Königinnen ausgewählter Zuchtvölker und Mutterstationen angewendet. Bei diesen Völkern muss sich die Kontrolle der Eigenschaften über ein bis zwei Jahre erstrecken.

Gut zu wissen

Falsch wäre es, aufgrund von Beobachtungen und Messungen eines Jahres oder gar nur in wenigen Monaten die Auswahl eines Zuchtvolkes zu treffen. Dazu sind Beobachtungen und Aufzeichnungen über mindestens zwei Jahre erforderlich. Erfüllt ein bestimmtes Volk dann die Voraussetzungen, so kann es als Zuchtstofflieferant Verwendung finden.

Pflegevolk

Es ist dies das Volk, das die heranwachsenden Königinnen pflegt. Dazu muss es gut mit Eiweiß und Kohlenhydraten genährt sein und genügend Bienen und Brut besitzen.

Es muss sich nicht unbedingt durch gute Leistungen im Honigertrag auszeichnen, auch nicht durch Sanftmut, aber es muss unbedingt frei von Krankheiten sein. Ich wähle gerne Völker aus, die meine Erwartungen im Honigertrag nicht erfüllen und die deshalb umgeweiselt werden müssen.

Bei fristgebundenen Aufzuchtverfahren werden zudem Völker als Pflegevölker ausgewählt, die einen Entwicklungsstand von 30 mit Bienen besetzten Zanderwaben erreicht haben. Dies ist in der Regel bei uns Ende Mai / Anfang Juni der Fall. Erfahrungsgemäß bietet die Einleitung des Aufzuchtverfahrens um diese Zeit die Gewähr, leistungsfähige Königinnen heranzuziehen.

Bei trachtloser Zeit werden die Völker schon ab Anfang / Mitte Mai mit Honig gefüttert. Dadurch wird unter der Voraussetzung, dass Blütenstaub zur Verfügung steht, genügend Brut angesetzt und gut gepflegt.

Vorgehensweise

- 9 bis 10 Tage vor Einleitung der Aufzucht, wird die Königin des ausgewählten Pflegevolkes in einem Magazin eingesperrt. Sie wird gesucht und dann mit der Wabe ins obere Magazin gehängt, das durch ein Absperrgitter von den unteren Magazinen getrennt ist.
- Wird sie nicht gefunden, legen wir zwischen jedes Magazin ein Absperrgitter. Dadurch erreichen wir, dass die normale Entwicklung weitergeht und dass in den beiden Magazinen, in denen sich die Königin nicht befindet, gedeckelte Brutwaben heranwachsen.
- Circa ein bis zwei Stunden vor Einhängen des Zuchtrahmens machen wir das Volk pflegereif. Dazu entnehmen wir die Königin und sämtliche Waben mit offener Brut, wobei alle Bienen im Volk bleiben.
- Durch die Wegnahme eines Magazins strotzen die beiden verbliebenen Magazine nur so von Bienen. Wir erzielen dadurch genügend Wärme im Volk, die zur Pflege der heranwachsenden Maden in den Weiselbechern unbedingt notwendig ist.
- Beim Zusammenbau des Volkes und Einhängen der Waben lassen wir gleich eine Gasse für den Zuchtrahmen frei. Da das Volk weisellos ist, empfiehlt es sich, daneben eine Wabe mit offener Brut zu hängen. Der Zusammenhalt wird aufrechterhalten.
- Diese Wabe kann nach Einhängen des Zuchtrahmens entnommen werden oder auch verbleiben, insbesondere wenn sie noch zuchtwürdige Maden enthält.

Ein starkes Pflegevolk, bereit zur Aufnahme des Zuchtrahmens.

Das Umlarven gelingt am besten bei genügend Licht, doch keiner intensiven Sonneneinstrahlung.

Der belarvte Weiselbecher. Die kleine Made schwimmt in Futtersaft.

Umlarvverfahren

Zur Aufzucht einer größeren Menge hochwertiger Weiselzellen in passender und leicht verwendbarer Form eignet sich bestens das Umlarven in die vorgefertigten Weiselbecher auf dem Zuchtrahmen. Das heißt, die kleinsten der in einer Wabe des Zuchtvolkes befindlichen Maden werden umgebettet. Sie sind dann in der Regel 1 bis 2 Tage alt. Rechnen wir jetzt noch das 3 Tage Ei-Stadium hinzu, so ist davon auszugehen, dass die heranwachsende Königin zum Zeitpunkt des Umlarvens 4 bis 5 Tage alt ist. Dies ist wichtig zur Berechnung des Weiterverwendungsdatums der schlüpfreifen Weiselzellen.

Zur Umbettung verwenden wir einen Umlarvlöffel. Damit entnehmen wir der Arbeiterinnenzelle die etwa 1 bis 2 mm lange Larve und legen sie so in den Weiselbecher, dass sie nicht kippt; sie würde sonst ersticken. Zur besseren Entnahme öffnen wir die Wabenzelle mit der anderen Seite des Löffels.

Zum Umlarven können wir uns sechs Stunden Zeit lassen, denn so lange bleibt die dazu verwendete Brut außerhalb des Bienenvolkes am Leben. Zum Belarven von 20 bis 30 Weiselbechern reichen in der Regel 20 bis 30 Minuten – je nachdem, wie üppig kleinste Maden auf der Wabe vorhanden sind.

Bei Entnahme der Wabe mit dem Zuchtstoff aus dem Zuchtvolk sollen die Bienen nicht abgestoßen werden, weil dabei der Futtersaft über

Gut zu wissen

Gute Lichtverhältnisse erleichtern die Arbeit, grelles Sonnenlicht aber schädigt die empfindlichen Maden. Gerne mache ich diese Arbeit im Schatten eines Baumes sitzend.

Info

Zur Vollständigkeit seien noch andere Verfahren zur Zuchtstoffaufbereitung und -reichung genannt:

- *der Bogenschnitt,*
- *das Zellenstanzen und*
- *die Zucht aus dem Ei.*

Gegenüber dem Umlarvverfahren sind sie in den Hintergrund getreten, weil sie im Vergleich dazu mit Nachteilen behaftet sind.

die ganzen Maden strömen würde. Man kehrt die Bienen vorsichtig mit dem Besen ab.

Nach Einhängen des Zuchtrahmens in das Pflegevolk wird dieser von den in der Gasse angesammelten Pflegebienen weiterversorgt. Das Zeichen für eine gute Versorgung mit Königinnenfuttersaft ist die Menge der Pflegebienen in der frei gehaltenen Gasse.

Eine warme Abdeckung des Volkes mit einer rund 20 mm dicken Hartschaumplatte und eine Fütterung mit Honiglösung im Eimer tragen zur erfolgreichen Aufzucht der Jungköniginnen bei.

Ablegerbildung

Bei der Schwarmverhinderung bildeten wir einen Zwischenableger. Er wird meistens mit dem Volk vereinigt, aus dem er entstanden ist.

Auch in bestgeführten Imkereien wird es Ausfälle an Völkern geben. Zur Ergänzung und Aufrechterhaltung des Bestandes dient nicht mehr der Schwarm, sondern der vom Imker selber gebildete Ableger oder das Jungvolk. Der Vorteil gegenüber dem Schwarm ist dabei, dass der Imker selbst bestimmen kann, wann er die Ableger bilden will, wie viele und in welcher Stärke. Außerdem hat er damit weniger Arbeit als mit dem Fassen und Versorgen von Schwärmen.

Gelungener Zuchtrahmen mit schlüpfreifen Weiselzellen.

Bei einer Ablegerquote von 30 % der Standvölker ist es im gut geführten Betrieb kaum vorgekommen, dass die Zahl der Wirtschaftsvölker gesunken ist. Der tüchtige Imker wird immer gute Völker haben, da er von der Völkerzahl her aus dem Vollen schöpfen und es sich auch erlauben kann, einmal ein nicht befriedigendes Volk aufzulösen.

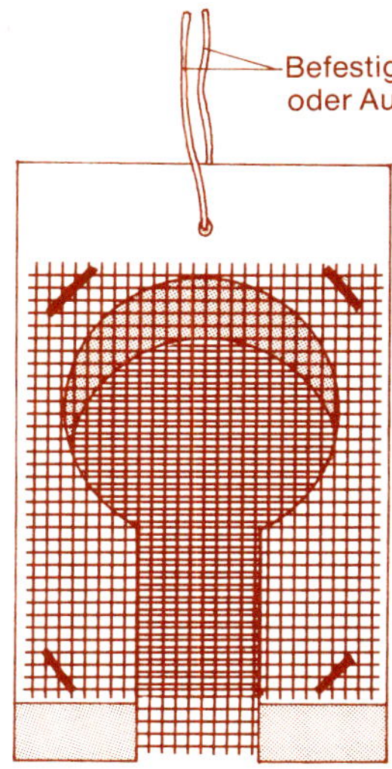

Königinnenzusetzkäfig zum Einhängen in die Wabengasse.

Vorgehensweise

- Zur Bildung des Ablegers benötigen wir ein Magazin mit Boden und Deckel, eine mit 2 kg Futterteig gefüllte Futtertasche, zwei Leerwaben oder Mittelwände, eine schlüpfreife Weiselzelle und einen Standplatz.
- Das nötige Bienen- und Brutmaterial entnehmen wir entweder voll entwickelten Völkern oder solchen, die dazu aufgelöst werden. Im ersten Fall können wir dies tun, wenn keine Tracht in Aussicht ist oder wenn wir nur das Augenmerk auf die Vermehrung legen. Bei bevorstehenden Trachten ist es besser, das benötigte Material aus aufzulösenden Völkern zu verwenden.
- Der Zeitpunkt zur Bildung des Ablegers richtet sich nach der Schlüpfreife der Weiselzelle. Sie tritt 10 bis 11 Tage nach dem Umlarven ein. Bei jüngeren, noch empfindlichen Zellen wäre die Ausfallquote zu hoch. Bei 12 bis 13 Tage nach dem Umlarven verwendeten Weiselzellen ist wiederum die Gefahr groß, dass schon eine Königin geschlüpft ist und dadurch die anderen Zellen bereits zerstört wurden.
- In das bereitgestellte Magazin, an dem der Boden mit geschlossenem Flugloch befestigt ist, hängen wir zu den Leerwaben zwei möglichst gedeckelte Brutwaben samt den Bienen darauf.
- Von zwei weiteren Waben stoßen wir Bienen in den zu bildenden Ableger ab. Nach Einhängen der gefüllten Futtertasche verschließen wir das Magazin mit Folie und Deckel, nachdem wir natürlich geprüft haben, ob nicht eine Königin des Volkes oder der Völker, denen das Bienenmaterial entstammt, sich im Ableger befindet.
- Dem so gebildeten Jungvolk erleichtern wir die weitere Entwicklung, wenn wir es rund 1 bis 2 km entfernt von dem Platz aufstellen, wo das Bienenmaterial herkommt. Die Flugbienen und damit eine natürliche Zusammensetzung des heranwachsenden Bienenvolkes bleiben erhalten.
- Am endgültigen Standplatz wird das Flugloch geöffnet und mit der schlüpfreifen Weiselzelle beweiselt. Diese befestigen wir am oberen Wabenrand, etwa in der Mitte der Wabe.

Ableger können auch mit gekauften, begatteten Königinnen gebildet werden. Anstatt der schlüpfreifen Weiselzelle wird die Königin in einem Zusetzkäfig unter Futterteigverschluss zugesetzt. Dazu wird sie ohne Begleitbienen in den vorgesehenen Raum des Käfigs gesperrt; die Öffnung darunter wird mit festem Futterteig ausgefüllt.
Die Bienen brauchen zum Ausfressen dieses Teiges etwa zwei bis drei Tage. Sofern der Ableger weisellos und ohne Weiselzellen gebildet wurde, wird die Königin auch angenommen – Ausnahmen bestätigen die Regel.

Ablegerpflege

Im Ableger, etwa zwei bis drei Tage nach seiner Bildung, wird die Königin aus der Weiselzelle schlüpfen. Sie befindet sich sogleich in natürlichen Verhältnissen: sie hat sowohl Jung- als auch Flugbienen um sich; Futter in jeglicher Form steht zur Verfügung. Eine Nachschau nach drei Tagen wird dieses Bild bestätigen.

Sollte einmal eine Weiselzelle nicht geschlüpft sein, besteht die Möglichkeit einer neuen Beweiselung. Durch zusätzlich schlüpfende Jungbienen erfährt der Ableger eine weitere Verstärkung, die eine Erweiterung mit einer ausgebauten Wabe oder Mittelwand notwendig macht.

Die Königin fliegt 12 bis 14 Tage nach der Ablegerbildung zur Begattung aus, sodass sie nach weiteren zwei bis drei Tagen mit der Eiablage beginnen kann. Jetzt haben wir nur noch dafür zu sorgen, dass genügend Platz vorhanden ist und das Futter nicht ausgeht.

Eine Kontrolle zwei Wochen nach Bildung bringt auch solche Ableger zutage, bei denen die Königin beim Begattungsflug verloren gegangen ist. Eine erneute Beweiselung kann zwar noch zu einer vollwertigen Königin führen, jedoch hat es sich gezeigt, dass es sehr oft umsonst ist.

Die Nachschau nach Eiablage zeigt auch, dass die überwiegende Zahl der Ableger das bei der Bildung gereichte Futter verbraucht hat. Eine Nachfütterung mit nochmals 2 kg Futterteig in der Futtertasche ist notwendig, desgleichen sehr oft eine Erweiterung.

Bei einer weiteren Nachschau drei Wochen nach beginnender Eiablage werden wir schon Jungbienen der im Ableger befindlichen Jungkönigin finden. Ein geschlossenes Brutnest lässt auf eine vollwertige Königin schließen.

Jetzt empfiehlt es sich, nach mehrmaligen Erweiterungen auf insgesamt 7 bis 9 Waben eine Flüssigfütterung mit dem Eimer oder einem Futtermagazin vorzunehmen, die es dem Jungvolk ermöglicht, Futterwaben und Kränze anzulegen. Es leidet nicht mehr Hunger, wenn diese Fütterung Ende Juni / Anfang Juli erfolgt. Es kann davon ausgegangen werden, dass bis zum Spätsommer / Herbst ein einwinterungsfähiges Volk heranwächst.

Gut zu wissen

Die Ausfallquote durch nicht schlüpfende Weiselzellen und nicht erfolgter Begattung liegt bei 10 %. Eine Auflösung solcher, nicht gelungener Ableger ist sinnvoll; am besten vereinigt man sie mit benachbarten Ablegern.

Zeichnen der Königin

Obwohl sich die Königin von den Arbeitsbienen und Drohnen durch ihre größere und schlanke Gestalt unterscheidet, ist es oft schwierig, sie zu finden, vor allem wenn die Waben dicht mit Bienen besetzt sind. Erschwert wird die Suche durch umherlaufende Bienen. Leichter findet man die Königin, wenn sie mit einem Farbplättchen gekennzeichnet ist und dadurch in dem Gewusel auffällt.

Zum Zeichnen braucht man außer der Königin, die man erst einmal fangen muss, einen an beiden Enden stumpf abgeschnittenen Zahnstocher, etwas Nagellack und Zeichenplättchen, anfänglich als Hilfsmittel vielleicht auch Zeichennetz oder -rohr (im Fachhandel erhältlich).

Durch Üben an Drohnen und Arbeitsbienen eignet man sich so viel Geschicklichkeit an, dass das Zeichnen auch ohne Hilfsmittel klappt. Dieses geschieht so:

Man hält die Königin mit Daumen und Zeigefinger am Thorax fest und bringt mit dem einen Ende des Zahnstochers eine Spur Nagellack auf die Brust – nicht zu viel! Dann klebt man mit dem anderen, vorher etwas angefeuchteten Ende das Zeichenplättchen darauf.

Um die Königinnen ihrem Geburtsjahr einheitlich auf der ganzen Welt zu zeichnen, wurden Jahresfarben (siehe oben) festgelegt. Es können auch entsprechend farbige Plättchen mit Nummern verwendet werden. Jahresfarbe und Nummerierung erleichtern den Überblick über Alter und Volkszugehörigkeit der Königinnen. Der Fachhandel bietet auch Zeichenstifte in den Jahresfarben an.

Jahr	Farbe
2010	blau
2011	weiß
2012	gelb
2013	rot
2014	grün
2015	blau
2016	weiß

Stille Umweiselung

Manchmal kann man bei einer Nachschau entdecken, dass sich in einem Volk anstelle der schön gezeichneten Königin eine ohne Plättchen befindet – das Volk hat still umgeweiselt, vom Imker unbemerkt. Entweder ging die vorherige Königin bei einem Eingriff verloren oder das Volk hat wegen irgendwelcher Mängel der Königin rechtzeitig Weiselzellen angesetzt. Oft kommt es dabei vor, dass die alte Königin nach der Begattung der jungen noch eine gewisse Zeit im Volk bleibt, bis sie irgendwann doch abgestochen wird.

In Jahren mit Schlechtwetterperioden im Juni ist die stille Umweiselung häufiger als bei entsprechend gutem Flugwetter zur Begattungszeit. Nicht nur ungenügende Begattung, auch Aufzuchtmängel führen in solchen Jahren zu stillen Umweiselungen, und dies oft noch im Spätsommer – meist erfolglos – oder im kommenden Jahr.

Die Betriebsweise mit den Dadant-Beuten

Im vorhergehenden Kapitel „Einfache Betriebsweise mit dem Magazin" wurden zu Beginn grundsätzliche Verrichtungen und Arbeiten dargelegt, die für eine optimale Versorgung von Bienenvölkern in Oberbehandlungsbeuten notwendig sind, um sie nicht nur am Leben zu erhalten, sondern auch so zu führen, dass sie dem Imker einen Ertrag in Aussicht stellen.

Bei der Betriebsweise mit den Dadant-Beuten kann vieles davon ohne Abstriche übernommen werden und hat auch hier seine Gültigkeit. Da sich bei diesen Beuten jedoch der Brutbereich des Volkes in der Regel auf einen Raum – dafür auf größere Waben – beschränkt, sind vielfach einfachere Möglichkeiten der Völkerführung zu beachten.

Vorbereitung der Völker auf die Überwinterung

Gut zu wissen

Intensive Bebrütung selbst dieser großen Waben führt dazu, dass nach zwei Jahren ein Austausch der Waben vorgenommen werden muss.

Völker in Dadant-Beuten, die das ganze Jahr über in einer Tracht gestanden haben, werden Mitte / Ende Juli Brutnester auf fünf bis sieben Waben aufweisen. Während in der Mitte der Beute das Brutnest auf der Wabe fast bis zu den Rähmchenleisten reicht, werden die Brutnestbereiche nach außen hin auf den Waben kleiner, dafür die Honig- und Pollenkränze größer. Die Randwaben (in der Regel vier bis fünf) sind mit Honig und Pollen gefüllt. Solche Waben bleiben das ganze Jahr über im Volk; es leidet auch bei Trachtlücken niemals Hunger.

Die Praxis der letzten Jahre macht deutlich, dass Völker auf älterem Wabenbau varroa- und krankheitsanfälliger sind. Es überwiegen die, die bereits im Herbst ausfallen oder den Winter nicht überstehen. Man könnte zwar jetzt einzelne, zu dunkle Waben aus dem Volk nehmen und gegen hellbraune austauschen, besser ist es jedoch, den gesamten Wabenbau zu erneuern. Dabei bewährt hat sich das Kunstschwarmverfahren.

Wabenerneuerung, Umweiselung und Varroabekämpfung – gleichzeitig durch das Kunstschwarmverfahren

Neben der Wabenerneuerung des Volkes liegt der Vorteil dieses Verfahrens darin, dass damit eine Umweiselung einhergehen kann und die Bienen des Schwarmes mit einem zugelassenen Varroa-Mittel behandelt werden können. Eine Belastung des Brutraumwabenmaterials erfolgt nicht.

Der richtige Zeitpunkt für das Kunstschwarmverfahren ist das Trachtende, in der Regel ab Mitte Juli bis Mitte August.

- Es sollte schnellstens angewendet werden, wenn beginnende Arbeiterinnenbrutschäden und massiver Varroabefall (Milbenbefall 1000 bis 2000 Milben / Tag) auftreten.
- Die Gefahr, dass solche Völker ausgeraubt werden und sich kahl fliegen, ist groß.
- Der Volkszusammenhalt ist nicht mehr gegeben, vor allem bei Königinnen mit nachlassender Weiselsubstanz.

Das Kunstschwarmverfahren beugt dem vor.

Anzustreben ist ein Gewicht des Kunstschwarmes von mindestens 2 kg Bienengewicht (ca. 20 000 Bienen) und eine annähernde Zusammensetzung von 1/3 Flug- und 2/3 Jungbienen. Dieses Gewicht des Schwarmes wird erreicht, wenn 11 mit Bienen voll besetzte Dadant-Waben abgekehrt werden. Wer sicher gehen will, kehrt die Bienen von 11 Dadant-Halbwaben dazu. Dabei ist es gleichgültig, ob sie vom abgekehrten Brutwabenvolk oder einem anderen Volk stammen. Da in solchen Völkern die Königin kaum – oder nur durch Zufall – gefunden wird, ist das Abkehren der Bienen über eine Vorrichtung sinnvoll.

Abstoßen der Bienen in eine Vorrichtung bei der Kunstschwarmbildung im Spätsommer.

Vorgehensweise

- In einem Magazin befindet sich eine Futterwabe, an der sich in einem Zusetzkäfig unter Futterteigverschluss die neue Königin befindet. Das Magazin wird in der Vorrichtung über ein Absperrgitter gestellt. Ein Lüftungsgitter und eine Abdeckplatte über diesem verschließt das Magazin nach oben.

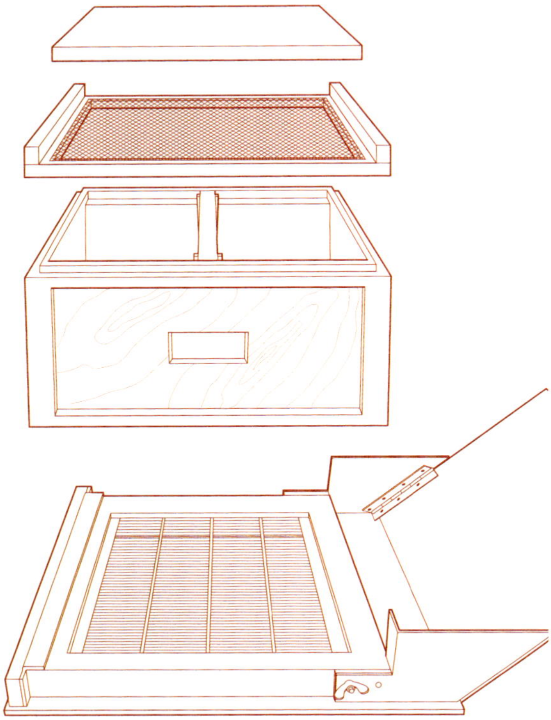

Vorrichtung zur Kunstschwarmbildung in ihren Einzelteilen.

Über das Lüftungsgitter werden die Bienen mit einem zugelassenen Varroabekämpfungsmittel beträufelt.

- Nach Abkehren oder Abstoßen der Bienen samt Königin über eine Blechrutsche laufen diese ins Dunkle und gelangen durch das Absperrgitter zur neuen Königin. Sie sammeln sich an der Futterwabe und am Lüftungsgitter. Die alte Königin aus dem abgekehrten Volk bleibt unter dem Absperrgitter und kann von dort abgefangen werden.
- Das Magazin mit dem Kunstschwarm erhält einen gereinigten Boden mit verschließbarem Flugloch. In Dunkelhaft im Freien oder in einem Raum werden die Bienen über das Lüftungsgitter mit einem zugelassenen Varroabekämpfungsmittel behandelt. Das Lüftungsgitter wird jetzt nicht mehr abgedeckt, um ein Verbrausen zu verhindern.
- Nach zwei Tagen sind die Bienen milbenfrei. Die Königin hat den Zusetzkäfig verlassen. Der Schwarm kann jetzt an seinem endgültigen Standort aufgestellt und mit ausgebauten Waben oder Mittelwänden versorgt werden. Auch das Einhängen nur von Mittelwänden führt zu guten Ergebnissen, wenn der Schwarm kräftig mit Flüssigfutter gefüttert wird.

Die noch gesunden Brutwaben des abgekehrten Volkes werden in einem Magazin gesammelt, mit einer alten Königin versorgt und am alten Standort des Volkes aufgestellt. Umherfliegende Bienen sammeln sich darin und sichern um diese Jahreszeit ein Schlüpfen der noch gesunden Brut.

Bienen von Brutwaben mehrerer aufgelöster Völker ergeben einen weiteren Kunstschwarm. Die alten, brutfreien Waben werden eingeschmolzen. Dabei ist auch an eine Erneuerung der Rähmchen zu denken.

Kunstschwarmbildung mit Absperrgitter und Bienenflucht

Manche Bienenfluchten sind so ausgebildet, dass sich unter der Fluchteinrichtung ein 4 bis 5 cm hoher Kasten befindet. In diesem sammeln sich die Bienen, die nicht mehr in die Honigaufsätze zurückkehren können. Das eingelegte Absperrgitter sorgt dafür, dass diese Bienen königinnenfrei sind.

Bienen mehrerer Völker aus solchen Bienenfluchtkästen können über einen Abkehrtrichter in ein Magazin mit Futterwabe und junger Königin im Ausfresskäfig abgestoßen werden.

Der so gebildete Schwarm erfährt eine Varroabehandlung ohne Waben in Dunkelhaft. Empfehlenswert ist eine Aufstellung an einem 1 bis 2 km vom ursprünglichen Standort der abgekehrten Bienen entfernten Platz. Ein Großteil der Flugbienen bleibt dem Schwarm erhalten und fördert die Entwicklung, ebenso wie eine reichliche Flüssigfuttergabe.

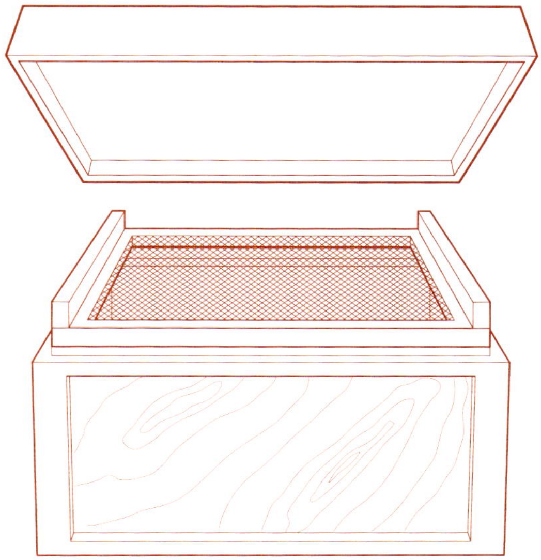

Das Lüftungsgitter ermöglicht durch seine 4 cm hohen Leisten ein Durchströmen der Luft bei geschlossenem Deckel.

Beim Abräumen der Völker nach Trachtende werden wir auch solche finden, in denen die Königin bei fehlendem Absperrgitter die mittleren Waben des Halbmagazins bebrütet hat. Diese Brutwaben bleiben im Halbmagazin auf das Brutraummagazin aufgesetzt. Sie werden in den Fütterungsvorgang des Volkes miteinbezogen und im Frühjahr unter das Brutraummagazin gesetzt. Darin befindliche Futterwaben wirken als Reizfütterung, denn die Bienen tragen das Futter um, es gehört für sie nicht dort hin.
Die Auffütterung sollte pro Volk mit 15 bis 20 kg Fertigfutter in der Futterzarge erfolgen. Eine Aufteilung in dreifache Futtergabe ist zu empfehlen.

Frühjahrsarbeiten: Volksaufbau – Erweiterung – Schwarmkontrolle – Honigentnahme – Kunstschwarmbildung

Auch bei den Dadant-Beuten wird es sinnvoll sein, im Frühjahr nach dem Reinigungsflug die Böden zu wechseln und zu säubern. Damit einhergehend wird eine Futterkontrolle durchgeführt. Sie wird zeigen, dass Völker mit 15 bis 20 kg gereichtem Winterfutter noch genügend Vorräte haben, sodass Nachfütterungen nicht notwendig sind.

Volksaufbau

Bei Völkern, die trotz genügender Futtergabe im Spätsommer oder Herbst jetzt im Frühjahr Futtermangel aufweisen, hat in der Regel eine stille Räuberei stattgefunden. Solche Völker sind nicht intakt. Entweder war die Varroabekämpfung wirkungslos, die Königin ist nicht leistungsfähig oder das Volk weisellos.

Futtergaben in Form von übrigen Futterwaben aus anderen Völkern oder eine Nachfütterung mit kristallisiertem Rapshonig kann zwar bei akutem Futtermangel Abhilfe schaffen, jedoch wird sich im Laufe des Frühjahrs zeigen, dass solche Völker in der Entwicklung nachhinken.

Ausgewinterte Völker in der Frankenbeute, Combi-Beute und Weissacher Dadant-Beute mit 5 bis 7 Brutwaben brauchen weder eingeengt noch nachgefüttert werden. Die im Volk befindlichen Futterwaben müssen nicht aufgeritzt werden. Kompakte Brutnester auf diesen großen Waben sorgen für ausreichenden Nachwuchs an Jungbienen. So bedarf es keines Eingriffs, auch keiner Erweiterung des Brutnestes oder gar eines Zwischenhängens von Leerwaben zwischen den Brutwaben.

Gut zu wissen

Bei nicht intakten Völkern haben wir Möglichkeiten: Entweder auflösen und mit anderen, nebenstehenden Völkern vereinigen oder für die Ablegerbildung reservieren, sofern die Völker weiselrichtig sind.

Einengen und Erweitern der Völker in der 12er-Dadant-Beute nach Hans Beer

Solche ausgewinterten Völker belagern in der Regel meistens 3 bis 5 Brutwaben. Am Rande befinden sich dann 2 bis 4 Futterwaben. Der Rest der Waben ist bienenleer.

Diese Waben werden entnommen. Das Volk wird eingeengt. Die Brutwaben bleiben beieinander. Am Rande werden links und rechts je eine Futterwabe angeschoben, sodass bei 5 Brutwaben und 2 Futterwaben ein Schied, das nicht bienendicht sein muss, als Abschluss angeschoben wird. Restliche Futterwaben bleiben außerhalb des Schiedes, bei Futtermangel sind sie für das Volk erreichbar.

Nach Hans Beer genügen die Bienen dieser Brutwaben, um aus Halbmagazinen über einem Absperrgitter einen guten Ertrag zu erzielen. Außerdem sammelt nach seinen Angaben das Bienenvolk nur die Menge an Blütenstaub, die es zur Ernährung der heranwachsenden Bienen auf diesen Brutwaben braucht. Eine nennenswerte Einlagerung findet nicht statt. Im Laufe des Jahres werden die Völker dann mit Mittelwänden erweitert.

Völkererweiterung in Franken- und Weissacher Dadant-Beute

Die Praxis der letzten Jahre hat gezeigt, dass bei diesen Beuten mit 11 Waben im Brutraum keine Einengung mit einem Schied notwendig ist. Ausgewinterte, nicht an Hunger leidende Völker und im Spätsommer gebildete Kunstschwärme werden bald 5 bis 7 Waben Brut haben. Nach Auslaufen dieser Brut sind die Wabengassen bis an die Beutenwände mit Bienen gefüllt.

Eine Erweiterung solcher Völker, vor allem nach Einsetzen der Rapstracht, ist notwendig. Dabei wird das Dadant-Halbmagazin in der Mitte mit 5 ausgebauten, nicht bebrüteten Waben und 6 Mittelwänden ausgestattet und aufgesetzt. Weitere aufzusetzende Halbrahmenmagazine können mit mehr oder vollständig mit Mittelwänden ausgestattet werden.

Über das Einlegen eines Absperrgitters zwischen Brutraum und Halbmagazin kann man streiten. Ich lasse es weg, weil ich dadurch erreiche, dass die sich nach und nach mit Honig füllenden Halbrahmen in den Wärmehaushalt des Brutraumes miteinbezogen werden. Der Reifungsprozess des Honigs erfährt keine Beeinträchtigung. Eingelegte Absperrgitter wirken bei weniger guten Trachten wie ein trennendes Schied zwischen Brut- und Honigraum.

Völkererweiterung in der Combi-Beute

Da diese Beute im Brutraum nur 10 Dadant-Blatt-Rahmen fasst, wird das Brutnest zu sehr eingeschränkt. Ob es die fehlende Mittelwabe oder eine zu geringe Brutraumwabenzahl ist, kann nicht gesagt werden.

Hier ist zunächst eine Erweiterung mit einem Zander- oder Langstrothmagazin ohne Absperrgitter notwendig. Das Brutnest wird sich in diese Magazine erstrecken. Halbrahmenaufsätze über diesen Zander- oder Langstrothmagazinen werden dann kaum bebrütet. Werden sie nicht aufgesetzt, kommt auch bei schwarmträgen Bienenrassen bald Schwarmstimmung auf oder die Waben der Halbrahmenmagazine werden bis zu den Beutenwänden bebrütet.

Schwarmkontrolle

Eine schwarmträge Biene, junge und leistungsfähige Königinnen in den Völkern und genügend Raum in Form von Waben zur Brutaufzucht werden die Schwarmstimmung in den Völkern nicht ausschließen, aber in Grenzen halten.

Wenn bei diesen Voraussetzungen 10% der Wirtschaftsvölker in Schwarmstimmung geraten, gibt eine Stichprobenkontrolle darüber Aufschluss, ob weitere Maßnahmen notwendig sind oder grundsätzlich an den Voraussetzungen einer schwarmlosen Betriebsweise gearbeitet werden muss.

Werden Weiselzellen gefunden, ist eine Durchsicht sämtlicher Brutwaben notwendig:

- Sind Weiselzellen mit Eiern oder kleinen Larven vorhanden, genügt es bei vielen Stämmen der Buckfast-Biene, diese Zellen auszubrechen, um die Schwarmstimmung zu beheben.
- Zusätzlich wirkt das Einhängen einer honigfeuchten Leerwabe an den Rand oder in das Brutnest im Juni / Juli schwarmhemmend.
- Die Königin, sofern sie noch leistungsfähig und nicht abgewirtschaftet ist, erhält Zellen zur Eiablage, was sich ebenfalls schwarmhemmend auswirkt.

Gut zu wissen

Bei der Kontrolle auf Schwarmstimmung in Dadant-Beuten brauchen nur einzelne Brutwaben des Volkes gezogen und auf das Vorhandensein von Weiselzellen untersucht werden. Finden sich keine davon auf vier Brutwaben, ist das Volk auch nicht in Schwarmstimmung.

- Bei Völkern in fortgeschrittener Schwarmstimmung (Weiselzelle bereits gedeckelt oder vor der Verdeckelung) wird die Königin entnommen, alle Weiselzellen ausgebrochen und umgeweiselt.

Auch die gelegentliche Annahme eines Schwarmes sollte in Betracht gezogen werden. Ein Schwarm aus Dadant-Beuten wiegt nicht selten 3 kg und mehr. Fällt dieser Ende Mai / Anfang Juni an, kann mit ihm noch ein leistungsfähiges Volk für spätere Trachten aufgebaut werden.

Honigentnahme mithilfe der Bienenflucht

Der Einsatz der Bienenflucht zwischen Brut- und Honigraum bewirkt, dass sich im Honigraum befindliche Bienen diesen verlassen, aber nicht mehr zurück gelangen können. So erhält man etwa 24 Stunden nach Einsetzen der Bienenflucht bienenleere Honigwaben. Das mühevolle Abstoßen und Abkehren entfällt. Dafür weisen diese Honigwaben nicht mehr die Temperatur von 35 °C auf. Im Schleuderraum müssen sie in der Regel dann vor dem Schleudern wieder erwärmt werden.

Das Einlegen von Bienenfluchten bewährt sich nicht, wenn die Honigräume mit schnell kristallisierendem Honig (Rapshonig) gefüllt sind. Durch den fehlenden Bienenbesatz und damit der fehlenden Wärme wird der Honig bereits in den Waben kristallisieren – vor allem dann, wenn die Honigaufsätze erst zwei bis drei Tage nach Einlegen der Bienenflucht abgenommen werden.

Gesunder, heller Wabenbau in einem Kunstschwarm vom Frühjahr. Er garantiert gesunde Völker.

Kunstschwarmbildung im Frühjahr

Sichere Honigernten führen in manchen Imkereien, denen der Markt für gewinnbringenden Verkauf fehlt, zu immer mehr Völkerreduzierung. Als Ausgleich dazu kann sich der Verkauf von Kunstschwärmen eröffnen, vor allem nach größeren Völkerverlusten in manchen Jahren.

Kunstschwarmbildung im Frühjahr kann auch dann angewandt werden wenn, nach massiver Varroabehandlung im Spätsommer und Herbst, Völker mit nicht belasteten Brutwaben angestrebt werden.

Ein Kunstschwarm – auch im Frühjahr – sollte ein Bienengewicht von mindestens 2 bis 3 kg aufweisen, nicht hauptsächlich aus überwinterten Winterbienen bestehen, sondern auch einen hohen Anteil an Jungbienen aufweisen. Sichtbar ist dies, wenn größere Brutflächen geschlüpft sind. Belagert ein Bienenvolk 11 Dadant Brutraumwaben mit Bienen, wird das geforderte Bienengewicht ohne Weiteres erreicht.

Ein Kunstschwarm mit 2 bis 3 kg Bienengewicht in der Franken-Beute. Ein Teil der Bienen hängt am Lüftungsgitter, das zum Transport aufgelegt wird.

Die Bienen werden jetzt über einen Abkehrtrichter entweder gleich in die aufzunehmende Beute oder in einen entsprechenden Schwarmkasten abgekehrt, ohne die leistungsfähige Königin (meistens aus dem Jahr vorher) zu suchen. Die Brutwaben der abgekehrten Völker werden auf andere Völker verteilt.

Sollte der Kunstschwarm über weitere Strecken transportiert werden, so ist die Beute oder der Schwarmkasten genügend zu belüften. Am Aufstellungsort erhält der Kasten 3 bis 5 ausgebaute Waben; der Rest besteht aus Mittelwänden. Bei Trachtlosigkeit ist die Gabe von Futterwaben oder Flüssigfütterung notwendig.

Vorteile des Kunstschwarmverfahrens im Frühjahr

Für den Käufer:

- keine oder geringe Futterkosten;
- kein Varroabehandlungsrisiko;
- kein Überwinterungsrisiko;
- kein Schwarmrisiko bei jungen Königinnen;
- zur Raps- und Blütentracht ein trachtreifes Volk.

Kunstschwarmbildung direkt in einem Transportkasten.

Abkehren der Bienen über einem Trichter.

Für den Verkäufer:

- Eine sichere Einnahmequelle: Kunstschwärme mit 2 kg Bienen werden mit 80 bis 100 Euro gehandelt.
- Durch die verteilten Brutwaben auf andere Völker eine Verstärkung dieser und damit die Grundlage für Ableger.
- Beim Vergleich mit Völkerverkauf keine Investitionen für Rähmchen und Mittelwände.

Die Betriebsweise mit dem Mini-Plus-Begattungskästchen

Zum Füllen des Kästchens werden bei 6 Dadant-¼-Waben die Bienen von 2 Dadant-Brutwaben, bei 6 Dadant-½-Waben die Bienen von 4 Dadant-Brutwaben benötigt. Die Füllung erfolgt über Abkehren der Bienen über einem Abkehrtrichter. Die sechs Rähmchen sind mit Mittelwänden versehen worden.

In der Mitte des Kästchens ist die unbegattete Königin in einem Zusatzkäfig unter Zuckerteigverschluss an einem Rähmchen auf eine Art befestigt, dass der Käfig hängen bleibt. Durchsichtige Abdeckfolie und Deckel bilden den Abschluss.

Das so gefüllte Kästchen, in dem die Futterkammer mit Zuckerteig voll, das Flugloch verschlossen und das Lüftungsgitter offen ist, wird auf den Boden gesetzt. Eine zweitägige Dunkelhaft fördert die Zusammengehörigkeit des Völkchens.

Aufstellen

Nach der Dunkelhaft werden die Kästchen an windgeschützten Stellen auf einer Unterlage aufgestellt. Dies hat spät abends zu geschehen, da dann nur einige Bienen das Kästchen verlassen und bei geöffnetem Flugloch über die Nacht eine weitere Beruhigung eintritt.

Vorteilhaft ist es jedenfalls, wenn das Kästchen 1 bis 2 km von dem die Bienen liefernden Standort stehen kann. Flugbienen bleiben erhalten. Bei einer kurzen Nachschau wird nach weiteren zwei Tagen geprüft, ob die Königin den Zusatzkäfig verlassen konnte und noch vorhanden ist. Andernfalls kann nachgeweiselt oder das Völkchen aufgelöst werden.

Bei weiselrichtigem Völkchen wird bei dieser Nachschau das Lüftungsgitter im Boden mit der Deckplatte geschlossen. Wenn die Futterkammer vollständig mit Futterteig gefüllt ist, reicht dieser etwa eine Woche. Intakte Völkchen haben bereits mit dem Ausbau der Mittelwände begonnen.

Tipp
Die Kästchen sind reichlich zu füllen, da ein gewisser Verflug einkalkuliert werden muss.

Erneutes Beweiseln, Erweitern, Einfüttern

Je nach Witterung, im Juni / Juli, werden die Königinnen dieser Kästchen nach rund zwei Wochen begattet und in Eiablage gegangen sein. Ist keine Prüfung der Nachkommenschaft vorgesehen, können diese Königinnen zur Umweiselung, für Ableger oder für Kunstschwärme Verwendung finden.

Jetzt empfiehlt sich eine erneute Beweiselung mit einer schlüpfreifen Weiselzelle; dies muss nicht unbedingt sofort nach Entnahme der

Brutwaben Dadant 1/4 im Mini-Plus.

begatteten Königinnen geschehen. Erfolgt das Einhängen der Weiselzelle ein paar Tage später, so ist es ratsam, die bereits angezogenen Weiselzellen auszubrechen.

Auch auf die weitere Futterversorgung ist zu achten. Ein Austausch des Bodens gegen einen mit gefüllter Futterkammer ist schnell durchführbar.

Gut mit Futter versorgte Völkchen und eine vollwertige Königin haben bewirkt, dass sämtliche Rähmchen ausgebaut, bebrütet und auch die entsprechenden Futterkränze angelegt sind.

Eine Erweiterung mit Leerwaben oder Mittelwänden wird notwendig sein, wobei entweder Dadant-¼- oder Dadant-½-hoch-Waben infrage kommen können – gleich, mit welchem Rähmchenmaß das Völkchen gebildet wurde.

Zur Einwinterung ist eine Flüssigfütterung mit etwa 6 kg Zucker notwendig. Dieses kann in der Futterkammer des Bodens, jedoch ausgestattet mit Holzleisten als Schwimmer, gereicht werden. Einfacher ist, das Futter in einer Futterzarge zu reichen.

Gut zu wissen

Die Erweiterung mit ganzen Magazinen erfolgt immer nach oben. Werden die Völkchen eingewintert, so ist immer eine Stärke von mindestens zwei Magazinen anzustreben. Eine Erweiterung kann auch mit weisellosen oder mit solchen Völkchen vorgenommen werden, deren Königinnen anderweitig verwendet wurden.

Kunstschwarmbildung, Aufteilung zur erneuten Beweiselung

Ausgewinterte Mini-Plus-Völkchen erhalten bereits im März nach einem Reinigungsflug Futterteig über die Futterkammer – noch besser eignet sich kristallisierten Rapshonig. Sie sind dann Ende April so erstarkt, dass sie erweitert, aufgeteilt oder durch Bildung von Kunstschwärmen geschröpft werden müssen.

Die Waben des Völkchens, das die Königin für den Kunstschwarm geliefert hat, werden auf die anderen Völker aufgeteilt, die so geschwächt wurden, dass eine Hand voll Bienen mit Königin zurückbleibt (eine Wabe voll). Jetzt bekommen sie einen neuen, etwa 20 m weit entfernten Standort. Der Kunstschwarm in der Dadant-Beute bleibt in unmittelbarer Nähe des Standorts der Völkchen – er erhält somit sämtliche Flugbienen. Brutnester mit Brut in jedem Stadium auf drei bis vier Waben in jedem Völkchen bewirken ein rasches Erstarken, auch wenn der Kunstschwarm in der Dadant-Beute die Flugbienen hat.

Ende Mai / Anfang Juni kann dieser Vorgang der Kunstschwarmbildung wiederholt werden. Stehen um diese Zeit bereits schlüpfreife Weiselzellen zur Verfügung, können diese Völkchen aufgeteilt und als Begattungsvölkchen wieder verwendet werden.

Tipp

Bienen von 3 bis 4 Völkchen auf jeweils 6 Dadant-½-hoch-Waben, ergeben einen Kunstschwarm von 2 bis 2,5 kg Bienen. Mit einer leistungsfähigen Königin auf 8 Mittelwänden und 3 Futterwaben ergibt solch ein Kunstschwarm Mitte Juni ein Trachtvolk.

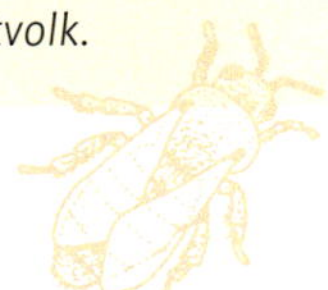

Fluglochbeobachtungen

Jeder Eingriff in ein Bienenvolk bedeutet eine Störung. Der Anfänger muss daher lernen, den Zustand der Völker und außergewöhnliche Vorkommnisse bereits am Verhalten der Bienen am Flugloch festzustellen. Eine Inspektion oder eine Nachschau in ein Bienenvolk beginnt demnach stets mit einer Beobachtung am Flugloch.

Sich orientierende Jungbienen beim ersten Trachtflug.

Intaktes Volk

Die Flugintensität gibt über die Volksstärke und Zusammensetzung des Volkes Aufschluss. Starke Völker, die 30 Zander-Waben mit Bienen belagern und eine natürliche Zusammensetzung von einem Drittel Flugbienen und zwei Drittel Jungbienen aufweisen, werden intensiveren Flugbetrieb zeigen als Ableger, die 4 bis 8 Waben mit Bienen belagern und womöglich nur aus Jungbienen bestehen. Bei solchen Ablegern kann es zwei bis drei Tage dauern, bis normaler Flugbetrieb einsetzt.

Normalerweise verhalten sich bei Flugwetter (Außentemperaturen ab etwa 12 °C im Schatten) die an- und wegfliegenden Bienen am Flugloch ohne Hektik.

- Bienen, die sich auf Trachtflug begeben, verlassen von der Flugöffnung aus sofort die Beute.
- Vom Trachtflug heimkehrende Bienen, die Nektar, Honigtau, Wasser und auch Blütenstaub mitbringen, lassen sich schwer beladen auf den Anflugbrettern nieder. Nach anstrengendem Trachtflug werden solche Bienen kurzzeitig vor dem Verschwinden in den Flugöffnungen verweilen, um durch Pumpbewegungen wieder den nötigen Sauerstoff aufzunehmen. Die Wächterbienen lassen sie dann ohne Weiteres passieren.
- Sterzelnde, fächelnde und die Duftdrüse zeigende Bienen signalisieren ein arbeitendes Volk, wobei dieses Erscheinungsbild nach einem

guten Trachttag bis in die Nachtstunden anhält. Von solchen Völkern geht auch ein wohlriechender Honigduft aus.

- Setzt um die Mittagszeit verstärkter Flug von Jungbienen ein, handelt es sich um solche, die zum ersten Mal ausfliegen. Sie führen vor der Beute über längere Zeit kreisende Flugbewegungen aus, mit immer größer werdendem Radius. Dabei orientieren sie sich, prägen sich die Flugfront der Beute und ihre Umgebung ein.
- Bei Völkern, die nach einer Wanderung neu aufgestellt worden sind, können diese Orientierungsflüge ein bis zwei Tage dauern. Auch Drohnen verhalten sich so.
- Regungslos in Klumpen oder in einer Traube am Flugloch sich befindende Bienen weisen auf eine überhitzte Beute, auf Platzmangel, Trachtlosigkeit oder auch auf einen starken Fremdgeruch etwa durch Ameisensäurebehandlung in der Beute hin.

Weiselloses Volk

Der plötzliche Verlust der Königin, etwa nach einem Eingriff ins Volk, macht sich bereits nach einer halben Stunde am Flugloch bemerkbar. Ziellos umherlaufende, suchende Bienen in Fluglochnähe und an der Beutenwand deuten die schlagartig einsetzende Weisellosigkeit an.

Intensiver Flugbetrieb wird dann sehr oft eingestellt, wobei auch die Wächterbienen zusehends abnehmen. Bei Trachtlosigkeit werden solche Völker nicht selten ausgeraubt.

Gut zu wissen

Wenn sich die Weisellosigkeit an Tagen ohne Flugbetrieb einstellt, ist ein Heulton der suchenden Bienen nicht zu überhören. Eine Normalisierung stellt sich erst wieder ein, wenn das Volk Nachschaffungszellen angesetzt hat – meist nach ein bis zwei Tagen.

Hungerleidendes Volk

Es wird auch an guten Trachttagen kaum Flugbetrieb aufweisen, da die Bienen sehr sparsam mit eventuell noch vorhandenem Futter in Form von Honig oder Winterfutter umgehen. Verstärkt einsetzender Totenfall am Flugbrett deutet das Ende des Volkes an.

Beraubtes Volk

Intensiv ein- und ausfliegende Bienen lassen zunächst auf starken Trachtflug schließen. Bei genauerem Hinsehen wird man aber bald feststellen, dass sie sich sehr aufgeregt benehmen und im Anflug wie Räuber verhalten.

- Die anfliegenden Bienen geben deutlich zu erkennen, dass sie nicht zum Volk gehören, da sie den Wächterbienen am Flugloch aus dem Wege gehen und jede sich bietende Gelegenheit suchen, in die Beute einzudringen.
- Manchmal gelingt dies durch eine Öffnung an einem nicht ganz verschlossenen Deckel, durch einen nicht mehr dicht schließenden Boden oder auch durch eine beschädigte Zarge ohne Falz.
- Da sich starke Völker gegen eine Räuberei wehren, kommt es anfangs zu Kämpfen zwischen Räubern und Wächterbienen. Verstärkter Totenfall vor der Beute ist ein deutliches Zeichen einer Räuberei.

- Abfliegende Bienen verlassen so schnell sie nur können das Flugbrett der beraubten Völker. Sie verhalten sich fast so, als hätten sie etwas Unrechtes getan.
- Raubbienen verlieren alsbald ihr Haarkleid, sodass sie durch ihren glatten, fast schwarzen Körper auffallen.
- Beraubte Völker stellen nach und nach den Pollentrachtflug ein. Das soziale Verhalten des Volkes ist gestört.
- Da raubende Bienen oft den Wabenbau zerstören und Wachsdeckel von Futter- oder Honigwaben entfernen, wird Gemüll durch intensiven Flug nach außen getragen. Es zeigt sich am Flugloch oder in der Nähe der Beute.
- Beraubte Völker werden bis in die Nachtstunden beflogen.

Raubendes Volk

Es zeichnet sich durch intensiven Flug aus, der auch in trachtloser Zeit bis in die Nachtstunden anhält.

- Heimkehrende, mit Pollenhöschen beladene Bienen sind sehr selten oder fehlen gänzlich.
- Während andere am Standort befindliche Völker längst den Flug eingestellt haben, wird ein raubendes Volk so lange die vermeintliche „Trachtquelle“ anfliegen, bis sie versiegt.
- Raubende Völker werden als erste am Morgen den Flugbetrieb wieder aufnehmen.

Gut zu wissen

Nicht selten werden durch ein raubendes Volk auch andere Völker veranlasst, mitzurauben.

Krankes Volk

Eine endgültige Diagnose über die Krankheiten eines Bienenvolkes wird allein durch Flugbeobachtungen nicht zu stellen sein. Anzeichen und Verdachtsmomente sind jedoch in vielen Fällen bereits am Flugloch zu erkennen. Solche Beobachtungen sind in den Spätsommermonaten, vor allem zur Einfütterungszeit, zu machen.

- Nosema und auch Ruhr machen sich durch wässrige, hellbraune Kotflecken an Flugbrettern, Beutenwänden und Deckeln und durch flugunfähige, krabbelnde Bienen bemerkbar.
- Solche eindeutig kranke Bienen gehören auch zum Erscheinungsbild der Tracheenmilbe.
- Kalkbrutbefallene Völker machen sich durch herausgetragene mumifizierte, gelblich bis weiße Larven bemerkbar, vor allem in den Morgenstunden.
- Bei stark von der Varroa-Milbe befallenen Völkern verhalten sich die Wächterbienen am Flugloch, als müssten sie dauernd raubende Eindringlinge abwehren– obwohl es sich um Bienen des eigenen Volkes handelt. Gegenseitiges Beschnuppern, das Abwehren anfliegender Bienen und der Kampf mehrerer Bienen untereinander machen deutlich, dass das soziale Verhalten gestört ist. Wenn sich die einzelnen Bienen beschnuppern, wobei manche Bienen sehr still halten,

wird man den Eindruck nicht los, dass die Bienen sich gegenseitig helfen wollen.

- Am auffälligsten zeigt sich am Flugloch die Schwarzsucht an Völkern in Tannentrachtgebieten. Haufen- und klumpenweise sammeln sich selbst bei guter Tracht und Flugwetter haarlose Flugbienen auf Flugbrettern, Beutenwänden und auch sehr oft im Gras vor der Flugfront. Sie bewegen sich kaum, zittern mit den Flügeln, sind flugunfähig und gehen ein. Zunehmender Totenfall vor der Beute zeigt den Zusammenbruch der Völker an, wenn sie nicht sofort in Gegenden ohne Tannentracht verbracht werden.
- Die bösartige Faulbrut ist am Flugloch höchstens durch einen leicht fußschweißähnlichen Geruch festzustellen, aber nur für eine empfindliche Nase. Faulbrutkranke Völker fallen dem aufmerksamen Beobachter durch abnehmenden Flugbetrieb auf, da ihre Volksstärke absinkt.

Gut zu wissen

All diese Beobachtungen können auch andere Ursachen haben. Nur dem Imker, der seine Völker genau kennt, über längere Zeit intensiv beobachtet und dadurch Vergleiche ziehen kann, sind Feststellungen möglich, die genauer auf das Problem hinweisen.

Vergiftungen durch Pflanzenschutzmaßnahmen

Schlagartig einsetzender, massiver Totenfall am Flugloch lässt den Verdacht aufkommen, dass die Bienen nicht auf eine natürliche Art und Weise umgekommen sind. Bei starken Völkern und Vergiftungen durch ein Kontaktgift bleibt der Totenfall nicht auf den unmittelbaren Bereich der Flugfront beschränkt, er wird sich auf ein Areal von 10 bis 20 m vor den Beuten ausdehnen.

Da manche Gifte nicht schlagartig wirken, sind auch Bienen anzutreffen, die sich im Todeskampf befinden. Sie liegen auf dem Rücken und versuchen mit verkrampften Schwirrbewegungen aufzufliegen.

Bienen mit herausgestrecktem Rüssel können ebenso ein Indiz für eine Vergiftung sein wie flugunfähige, umherkrabbelnde und sich an Grashalmen festhaltende Bienen. Oft erstreckt sich dieses Bild über Tage.

An Luftnot leidende Völker

Bei zu engen Flugöffnungen sieht man an guten Trachttagen oft bis zu hundert Bienen fächelnd vor der Beute auf den Anflugbrettern stehen. Meist hängt dies mit zu kleinen Öffnungen zusammen, durch die die überschüssige Feuchtigkeit herausventiliert werden muss. In den Sommermonaten wird durch diesen Luftstrom, der sich von innen nach außen bewegt, eine zusätzliche Kühlung des Beuteninneren bewirkt.

An Luftnot leidende Völker, hervorgerufen durch einen Verschluss des Flugloches bei einer Wanderung oder durch andere Umstände, erkennt man an den aus der Öffnung massenhaft herausquellenden Bienen, die oft die ganze Beutenwand bedecken. Erst nach Stunden tritt wieder eine Normalisierung des Verhaltens der Bienen ein.

Gut zu wissen

Wenn Völker an Luftnot und Überhitzung verbrausen, zeigt sich dies am Flugloch durch geschmolzenen Wabenbau, der mit Honig und toten Bienen vermischt ist.

Im Winter

Verglichen mit den Sommermonaten spielen sich im Winter am Flugloch kaum Aktivitäten ab. Dennoch wird dem aufmerksamen Beobachter auffallen, dass trotz der Kälte einzelne Bienen abfliegen, aber nicht mehr zurückkehren. Sie sind krank und altersschwach und gehen außerhalb der Beute ein.

Zeigt sich vermehrt Gemüll, vermischt mit toten Bienen und Wabenteilen, ist dies ein deutliches Zeichen für eine Maus in der Beute. Handelt es sich um eine Spitzmaus, so fehlen Wachsteile. An den übrig gelassenen Flügeln und Beinen lässt sich erkennen, dass Mäuse nur den Körper der toten Bienen bevorzugen.

Nach einer längeren Winterpause ist nicht nur verstärktes und deutlich sichtbares Abkoten beim Reinigungsflug festzustellen. Auch ein sich Neuorientieren und Einfliegen findet statt, denn bei länger anhaltenden Flugpausen leidet die Orientierungsfähigkeit der Bienen.

Wanderung und Tracht

Obwohl diese betriebstechnische Maßnahme der Wanderung überwiegend in größeren Imkereien notwendig ist und daher einkalkuliert werden muss, wird auch der Anfänger gleich beim Aufbau seiner Bienenhaltung damit konfrontiert. Er wird sehr oft erkennen, dass aus bestimmten Gründen Bienenvölker verstellt werden müssen, und sei es nur, weil am bisherigen, vielleicht festen Standplatz Arbeiten oder Änderungen vorgenommen werden.

In größeren Betrieben ab 15 bis 20 Wirtschaftsvölkern kennen wir Wanderungen, die dem Volksaufbau dienen, so zum Beispiel gleich im Frühjahr zur Verbesserung der Blütenstaubversorgung in die Hasel- und Weidenblüte.

Wanderung

Vor jeder Wanderung ist zunächst einmal der Wanderplatz auszusuchen und zu sichern. Für die Aufstellung des Bienenvolkes sind die nachfolgend behandelten Punkte (siehe „Voraussetzungen für eine gesicherte Bestäubung") zu beachten. Im Übrigen gelten die Regeln des bienengemäßen Standorts und, nicht zu vergessen, die einschlägigen Rechtsbestimmungen (siehe „Rechtliche Vorschriften und Verordnungen"). Vorherige Vereinbarungen, auch über die Platzmiete, tragen wesentlich dazu bei, für beide Seiten unangenehme Überraschungen zu vermeiden.

Gut zu wissen

Überwiegend werden Wanderungen zur Erzielung besserer Honigernten durchgeführt. Blühende Rapsfelder, Fichten- und Tannenwälder und Kastanienwälder sind begehrte Wanderziele.

Die richtigen Papiere

Vor jeder Wanderung sind die Vorschriften der Bienenseuchen-Verordnung in der Bundesrepublik zu beachten. Danach muss am neuen Aufstellungsort der Nachweis erbracht werden, dass die Völker frei

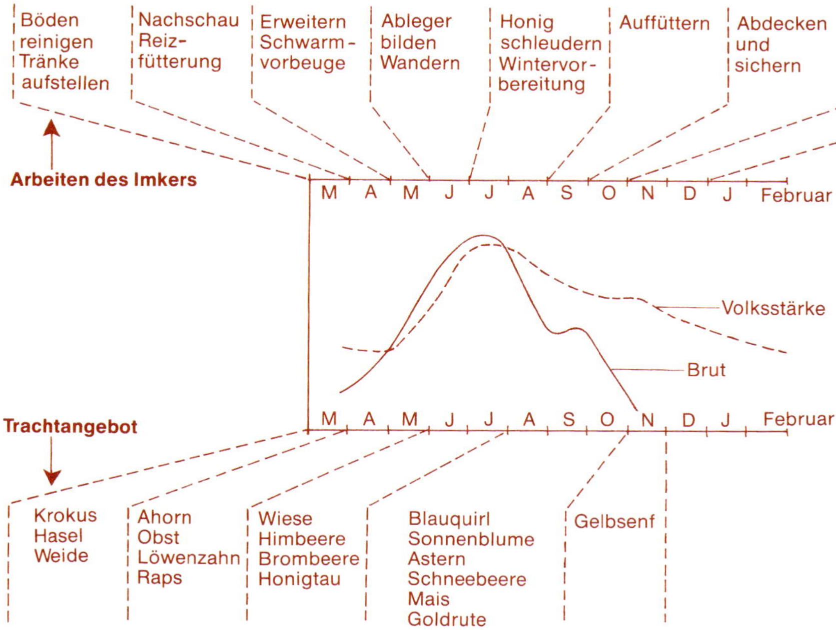

Volks- und Brutkurve im Jahresverlauf. Dazu die Arbeiten des Imkers und das Trachtangebot (vereinfacht).

von anzeigepflichtigen Bienenseuchen sind und nicht aus Beobachtungs- oder Sperrgebieten stammen, die wegen des Auftretens solcher Seuchen gebildet werden müssen. In Baden-Württemberg werden von den Bienensachverständigen entsprechende Gesundheitszeugnisse ausgestellt.

Transport

Das Verbringen oder Verstellen und Transportieren wird in der Regel dann erfolgen, wenn sämtliche Flugbienen in der Beute sind. Das heißt nichts anderes, als dass die Flugöffnungen erst nach Einstellen des Bienenfluges geschlossen werden können. Der Transport kann gleich anschließend erfolgen oder erst am kommenden Morgen. In diesem Fall muss man unbedingt für eine ausreichende Belüftung des Bienensitzes sorgen. Nicht selten sind bei Missachtung dieser Forderung die besten Völker erstickt.

Der Transport erfolgt mit Kraftfahrzeugen, sei es ein Pkw mit Anhänger, ein Lieferwagen oder ein Lastkraftwagen. Be- und entladen sollte man zu zweit, nicht nur wegen der aufzubringenden Kraft, sondern auch wegen der Unfallgefahr.

Gut zu wissen

Die Fluglöcher werden am neuen Standplatz erst geöffnet, wenn alle Völker stehen und alles aufgeräumt ist. Bei Wanderung an heißen Tagen wirkt ein Stoß Wasser in die Fluglöcher kühlend und verhindert, dass Völker verbrausen.

Wanderplatz mit 17 Zander-Beuten im Wald.

Verstellen von Völkern

Aus verschiedenen Gründen ist es oft notwendig, dass Bienenvölker den Standort wechseln müssen. Ist dies in den Sommermonaten bei Flugbetrieb erforderlich, so sind gewisse Vorkehrungen zu treffen, damit es zu keinen größeren Flugbienenverlusten kommt.

Verbringen auf ein anderes Grundstück

Sind solche Grundstücke 3 km oder mehr vom bisherigen Standort entfernt, können die Völker meist ohne Flugbienenverluste verstellt werden. Die Bienen werden nur dann zurückfliegen, wenn eine länger anhaltende Tracht am neuen Standort bereits zuvor von den Völkern beflogen wurde, weil am alten Standort Trachtlosigkeit herrschte. In Raps- und Waldtrachtgegenden ist dies manchmal der Fall.

Tipp
Ein Ableger am alten Standort wird die zurückkehrenden Flugbienen aufnehmen.

Ein Verbringen von Völkern auf Grundstücken bis zu 1 km Entfernung ist ohne Flugbienenverluste kaum möglich, da man sich mit den Völkern dann nur innerhalb des normalen Flugbereiches der Bienen bewegt, es sei denn, man verstellt die Völker erst nach längerer Flugpause, etwa nach der Winterruhe, wobei darauf zu achten ist, dass die Völker zuvor auf jeden Fall einen Reinigungsflug hinter sich haben.

Schwieriger ist die Entscheidung, wenn Völker auf Standorte in einer Entfernung von 1 bis 3 km vom alten Standplatz verbracht werden sollen. Bietet im Frühjahr die Natur im unmittelbaren Umkreis von einigen hundert Metern am neuen Standplatz gute Tracht, so wird ein Verstellen mit wenig Flugbienenverlusten zu bewerkstelligen sein.

Dagegen sind in den Sommer- und Herbstmonaten, womöglich bei Trachtlosigkeit, Flugbienenverluste größeren Ausmaßes nicht zu vermeiden. Sollte in dieser Zeit ein Verstellen unumgänglich sein, ist es unbedingt erforderlich, ein Volk oder einen Ableger am bisherigen Standort zurückzulassen.

Verstellen auf dem gleichen Grundstück

Wenn es sich um einzelne oder in Reihe aufgestellte Völker handelt, so kann man sie unter Beibehaltung der Flugrichtung ohne Weiteres um 0,5 bis 1 m verrücken, sofern die Umgebung prägende Markierungen wie etwa ein Strauch erhalten bleiben. Die Flugbienen werden eine solche unwesentliche Veränderung zum größten Teil kaum wahrnehmen und in ihr Volk zurückkehren.

- Anders verhält es sich, wenn dabei andere Flugrichtungen gewählt werden sollen. Eine leichte Drehung um 45° ist sicher nicht nachteilig. Weitere Drehungen, womöglich um 180°, dürfen nicht vorgenommen werden. Die Flugbienen würden tagelang am alten Platz das Flugloch suchen und viele gingen dabei verloren.
- Ein Verstellen von Völkern über Entfernungen von mehr als einem Meter bei gleicher oder veränderter Flugrichtung ist in den Sommermonaten ohne Flugbienenverluste kaum durchführbar. Dieser Fall kann dann gegeben sein, wenn etwa als Ersatz für baufällige Bienenstände neue auf dem gleichen Grundstück errichtet werden.

Ein Zwischenverstellen erbringt einen Ausweg. Die Völker werden dabei über eine Zeitdauer von drei bis vier Wochen vorübergehend auf ein 2 bis 3 km entferntes Grundstück verbracht. Die Flugbienen orientieren sich am neuen Standort.

Beim Zurückverlegen auf den neuen Platz im alten Grundstück sind infolge ihrer kurzen Lebensdauer von vier Wochen kaum noch Flugbienen am Leben, die die alte Umgebung kennen. So sind Flugbienenverluste praktisch ausgeschlossen. Dieses Verfahren kann auch angewendet werden, wenn Völker auf andere, rund 100 m entfernte Grundstücke verbracht werden sollen.

Ein Verstellen über kurze Entfernungen ist problemlos nach Eintreten der Winterruhe durchzuführen, da die Bienen in der fluglosen Zeit die Orientierung zum alten Standort verlieren. Man wird dazu je nach Witterung die Zeit ab Mitte November benutzen. Dabei ist ein vorsichtiges Transportieren ist zu empfehlen, um die Futteraufnahme möglichst gering zu halten.

Gut zu wissen

Ist ein Verstellen zum Zeitpunkt der zu Ende gehenden Winterruhe – Februar / März – notwendig, sollten die Völker zuvor unbedingt einen Reinigungsflug hinter sich haben, damit es zu keiner Erkrankung an Ruhr kommen kann.

Trachtpflanzen, Trachtquellen

Trotz ausgereifter Betriebsweise, guter, brauchbarer Bienen und imkerlichen Könnens wird eine erfolgreiche Bienenhaltung nur möglich sein, wenn die Natur lebensnotwendige und Ertrag versprechende Stoffe in Form von Nektar, Honigtau und Blütenstaub in genügendem Maße bietet.

Ist dies der Fall, so spricht man von einer Tracht. Sie ist am wirkungsvollsten, wenn sie in den Frühjahrs-, Sommer- und Herbstmonaten ineinander übergehend anhält. Eine der Voraussetzungen ist, dass genügend Trachtpflanzen im Flugbereich der Völker vorhanden sind. So können der Imker, der Gartenbesitzer, die Städte und Gemeinden und nicht zuletzt der Landwirt das Nahrungsangebot der Bienenvölker wesentlich durch Anpflanzen entsprechender Trachtgewächse beeinflussen.

Im Folgenden kann nur ein kleiner Abriss der verschiedenen Trachtquellen und der Möglichkeiten zur Verbesserung der Bienenweide gegeben werden. Besonderes Augenmerk wird auf den Hausgarten und die landwirtschaftlich genutzten Flächen gelegt. Unterschieden wird nach Frühjahrs-, Sommer- und Herbsttrachtpflanzen, wobei die Übergänge selbstverständlich fließend sind.

Honigtau saugende Biene an der Fichtenquirlschildlaus.

Frühjahrstracht

Krokus. Die ersten von den Bienen intensiv beflogenen Pollenspender sind die etwa zwei Wochen lang blühenden Krokusse, die – endlich! – mit leuchtenden Farben den Rasen und die Vorgärten zieren. Im gepflegten Rasen haben sie einen Nachteil: Gemäht werden kann erst, wenn die nach der Blüte erscheinenden Blätter verdorrt sind, anderenfalls erhält die Zwiebel keine Nährstoffe mehr. Der Krokus verschwindet dann. Aber man kann ihn ja auch an den Beetrand setzen.

Der **Haselstrauch** ist zwar ein Windblütler, jedoch in den Jahren, wo vor und während der Blüte keine Nachtfröste mehr auftreten, höseln die Bienen intensiv an den Kätzchen. Mit seiner dichten Belaubung bietet er in den Sommermonaten im Hausgarten den dort aufgestellten Bienenvölkern Schatten. Die Frucht dieses Strauches, die Haselnuss, ist nicht zu verachten.

Die **Weiden**, und zwar die männlichen Exemplare, sind jetzt die wichtigsten Pollenspender. Sie sind zweihäusig, das heißt, männliche und weibliche Blüten befinden sich getrennt auf verschiedenen Pflanzen. Manche im Wald in Kahlschlägen heranwachsenden weiblichen Pflanzen werden auch beflogen, weil sie Nektar spenden.

Zur Gattung Weide gehören eine Vielzahl von Arten. Bekannt sind die sehr früh blühende Küblerweide und die Salweide. Die blühenden Kätzchen der Weiden werden intensiv beflogen, sodass eigentlich in keinem Hausgarten ein solcher Strauch oder Baum fehlen dürfte. Weiden sind anspruchslos, brauchen aber zum Anwachsen viel Feuchtigkeit.

Gut zu wissen

Bei günstig gelegenen Grundstücken ist ein Zaun aus Weiden eine für Bienen ideale Abgrenzung. Weiden können sehr leicht über Stecklinge vermehrt werden: Nach der Blüte schneidet man von den Sträuchern etwa 25 cm lange Abschnitte mit 4 bis 5 Augen, steckt sie in die Erde und sorgt durch wiederholtes Gießen für genügend Feuchte.

Löwenzahn fängt vor den Obstgehölzen an zu blühen und hält dann Schritt mit ihnen. Er spendet neben dem Blütenstaub bei sonniger, warmer und feuchter Witterung in manchen Jahren schon so viel Nektar, dass mit einer Ernte gerechnet werden kann. Deshalb sind die ausgedehnten Wiesenflächen der Schwäbischen Alb gern von Imkern aufgesuchte Wandergebiete. Sie bieten eine ausgesprochene Frühtracht, die als Entwicklungstracht genutzt wird.

Unsere **Obstgehölze** sind allesamt sehr gute Pollen- und Nektarspender. Besonders der Streuobstbau mit Kirschen-, Apfel- und Birnbäumen bietet den Bienenvölkern gute bis sehr gute Nahrungsgrundlagen.

Weitere **Kultur- und Wildgehölze**. Als sehr frühe Pollenspender erweisen sich verschiedene Erlenarten, die überwiegend an Fluss- und Bachläufen anzutreffen sind. Reichlich Pollen und Nektar liefern Hartriegel, Schlehe und Weißdorn, aber das umfangreichste Sortiment, wenn man so sagen darf, führt doch der heimische Ahorn: Silber-, Spitz-, Berg- und Feldahorn haben außer Nektar und Blütenstaub auch Honigtau zu bieten (siehe „Sommertracht“). Zu alledem sind sie schöne Bäume für Parks und Alleen; Berg- und Spitzahorn sind ein wichtiger Bestandteil des Mischwaldes.

Daneben nimmt sich der Faulbaum (Pulverholz) in jeder Hinsicht bescheiden aus. Seine Blüten sind unscheinbar, sie liefern nur Nektar, den aber reichlich.

Sommertracht

„**Unkräuter**“ im Getreidefeld gibt es nicht mehr. Im Vergleich zu den Jahren vor und während des 2. Weltkrieges hat sich bei der Sommertracht eine wesentliche Veränderung vollzogen. Sehr gute Trachtpflanzen sind Wildkräuter wie Hederich und Kornblume – in unseren Getreidefeldern durch die chemische Unkrautbekämpfung praktisch verschwunden. Diese Pflanzen spendeten sehr viel Nektar und ließen den Imker zur Blütezeit im Juni/Juli eine sichere Ernte erwarten.

Wiesenblumen und **Klee.** Als rückläufig kann auch das Trachtangebot aus der Wiesenblüte angesehen werden. Die frühe und mit Maschinen durchgeführte schnelle Wiesenmahd bringt kaum noch Blumen wie Wiesensalbei und die verschiedensten Kleearten zum Blühen. Dem Rotklee, der Esparsette, dem Perserklee in Monokulturanbaugebieten ergeht es nicht besser.

Der **Weißklee** mag eine Ausnahme bilden. Er wächst auf parkähnlichen Rasenflächen, auf Wiesen nach dem ersten Schnitt und auch sehr oft auf Grundstücken, die nicht intensiv bewirtschaftet oder beweidet werden. Dadurch können die Bienen das mittlere bis gute Angebot an Nektar und Blütenstaub dieser Pflanze nutzen. Sie blüht im Juni / Juli, bietet aber nur Nektar bei 21° bis 22°C.

Der **Riesenhonigklee** (Bokharaklee) gehört ebenfalls zu den Arten, die von Juli bis Oktober sehr viel Nektar spenden. Er ist zweijährig und eignet sich besonders zur Begrünung von nicht mehr benutzten Schuttplätzen. Durch ausfallenden Samen vermehrt er sich von selbst. Auf Ödland, in Waldschneisen, an Bahn- und Straßendämmen kann er als Dauerbienenweide in Betracht kommen. Hier hat der Imker echte Möglichkeiten der Trachtverbesserung.

Winterraps. Der in den letzten Jahren zunehmende Winterrapsanbau im viehlosen landwirtschaftlichen Betrieb kann ebenso als wesentliche Trachtverbesserung angesehen werden. Auch wurde der süddeutsche Raum neben dem Küstenland Schleswig-Holstein zu einem bedeutenden Rapsanbaugebiet, wobei seit 1987 nur noch Samen der 00-Sorten zur Aussaat kommt. Es sind dies nicht nur erucasäurearme Sorten, sondern auch solche, die frei von Glycosinolat sind. Nicht zu verachten ist auch das ausgiebige und hochwertige Pollenangebot dieser im Mai / Juni blühenden Trachtpflanze.

Gut zu wissen

Die Edelkastanie ist sowohl als Nektar- wie als Pollenspender wertvoller als die Rosskastanie. Gefragt ist der Edelkastanienhonig mit seinem herben, manchmal etwas bitteren Beigeschmack.

Die **Robinien**, oft falsche Akazien oder Scheinakazien genannt, sind ausgiebige Nektartrachtpflanzen, die Volltrachten liefern können. Bekannt dafür mit richtigen Robinienwäldern sind Ungarn, Jugoslawien und teilweise auch die Donauebene in Niederösterreich. Warmes Kontinentalklima fördert die Nektarabsonderung. Die Robinie wächst schon auf trockenen, kargen Böden. Nach dem Abholzen treibt sie von selbst wieder aus. Akazienhonig als Sortenhonig hat die Eigenschaft, dass er bis zu zwei Jahre nicht kristallisiert.

Die **Linde** ist als Trachtpflanze etwas umstritten. Aus eigener Erfahrung kann ich berichten, dass sie auf Muschelkalkböden in einer windigen Höhenlage von 490 m kaum Nektar spendet. Bienenvölker, die jahrelang in unmittelbarer Nähe von etwa 50 hundertjährigen Linden aufgestellt waren, mussten sogar bei gleichzeitiger Fichten- und Tannentracht verstellt werden, da durch den intensiven Duft der Lindenblüte andere, ausgiebigere Trachten verschmäht wurden. Der Flug der Bienen ging bis spät in die Nacht hinein, ohne Erträge zu liefern. In manchen Jahren wurde sogar beobachtet, dass Bienen in den Linden übernachteten und erst am nächsten Morgen heimkehrten. Auch das Pollenangebot war nicht übermäßig.

Gut zu wissen

Stehen Linden auf tiefgründigem, lockerem, frischem Boden, spenden sie reichlich Nektar, dagegen weniger Pollen.

Himbeere, Brombeere. Ob wild wachsend, ob kultiviert – Himbeer- und Brombeersträucher werden von den Bienen intensiv beflogen. Besonderes die im Juni / Juli blühende Himbeere, in Kahlschlägen wild wuchernd, kann als ausgiebige Nektartrachtpflanze angesehen werden; als Gartenstrauch ist sie ebenso wertvoll. Die Brombeere, im Hausgarten als Hecke gepflanzt, bietet sehr viel Nektar und Blütenstaub; sie öffnet im Juli / August ihre Blüten.

Honigtau von **Eiche, Lärche, Fichte** und **Tanne**: Zu den Sommertrachtpflanzen zählen auch diese Wirtsbäume der Blattläuse, die den Honigtau ausscheiden. Obwohl sie statistisch gesehen, nur alle drei bis vier Jahre ausgiebig und in Massen Honigtau spenden, sind sie im

Honigtau der grünen Tannenhoniglaus im Unterholz.

Eier der grünen Tannenhoniglaus im Winter.

Gut zu wissen

Der in der Waldtracht ansässige oder sie anwandernde Imker muss in Betracht ziehen, dass diese Gebiete im Spätsommer sehr pollenarm sind und daher ein frühzeitiger Zusammenbruch der Völker stattfindet. Die zunehmende Walderkrankung macht diese Honigtracht unsicher.

süddeutschen Raum, in Österreich und in der Schweiz vielerorts die Haupttrachtpflanzen, mit für die Imker nennenswerten Erträgen.

Besonders der Schwarzwald ist mit seinen ausgedehnten Tannenwäldern ein begehrtes Trachtgebiet, wo die Tanne in manchen Jahren bis in den September hinein ausgiebig Honigtau spendet.

Spätsommer- bis Herbsttracht

In dieser Jahreszeit, da sich das Bienenvolk auf die bevorstehende brutlose Zeit des Winters vorbereitet und erneuert, ist das Blütenstaubangebot der Natur lebenswichtig. Auf Jahre mit mäßigem Pollenangebot zu dieser Zeit, folgt ein Frühjahr mit mehr Ausfällen und schwächeren Völkern. Die Verbesserung der Bienenweide zur Eiweißversorgung in den Spätsommer- und Herbstmonaten ist daher notwendig.

Gelbsenf. Die Landwirtschaft kann wesentlich dazu beitragen, indem sie auf den abgeernteten Getreidefeldern als Futter und Gründüngungspflanze den Gelbsenf sät, eine rapsähnliche Pflanze, die in den letzten Jahren neu gezüchtet wurde. Sie bietet neben Nektar sehr viel Blütenstaub und wird von den Bienen beflogen, solange Flugwetter herrscht. Völker mit Gelbsenffeldern im Flugbereich sind bestens mit Blütenstaub versorgt.

Mais. Eine ebenso gut Pollen spendende Trachtpflanze, ist der in den letzten Jahren vermehrt angebaute Mais. Sowohl Körner- wie Silomaisarten werden von den Bienen beflogen. Die Pflanze selbst ist bei der Blütenstaubübertragung nicht auf Insekten angewiesen. Sie liefert nicht nur viel, sondern auch hochwertigen Pollen. Auffällig ist, dass Bienen die blühenden Maisfelder im Juli / August nur in den Vormittagsstunden befliegen.

Sonnenblume. Im Hausgarten des Imkers darf auf keinen Fall die Pollen spendende Sonnenblume fehlen. Sie kann mit ihren bis zu 40 cm großen Blütenkörben davon reichlich anbieten, vor allem wenn sie auf gut gedüngtem Boden an sonnigen Standorten steht. Es gibt verschiedene Arten und Sorten, deren Blütezeit je nach Sorte und Aussaat von Juli bis Oktober dauert. In den vergangenen Jahren gewann die Sonnenblume auch als landwirtschaftliche Kulturpflanze an Bedeutung.

Sonnenbraut. Neben der Sonnenblume muss auch die in zahlreichen Hybridsorten angebotene Sonnenbraut genannt werden. Im Gegensatz zur Sonnenblume stellt sie an den Boden keine Ansprüche. Die Blütezeit liegt, je nachdem, zwischen Juli und September. Die Herbstsonnenbraut liefert reichlich Nektar und Blütenstaub.

Die **Goldrute**, ebenfalls eine anspruchslose Pflanze, schließt als Pollenspender im Herbst manche Lücke. Der genaue Beobachter wird auch feststellen, dass sie manchmal mehr von anderen Insekten beflogen wird als von Bienen. Bestimmte herausgezüchtete Sorten verschönern nicht nur den Hausgarten, sondern bieten den Bienenvölkern in der letzten Erneuerungsphase vor dem Winter noch Eiweiß.

Herbstaster und **Bartblume** (Blauquirl) werden von den Bienen von August bis Oktober stark beflogen. Während die Astern ausgesprochen gute Pollenspender sind, bieten die Bartblumen mehr Nektar.

Die **Schneebeere** ist ein Strauch, der von Juni bis September blüht, aber mehr Nektar als Blütenstaub liefert. Sie wird gerne noch in den Abendstunden von Bienen beflogen, manchmal auch nach einem Sprühregen. Als Hecke im Hausgarten kann sie dienlich sein, jedoch muss man die wild wuchernden Ausläufer in Schach halten. Sehr dekorativ sind nach der Blüte die weißen oder, je nach Züchtung, roten Beeren.

Fetthenne (*Sedum*). Zahlreiche Arten sind Bienennährpflanzen, die sich für den Garten wie auch als Balkon- oder als Grabschmuck eignen. Sie sind mittlere bis gute Nektar- und Pollenspender.

Borretsch, **Phazelie**, **Bärenklau** sollen nicht unerwähnt bleiben. Während sich Borretsch und Phazelie überwiegend zur Aussaat auf Brachen und zur Gründüngung eignen, wächst Bärenklau in verschiedenen Arten auf Wiesen nach dem zweiten Schnitt. Der Riesenbärenklau als invasive und Allergie auslösende Pflanze wird allerdings inzwischen gezielt bekämpft.

Vorsicht

Geschleuderter Honig, vermischt mit einer Tracht aus Bärenklau, bekommt manchmal einen etwas absonderlichen Geschmack, den die anspruchsvolle Kundschaft nicht schätzt.

Produkte des Bienenvolkes

Schon in frühester Zeit hat der Mensch gewusst, warum es sich lohnt, Unannehmlichkeiten durch stechende Bienen in Kauf zu nehmen und zu den hoch geschätzten Honigwaben der wild lebenden Bienenvölker in Felsspalten und Bäumen vorzudringen.
Immer wurde Honig – und auch das Wachs – in der Menschheitsgeschichte hoch verehrt. So wurde bei den Grabbeigaben im fürstlichen Keltengrab zu Hochdorf bei Stuttgart, das um das Jahr 500 v. Chr. angelegt und 1978 / 79 erschlossen wurde, neben anderen Utensilien Honig gefunden. Ein Beweis für die große Wertschätzung, die dieses Bienenprodukt seit alters her inne hat (Vorwohl, 1984).

Info

Eine ziemlich gute Definition von Honig gibt die Verordnung vom 21. März 1930 (RGBl. I, 101) § 1 wieder: „Honig ist der süße Stoff, den die Bienen erzeugen, indem sie Nektariensäfte oder auch andere an lebenden Pflanzen sich vorfindende süße Säfte aufnehmen, durch körpereigene Stoffe bereichern, in ihrem Körper verändern, in Waben aufspeichern und dort reifen lassen."

Honig

Der vom Nichtimker oft gebrauchte Ausdruck „die Bienen sammeln Honig" ist genau betrachtet falsch. Denn was die Bienen in der Natur sammeln, ist zunächst einmal nur ein Ausgangsprodukt für den echten Honig.

Nach dieser gesetzlichen Aussage ist Honig ein Produkt von Pflanzen und Bienen zugleich. Auch die Neufassung der Honigverordnung durch die EG vom 16. Januar 2004 definiert den Honig im Grunde nicht anders.

Nektar

Jeder kennt diesen süßen Saft, den viele Blüten ausscheiden und der damit vor allem Insekten anlockt. Es handelt sich um eine wässrige Lösung verschiedener Kohlenhydrate; andere Substanzen sind Eiweiß, Mineralstoffe, Säuren und Vitamine; Farb- und Aromastoffe sind nur in sehr geringen Mengen enthalten. Hauptbestandteil ist in der Regel

Saccharose (Rohrzucker, Rübenzucker). Im Mittel liegt der Zuckergehalt bei 40 %. Der Wassergehalt schwankt zwischen 40 und 90 %.

Die Art und der Grad der Nektarabsonderung hängt – abgesehen von den pflanzenspezifischen Unterschieden – von vielen Faktoren ab. Oft spielen die Boden- und Nährstoffverhältnisse eine Rolle. So ist bekannt, dass Linden nur regelmäßig Nektar absondern, wenn sie auf sandigem Lehmboden mit guten Grundwasserverhältnissen stehen.

Auch die Klimaverhältnisse und die Tageszeit haben einen Einfluss. Allgemein sondern Pflanzen morgens mehr Nektar ab als nachmittags. Fördernd wirken offenbar schwüle Luft und Süd- bis Südwestwinde. Dagegen lassen austrocknende Ostwinde den Nektarfluss bald versiegen; besonders anfällig dafür sind der Löwenzahn und der Raps. Die Nektarsäfte sind die Ausgangsprodukte für den Blütenhonig.

Honigtau

Als Trachtquelle neben dem Nektar ist der Honigtau lebenswichtig. Er wird vornehmlich in waldreichen Gegenden von verschiedenen Pflanzensaugern, in erster Linie von Blatt- und Rindenläusen, erzeugt.

Kunstschwärme vom Frühjahr in der Rapstracht. Gleiche Ergebnisse wurden damit auch in der Edelkastanientracht erzielt.

Info

Die bekanntesten und, wirtschaftlich gesehen, wichtigsten Honigtauproduzenten sind die Fichtenquirlschildläuse (Lecanien), die Fichtenrindenläuse und die Grüne Tannenhoniglaus.

Honigtau ist das Ausgangsprodukt des beliebten Waldhonigs. An Ahorn, Eiche, Linde, Kirsche, Birke und Pflaume leben die Blattsauger, an Nadelgehölzen wie Fichte, Tanne und Lärche die Rindensauger.

Die Voraussetzung für die Entstehung einer guten Honigtautracht ist eine starke Massenvermehrung der Honigtauerzeuger. Dazu kommt es, wenn viele Faktoren günstig zusammenwirken; wichtig sind vor allem die Witterungsverhältnisse und die Nahrungsgrundlage der Wirtsbäume. Honigtau wird nicht nur von den Bienen gesammelt; er bietet auch für viele andere Insekten, wie die Ameisen, eine begehrte Kohlenhydratnahrung.

Neben dem vorherrschenden Rohrzucker sind im Honigtau vor allem Frucht- und Traubenzucker enthalten. Im Unterschied zum Nektar enthält er aber noch weitere Zucker wie Melezitose in kleineren Mengen. Unmittelbar nach der Ausscheidung beträgt der Wassergehalt des Honigtaus etwa 80 %. Unter Einfluss von Temperatur und Lufttrockenheit kann sich dieser jedoch sehr rasch reduzieren.

Gut zu wissen

Honigtau wird von den Bienen nur eingetragen, solange er flüssig ist.

Honigbildung

Unter den Vorrat speichernden Tieren nimmt die Biene eine Sonderstellung ein. Die von ihr aufgesammelten Produkte Nektar und Honigtau erfahren im Sinne einer Vorverdauung und Konservierung für ihre Zwecke eine chemische und physikalische Änderung. Die Biene behandelt Nektar und Honigtau in einer bestimmten Weise und „macht“ daraus erst den Honig.

Schon kurz nach der Aufnahme der zuckerhaltigen Säfte beginnt eine chemische Veränderung. Bereits auf dem Heimflug fügt die Biene ein körpereigenes invertierendes (Zucker spaltendes) Enzym (Ferment) bei. Dieses spaltet den Rohrzucker in Trauben- und Fruchtzucker auf. Die Mischung beider Zuckerarten nennt man Invertzucker.

Das eingebrachte und sich bereits in Aufspaltung befindliche, angehende Produkt Honig wird dann von den Flugbienen an die Stockbienen weitergegeben, bis es nach und nach in den Zellen eingelagert ist.

Beim öfteren Nachsehen ist zu beobachten, dass auch in den Waben gelagerte und noch heranreifende Honige weiter umgetragen werden. Dabei kommen wieder andere Enzyme hinzu: eine Stärke spaltende Komponente (Diastase) und Enzyme, wie Katalase, Phosphatase und Oxidase. All diese, in winzigen Spuren beigemischten Stoffe sowie bakterienhemmende Inhibine sowie Vitamine bewirken die chemische Umwandlung des Ausgangsproduktes bis hin zum fertigen Honig.

Neben der chemischen Umwandlung des Sammelgutes durch Beimischung bieneneigener Stoffe erfährt das angehende Produkt Honig auch eine physikalische Veränderung. Während der Aufarbeitung wird Nektar und Honig Wasser entzogen. Der Wassergehalt reduziert sich auf 17 bis 20 %. Dies geschieht durch die Verdunstung beim wiederholten Weiterreichen von Biene zu Biene und die gegenüber draußen erhöhte Beutentemperatur.

Die so eingedickte Honiglösung stellt jetzt eine konzentrierte Masse dar, die wiederum Wasser aufnehmen könnte, denn Honig ist hygroskopisch (Wasser anziehend). Die Biene verhindert dies aber, indem sie die Zellen, in denen sich dieser ausgereifte Honig befindet, sogleich mit einer Wachsschicht überzieht. Sie verdeckelt die Zellen.

Im Gegensatz zu den Deckeln der Brutzellen sind die Honigzellen luftundurchlässig. Das dazu verwendete Wachs produziert die Biene selbst, entnimmt es vorhandenen Waben oder abgebröckelten Wachsteilen. Honigwaben sind gegenüber Brutwaben heller gedeckelt.

Zusammensetzung des Honigs

Während etwa der handelsübliche Haushaltszucker so gut wie nichts anderes als Saccharose (Rohrzucker, Rübenzucker) enthält, stellt Honig eine Zusammensetzung verschiedener aufgespaltener Zuckerarten mit bienenspezifisch bereicherten und wertvollen Beigaben dar.

An Säuren sind vor allem Aminosäuren, Zitronen-, Apfel-, Ameisen- und Bernsteinsäuren zu nennen. Bei den Aschebestandteilen handelt es sich um Mineralien wie Kalium, Natrium, Kalzium, Magnesium, Chloride, Sulfate, Phosphate und andere. Zu den Nebenkomponenten zählen überwiegend die Geschmacks- und Aromastoffe, gewisse Inhibine (antibakteriell wirksame Substanzen), Vitamine, Hormone und nicht zuletzt die Enzyme (Fermente).

Nektar- und Honigtauhonige unterscheiden sich nicht nur durch Farbe, Geschmack und Beimischungen von Pol-

Am Flugloch fächelnde Bienen. Sie erzeugen damit einen Luftstrom von innen nach außen. Nach guten Trachttagen notwendig.

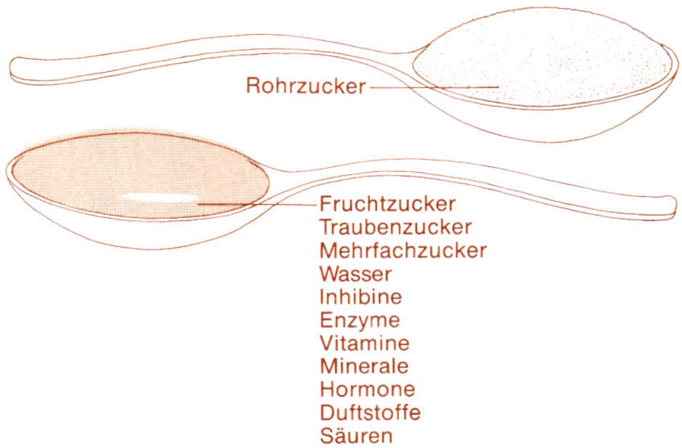

Der Inhalt eines Esslöffels Haushaltszucker (oben), der Inhalt eines Esslöffels Honig (unten).

Zusammensetzung eines Bienenhonigs in % – ohne Berücksichtigung der Unterschiede verschiedener Honigsorten
(nach Grout und Ruttner, 1966)

Wasser	17,20
Fruchtzucker	31,28
Traubenzucker	31,28
Rohrzucker	1,31
Mehrfachzucker	7,31
Höhere Zucker	1,50
Säuren	0,57
Proteine	0,26
Asche	0,17
Nebenkomponenten	2,21

len; Honigtauhonige enthalten wesentlich mehr Aminosäuren als Nektarhonige. So wurden in 100 g Blütenhonig 27,72 mg Aminosäuren festgestellt; Waldhonig enthält 34,96 mg; dagegen Bienennahrung aus Zuckerfütterung nur 10,32 mg. Unterschiede ergeben sich auch bei den Mineralstoffen von Blüten- und Waldhonig. Waldhonige enthalten weniger Natrium und Kalzium, Blütenhonig mehr Kalium.

- Das spezifische Gewicht des Honigs beträgt bei 20 % Wassergehalt 1,417 g / cm³.
- Der Joule-Wert beläuft sich auf 1270 kJ (= 300 kcal) bei 100 g Honig. Ein Esslöffel enthält rund 250 kJ (= 60 kcal).
- Honig besitzt gegenüber Rohrzucker 25 % mehr Süßkraft.

Honigsorten

Grundsätzlich wird zwischen Nektar- und Honigtauhonigen unterschieden. Von den Blütenhonigen sind vor allem Raps-, der Heide-, der Löwenzahn- und nicht zuletzt der Akazienhonig bekannt.

Mischblütenhonige

In Obstbau- und ausgesprochenen Blütentrachtgebieten erntet der Imker jedoch meistens Mischblütenhonige, da die verschiedensten Trachtpflanzen nebeneinander oder kurz hintereinander blühen. So wird Löwenzahnhonig sehr oft mit Honig von Trachten aus der Obst- und Wiesenblüte vermischt. Blütenhonigkenner bevorzugen gerade diesen Honig, weil die Mischung aus verschiedenen Trachten einen besonders reichhaltigen und darum wertvollen Honig mit vollem Aroma ergibt. Es sind überwiegend Honige von heller, goldgelber Farbe in flüssigem Zustand. Reine Sortenhonige, wie Rapshonig, können nur dort geerntet werden, wo diese Pflanzen großflächig angebaut werden.

Waldhonige

Rechte Seite: Gleichzeitige Obst-, Raps- und Löwenzahnblüte ergibt einen geschmacklich hervorragenden Mischblütenhonig.

Sie können Mischhonige aus Nektar- und Honigtautrachten sein. Sortenhonige sind hierbei öfters anzutreffen, weil es sich bei Fichten- und Tannentrachten um Massentrachten handelt und die Natur zu dieser Zeit kaum oder sehr wenig Blütentrachten bietet.

Etwa Mitte Juni, zu Beginn einer Fichtentracht, blüht im Wald die Himbeere. Bei Gewinnung dieses Honigs wird es nicht zu vermeiden

Gedeckelte, schleuderreife Honigwaben nach guter Tracht.

sein, dass schon in den Waben befindlicher Honig aus der Frühtracht dazukommt.

Die Farbe eines solchen Honigs ist nicht mehr gelb, sondern geht bereits ins Hell- bis Dunkelbraune. Er ist nicht mehr so süß wie reiner Blütenhonig. Ein solcher Honig kann noch durch Honigtautrachten von Eiche, Ahorn und anderen Laubbäumen bereichert werden.

Der Begriff Blatthonig ist dann angebracht, wenn es sich um Sortenhonig aus einer bestimmten Tracht handelt.

Das Angebot an Honigtau von Fichte und Weißtanne ist in manchen Jahren so üppig, dass reiner Fichten- oder Tannenhonig von den Völkern produziert werden kann. Während Fichtenhonig eine hell- bis dunkelbraune Färbung aufweist, sind Tannenhonige deutlich durch ihr dunkles, dunkelgrünes, bis fast schwarzes Aussehen zu unterscheiden. Diese Honige haben ein besonders würziges Aroma und werden darum von vielen Liebhabern anderen Honigen vorgezogen.

Im Gegensatz zu Blüten- und Waldhonigen, enthalten Tannenhonige kaum Beimischungen von Blütenstaub.

Honiggewinnung

Das Bienenvolk zeigt dem Imker an, wann durch die chemischen und physikalischen Vorgänge die Umwandlung der Ausgangsprodukte in Honig abgeschlossen ist. Das Zeichen für diesen Zeitpunkt ist das Verdeckeln der Zellen. (Bei einer Entnahme vorher hat man nicht die Gewähr, einen einwandfreien Honig zu haben.)

Der Imker braucht nicht warten, bis sämtliche Zellen der Waben gedeckelt sind. Wenn ein bis zwei Drittel der Waben gedeckelt sind und aus den offenen Zellen beim kräftigen Draufschlagen mit der Hand nichts mehr herausspritzt, ist der Honig reif und kann geschleudert werden.

Das Abstoßen und Abkehren der Bienen von den Waben geschieht leicht und rasch mit einem besonderen Besen, wobei die Bienen ins Volk zu kehren sind. Brutwaben mit Honigkränzen verbleiben im Volk als Reserve in trachtlosen oder -armen Zeiten. Abgesehen davon würde

Entdeckelung der Honigwaben mithilfe einer 10 cm breiten Gabel.

Mit der Heißluftpistole geht es schneller, jedoch fällt weniger Deckelwachs an, es verschmilzt auf den Waben.

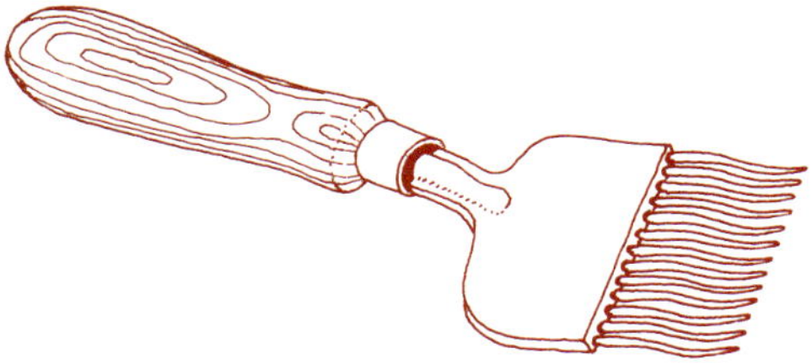

Entdeckelungsgabel.

ein Schleudern offener Brutwaben die heranwachsenden Maden zerstören.

Um den Honig von der Wabe trennen zu können, müssen die Zellen entdeckelt werden. Man kann dies wie früher mit speziellen Entdeckelungsgabeln oder -messern machen. Es erleichtert die Arbeit, wenn diese Geräte von Zeit zu Zeit in warmes Wasser getaucht werden. Das anfallende Deckelwachs kommt in eine Entdeckelungswanne.

Das Trennen des Honigs von den Waben geschieht heute nur noch mit der Honigschleuder, wobei man sich der Fliehkraft bedient. Dabei wird ein drehbarer Korb, der die Waben aufnimmt, entweder von Hand oder durch Motorkraft in Bewegung gesetzt. Das Wenden der Waben geschieht manuell oder bei den Selbstwendeschleudern automatisch durch Einschalten der entgegengesetzten Drehrichtung. Der Wabenkorb ist in einem Kessel gelagert, in dem sich der ausgeschleuderte Honig sammelt.

Schleuderung der Honigwaben in einer Selbstwendeschleuder.

Die Schleuderung gelingt am besten, wenn die Waben noch Stockwärme aufweisen. Bei neuen, noch nicht bebrüteten Waben muss die Drehzahl so geregelt werden, dass sie nicht zerbrechen. Langsames Ausschleudern und immer wieder vorsichtiges Wenden verhindert Wabenbruch.

Durch einen oder mehrere Quetschhähne läuft der Honig aus der Schleuder über ein Doppelsieb in den Aufbewahrungsbehälter. Mithilfe eines groben und eines feinen Siebeinsatzes werden auch kleinste Wachsteile vom Honig getrennt, sodass ein einwandfreies, naturbelassenes Produkt gewonnen wird.

Eine Nachkontrolle beim Herauslaufen aus der Schleuder zeigt grob an, ob der Honig tatsächlich reif war. Läuft er schnell und bildet bei Zimmertemperatur ein Loch im bereits im Sieb befindlichen Honig, enthält er noch zu viel Wasser. Dann besteht Gefahr einer Gärung und damit des Unbrauchbarwerdens des Honigs. Türmt sich der Honigstrahl dagegen als ein Berg auf und legt sich in Falten, handelt es sich um reifen Honig.

Nach der Verordnung des Rates der Europäischen Gemeinschaft unterscheidet man Honige nach der Art ihrer Gewinnung:

- Honig mit Wabenteilen
- Tropfhonig
- Schleuderhonig
- Presshonig

Die gebräuchlichste Gewinnungsart ist das Schleudern.

Lagerung des Honigs

Einwandfrei frisch geschleuderter Honig ist ein fertiges Produkt. Es braucht nur noch der Schaum an der Oberfläche abgeschöpft und der Honig mit einem Dreikantstab oder einer elektrischen Rührvorrichtung gerührt zu werden. Der Schaum

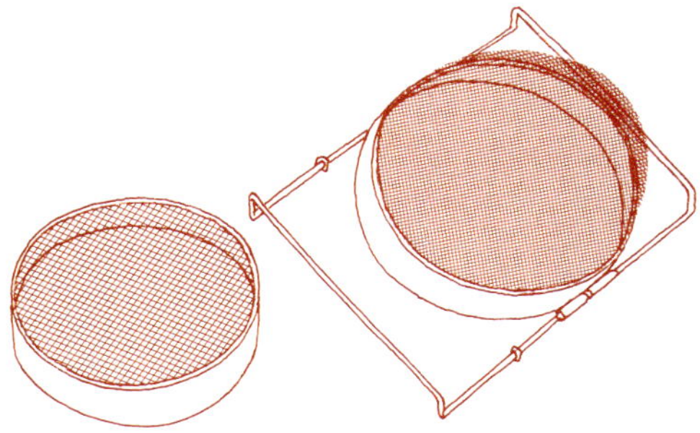

Honigdoppelsieb (auseinandergezogen gezeichnet).

Über einen Quetschhahn läuft der Honig aus der Schleuder.

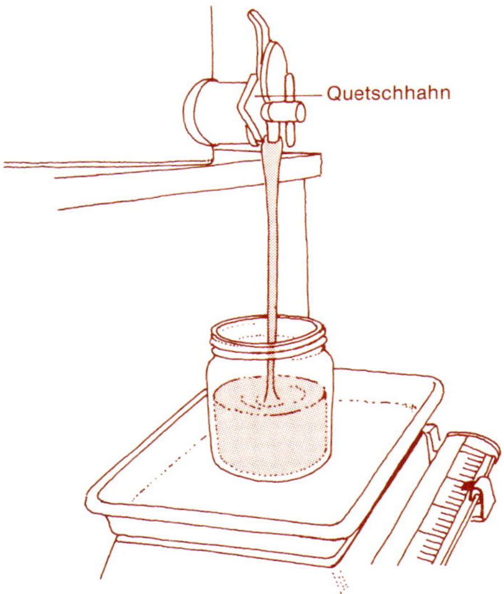

Honigabfüllung aus Abfüllkübel mit Quetschhahn.

kommt von den vielen Luftbläschen, die beim Sieben in den Honig geraten. Das Rühren nach dem Abschöpfen erbringt feinkristallinen Honig, insbesondere bei Blütenhonigen. Sollten noch Wachsteilchen im Honig verblieben sein, so schwimmen sie nach acht bis 14 Tagen an der Oberfläche und können dann herausgestreift werden.

Bienenhonig wird in gut verschließbaren Gefäßen aus lebensmittelgerechtem Blech oder Kunststoff gelagert – am besten in dunklen Räumen, die eine möglichst gleichmäßige Temperatur von 10 °C aufweisen.

Die üblichen Gefäße können 12,5 kg, 25 kg, 40 kg oder 50 kg Honig aufnehmen. Sie müssen gut verschließbar sein, weil Honig nicht nur Wasser anzieht, sondern auch fremde Gerüche aufnehmen kann.

Gut zu wissen

Der Heizraum oder der Dachboden eignen sich nicht zur längeren Honiglagerung. Einwandfrei geschleuderter und gelagerter Honig kann ohne Qualitätseinbuße über drei bis vier Jahre gelagert werden.

Kandieren des Honigs

Nicht nur der Imker, auch viele Honigverbraucher wissen aus Erfahrung, dass manche Honigsorten sehr schnell, andere nach einer gewissen Zeit und manche überhaupt nicht kandieren oder kristallisieren. Mit Rohrzuckerzusatz hat dies nichts zu tun. Es handelt sich um eine ganz natürliche Eigenschaft des Honigs.

Honig in seiner handelsfertigen Form ist praktisch eine übersättigte Lösung. Der zähflüssige Zustand wird aber nur eine gewisse Zeit anhalten. Allmählich geht Honig in einen festen, beziehungsweise kristallinen Zustand über. Das kann so weit gehen, dass der Honig nur noch mit großer Mühe aus dem Gefäß herausgestochen werden kann. Dabei spielt die Zuckerzusammensetzung eine Rolle.

In den einzelnen Honigsorten ist das Verhältnis von Traubenzucker und Fruchtzucker verschieden:

- Honige mit mehr Traubenzucker kandieren schneller. Hierzu zählen die Blütenhonige von Raps, Löwenzahn und zum Teil auch von Obstgehölzen.
- Überwiegt dagegen der Fruchtzucker, dauert die Kristallisation länger, manchmal sehr lang. Typisch dafür ist der Akazienhonig, der bis zu zwei Jahre flüssig bleiben kann.
- Die Honigtauhonige liegen in dieser Eigenschaft dazwischen. Das Kandieren dieser Sorten erfolgt nach mehreren Wochen oder Monaten.

Tauhonige

Sie enthalten Melezitose und bilder eine Ausnahmen. Dieser Dreifachzucker besteht aus zwei Molekülen Traubenzucker und einem Molekül Fruchtzucker. In manchen Jahren tritt er verstärkt auf. Ausgangsprodukte sind meist die Honigtaue von Fichte und Lärche. Der Anteil an Melezitose kann im Lärchenhonig bis zu 38 % betragen. Dieser hat die Eigenschaft, dass er schon in den Waben kristallisiert und dann nicht mehr geschleudert werden kann.

Ist bei einem Honig der Melezitose-Anteil geringer, etwa beim Honig von der Fichte, so kann er teilweise geschleudert werden, wird aber im Gefäß sehr rasch kandieren. Es handelt sich jedoch auch um einen qualitativ und geschmacklich sehr guten Honig, der von Kennern geschätzt wird. So manche Mutter ist froh darüber, dass die Kinder mit einem festen Honig keine solche Schmiererei am Esstisch anrichten können.

Verflüssigen

Auskristallisierter Honig kann ohne Schaden wieder flüssig gemacht werden, indem man ihn auf 40 °C erwärmt. Dies kann im Wasserbad erfolgen. Zu empfehlen ist diese Methode bei kleineren Mengen bis etwa 2,5 kg. Für größere Mengen verwendet der Imker sogenannte Wärmeschränke (im Handel erhältlich) mit einer über Thermostat geregelten elektrischen Heizung. 25-kg-Gefäße sind damit in zwei Tagen verflüssigt.

Leider ist es in manchen Überseeländern üblich geworden, die Honige auf 70 °C zu erhitzen. Dadurch wird die Kristallisationsfähigkeit stark gemindert oder ganz zerstört. Man verfiel darauf, weil der Großteil der Honigkunden flüssigen Honig vorzieht. Dieser kann lange in den Regalen der Läden stehen, ohne zu kristallisieren. Er ist dann aber kein vollwertiger Honig mehr.

Gut zu wissen

Eine zu starke Erwärmung schadet dem Honig. Schon bei einer längeren Erhitzung auf 45 °C wird das wärmeempfindliche Enzym Invertase geschwächt, bei einer kurzfristigen Erhitzung auf 70 °C zerstört. Ein solcher Honig kann nicht mehr als naturbelassen bezeichnet werden.

Honig rühren

Kristallisierte Honigsorten werden oft so hart, dass sie nur mit großer Mühe aus dem Glas oder dem Eimer herausgestochen werden können. Der Kunde fragt heute nach streichfähigem Honig, der nicht vom Butterbrot läuft und lange – praktisch immer – streichfähig bleibt.

Diese Eigenschaften werden durch einen Rührvorgang gleich nach der Schleuderung oder nach mäßiger Erwärmung auf 35 °C nach längerer Lagerung erreicht. Mit einem Rührstab, der in eine leistungsfähige Bohrmaschine eingespannt ist, werden die groben Kristalle zerschlagen. Der Honig erfährt dadurch die feinkristalline Form, in der er immer bleibt.

Sollte flüssiger Honig gerührt werden, so ist es empfehlenswert, ihn zu impfen. In einem Eimer mit 30 bis 40 kg solchen Honigs leert man 500 bis 1 000 g kristallisierten Honig und beginnt zu rühren. Dadurch gelangt dieser Flüssighonig schneller in seine feinkristalline Form und

Das Melitherm-Auftau- und Siebgerät nach Spürgin. Es eignet sich hervorragend zum Auftauen von kristallisiertem Honig.

behält sie dauerhaft. Mit dem Honigrührer Rapido (Fa. BIORAT, 72636 Frickenhausen) genügt ein einmaliges Rühren bei halbfestem Honig.

Honigtauhonige sollten im flüssigen Zustand angeboten werden. Solche Honigsorten zeigen im gerührten Zustand eine graue, wenig attraktive, nicht sehr verkaufsfördernde Farbe.

Honigverkauf, Honighandel

Die Bundesrepublik Deutschland ist der größte Honigverbraucher der Welt. Mit einem durchschnittlichen Verzehr von 1 bis 2 kg pro Kopf der Bevölkerung liegen wir an der Spitze. Von diesen rund 120 Millionen Kilogramm produzieren wir mit unseren Bienenvölkern rund 20 Millionen im Jahr. Der Rest des Honigs wird importiert, typischerweise aus Ländern wie Argentinien, China, Mexiko und manchen Staaten Osteuropas.

Die Nachfrage nach deutschem Honig ist groß. Während der kleinere Imker mit fünf bis zehn Völkern seinen Eigenbedarf und den der Verwandtschaft deckt, muss sich der Nebenerwerbsimker einen Kundenstamm aufbauen, den er auch in schlechten Honigjahren zufriedenstellen kann. Er kann und sollte daher Vorratswirtschaft betreiben.

Doch nicht nur die Direktvermarktung ist für den Imker interessant, auch die Abgabe an den Handel und dessen Abfüllstellen eröffnet Märkte – besonders in Jahren mit Rekordernten.

Beim Nebenerwerbsimker erfolgt die Abgabe über den Hofverkauf, in Gebinden von 0,5 bis 5 kg oder manchmal auch 12,5 kg. Saubere Abfüllkübel, Geräte und ein zweckentsprechend eingerichteter Raum sind selbstverständlich. Das aufklärende Kundengespräch ist für jeden Imker Ehrensache und Werbung zugleich.

In Celle-Hustedt befindet sich eine Honigüberwachungsstelle des DIB. Die Landesanstalt für Bienenkunde in Stuttgart-Hohenheim befasst sich ebenfalls mit Fragen der Honiguntersuchung und seiner Überwachung.

Gut zu wissen

Die Abfüllung in das Einheitsglas des „Deutschen Imkerbundes“ (DIB) ist ein Zeichen für beste Qualität. Der Kunde weiß dann, dass sich dieser Imker einer Kontrolle unterwirft.

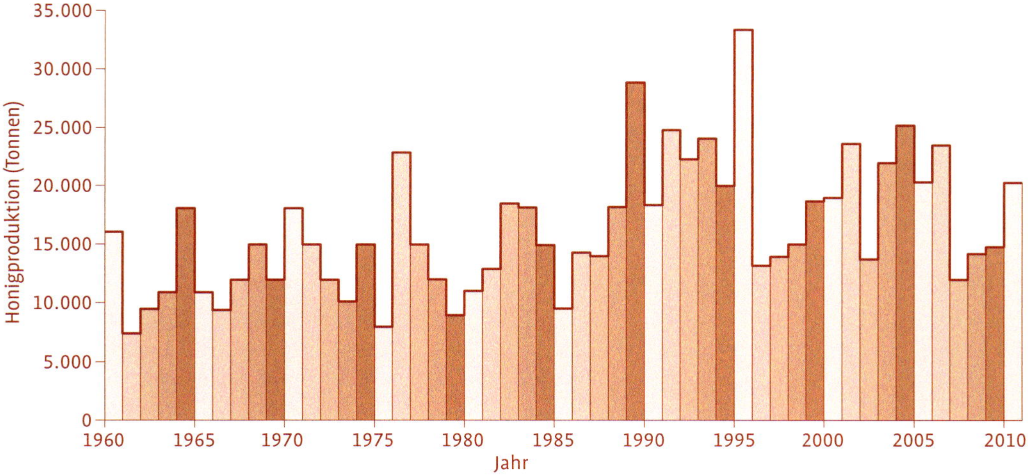

Honigproduktion in Deutschland. (Quelle: DIB)

Honig als Nahrungs- und die Heilung unterstützendes Lebensmittel

Da die im Honig konzentrierten Zucker invertiert sind, können sie im menschlichen Körper sehr rasch zur Wirkung kommen. (Jeder weiß, dass mit reinem Traubenzucker eine stoßartige Steigerung der körperlichen und auch geistigen Leistungskraft erzielt werden kann.) Außerdem enthält Honig viele weitere Stoffe, die für das Wohlergehen des Menschen nachweislich von Bedeutung sind. Niemand zweifelt daran, dass Bienenhonig gesundheitlich von hohem Nutzen ist. Die Erfahrung zeigt dies, nicht nur überliefert aus alter Zeit, sondern gerade auch heute im Zeitalter der Chemie. Der hohe Invertzuckeranteil von 60 bis 70 % macht den Honig zum idealen Kraftspender. In dieser Form kann das Blut die Zuckeranteile sofort aufnehmen, sodass eine schnelle Ernährung und eine Ersetzung verbrauchter Kräfte der Muskulatur vonstatten gehen. Für körperlich schwer arbeitende Menschen und besonders auch für Sportler ist Honig ein idealer Kraftspender.

Aber nicht nur körperlich schwer arbeitenden Menschen nützt Honig, schon bei Kindern ab drei Jahren werden allgemein die ausgezeichnete Verträglichkeit, bessere Gewichtszunahme und nicht zuletzt das Ausbleiben von Infektionen allgemein gerühmt und hervorgehoben. Nach neueren medizinischen Erkenntnissen sollte aber Säuglingen unter einem Jahr kein Honig gegeben werden. Er kann Bakterien enthalten, die speziell für Kinder im ersten Lebensjahr Jahr ein Risiko darstellen, später nicht mehr.

Info

Der berühmte englische Bergsteiger Sir Edmund Hillary förderte seine sportliche Leistungsfähigkeit durch regelmäßigen Honiggenuss. Bei seiner Erstbesteigung des Mount Everest im Frühjahr 1953 führte er im Reisegepäck fünf Pfund Honig mit. Sehr dankbar war er dann dafür, dass in einem Nahrungsmitteldepot, das die Schweizer Expedition im Jahr vorher zurückgelassen hatte, sich auch Honig befand.

Info

Bei den Olympischen Spielen 1964 in Tokio wurde die deutsche Mannschaft regelmäßig mit Honig verpflegt. Der medizinische Betreuer, Prof. Nöcker, hat in seinem Buch über Kraftnahrung für Sportler an vielen Stellen Honig empfohlen.

Hinweis der Ärtzekammern

„Um den Säugling wirksam zu schützen, muss in den ersten 12 Lebensmonaten vollständig auf jegliche Verwendung von Honig in jeder Form verzichtet werden.“
Stand: 24.10.2002

Vor allem geschwächte, alternde und genesende Menschen werden von diesem hochwertigen Nahrungs- und Genussmittel einen Nutzen haben. Bei solchen Menschen ist der Organismus in irgendeiner Form geschwächt oder in Mitleidenschaft gezogen. Einzelne Organe wie Herz, Leber, Nieren, Blase, Magen, die Verdauungsorgane, die Lunge, das Blut und nicht zuletzt die Nerven bedürfen je nach Krankheit oder Operation einer Stärkung. Zu den vom Arzt verordneten Arzneien stellt Honig eine ideale Ergänzung dar, die wohltuend, Kraft spendend und beruhigend wirkt und auch die Blutbildung fördert.

Es kann angenommen werden, dass die Wirkung des Honigs wesentlich auf seinen hohen Invertzuckeranteil und den Gehalt an Mineralien, die in feinster Verteilung in den Körper gelangen, beruht. Hierbei ist vor allem Kalzium, Eisen, Kobalt, Phosphor und Kieselsäure zu nennen.

Wundheilung

Zu erwähnen ist auch die gesundheitsförderliche Wirkung des Honigs bei offenen, ja selbst eiternden Wunden aller Art. Darüber berichteten beispielsweise russische Ärzte, die mit solchen Problemen in den Kriegs- und Nachkriegsjahren zu tun hatten. In der Zwischenzeit greifen auch Ärzte wieder zu diesem uralten Hilfmittel.

Bakterienfeindliche Inhibine im Honig dürften der Grund dafür sein, dass sogar verschmutzte Wunden nach einem Aufstrich von Honig sich reinigen und dann zu heilen beginnen (Herold 1970).

Der moderne und sehr oft gestresste Mensch wird eine Nahrung, die aufbauend, beruhigend und dazu noch schmackhaft ist, gerne zu sich nehmen. Honig auf dem Frühstückstisch ist immer eine Bereicherung. Seine Wirkung kommt besonders dann zum Tragen, wenn er regelmäßig in kleineren Mengen entweder als Brotaufstrich oder pur genossen wird. Ein Glas Honigwasser vor dem Zubettgehen wirkt schlaffördernd, erleichtert auch das Wiedereinschlafen nach gestörtem Schlaf. Vermutlich sind die im Honig enthaltenen Vitamine der B-Reihe an diesen positiven Wirkungen beteiligt.

Schon als Kind bekam man Honig in heißer Milch oder Tee aufgelöst, wenn Husten oder eine Erkältung im Anzug war. Man wurde nicht nur viel ruhiger, konnte leichter schlafen, sondern merkte bald, dass der Husten sich löste und Erleichterung eintrat. Das alte Hausrezept – oft Honig auch mit Rettich- oder Möhrensaft vermischt – hat heute noch Gültigkeit und wird gerade in den Wintermonaten viel angewendet.

Immer wieder wird die Frage gestellt, ob der Zuckerkranke (Diabetiker) Honig essen darf. Allzu oft wird diese Frage mit Nein beantwortet. Dabei wäre die Antwort „ja und nein“ richtig. Es kommt auf den Grad dieser Krankheit und die Anfälligkeit des Kranken an; in jedem Fall muss man sich vom Arzt beraten lassen.

Wie hoch der Bienenhonig im Kurs als Kräftigungsmittel steht, den Gesamtorganismus stärkt und Widerstandskraft gegen Krankheiten verleiht, hat poetisch und treffend der Imkerpfarrer Edmund Herold ausgedrückt:

„Jetzt in diesen kalten Zeiten
ist bei unsern alten Leuten
immer irgendetwas los.
Und der Arzt empfiehlt ganz groß
Honig für das Herz der Tante,
für die Mutter, die sich brannte,
für den Opa, der so schwer
leidet, denn er hustet sehr.
Und das ist bestimmt ganz richtig,
Honig ist tatsächlich wichtig.
Honig hilft für allerlei,
ist die beste Hausarznei.
Lunge, Herz lässt sich kurieren,
Magen, Leber, Galle, Nieren,
Mundausschlag und Heiserkeit,
schlechter Schlaf und Müdigkeit,
Nerven, Wunden aller Art,
selbst mit Eiter schon gepaart,
auch für ungesundes Blut.
Kaum ein Leiden, ein Organ
das nicht spricht auf Honig an…“

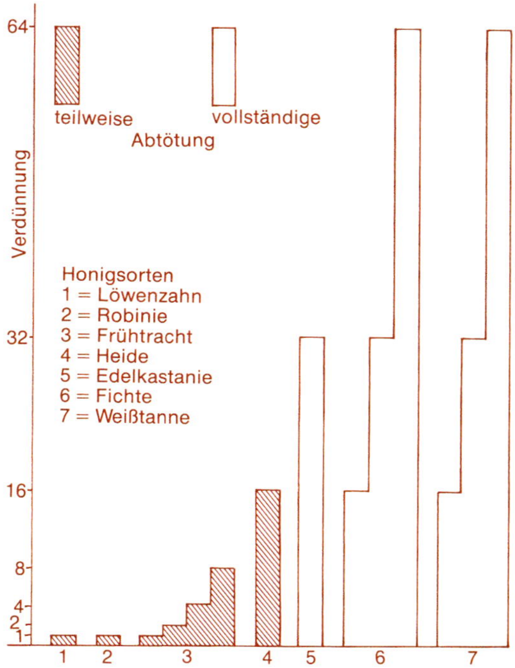

Antibakterielle Wirkung des Honigs (nach Buchner, 1982).

Pollen als menschliches Genussmittel

Neben dem Honig ist in der letzten Zeit auch der von den Bienen gesammelte Blütenstaub als Ernährungsfaktor bekannt geworden. Unsere Vorfahren nahmen mit dem Honig automatisch auch Pollen zu sich. Bevor die Schleuder erfunden war, presste man den Honig von Hand aus den Waben, wobei es nicht ausblieb, dass in den Zellen gespeicherter Pollen in den Honig gelangte. Beim modernen Schleudergang ist dies in nur unbedeutendem Maße der Fall.

Seit Anfang der 1950er-Jahre stellt man von verschiedenen Seiten immer häufiger die Frage, ob eine eiweißhaltige Nahrung – aus der das Bienenvolk mit einer Menge von 30 bis 50 kg etwa 150 000 Bienen erzeugt – nicht auch dem Menschen zugute kommen kann. Nicht nur die chemischen Analysen haben dazu ermutigt, auch viele Berichte von Menschen die regelmäßig Pollen genießen (Herold 1970).

Pollen besitzt einen reichen Nährstoffgehalt. Neben Eiweißen, freien Aminosäuren, Zuckern, Mineralstoffen, Vitaminen, Antibiotika, Wuchsstoffen und anderen hormonartigen Stoffen enthält Pollen auch Fette und Duftstoffe. Nehmen wir jetzt noch Wasser hinzu, so enthält der Blütenstaub ungefähr alles, was im Honig auch enthalten ist, nur in

Blütenstaub sammelnde Bienen an der männlichen Weide.

Gut zu wissen

Jedoch wäre es nicht richtig, wenn ich negative Erfahrungen, die Menschen mit dem Genuss von Pollen gemacht haben, verheimlichen würde. Herzbeschwerden und Unwohlsein traten auf. Es ist deshalb zu raten, nach solchen Erscheinungen den Arzt zu konsultieren, genauso wie Allergiker.

anderer Zusammensetzung und Menge, je nach der Pflanze, von der er gesammelt wurde. Nach Joirisch (in Herold, 1970) enthält Pollen alles, was der Organismus zum Leben braucht.

Blütenstaub gilt in verschiedenen Ländern des Westens und Ostens seit Jahren als gesundheitlich wertvolles Nahrungsmittel. In Deutschland hinken wir etwas hinterher. Nach Chauvin (in Herold, 1970) liegen klinische Erfahrungen mit Pollen in Versuchen seit 1953 vor. Danach soll Pollen die Darmtätigkeit regeln, die Vermehrung des roten Blutfarbstoffes bei blutarmen Kindern fördern, die rasche Gewichtszunahme und Wiederherstellung der Kräfte bei Alternden und Genesenden bewirken sowie allgemein eine Besserung des gesundheitlichen Gesamtzustandes als ein vom Patienten dankbar empfundenes Wohlgefühl.

Nach verschiedenen Veröffentlichungen von A. Caillas in den Jahren 1954 bis 1967 wurden weitere Wirkungen beobachtet: Pollen macht Appetit, hebt die Stimmung, erleichtert die geistige Arbeit, verbessert die Hirndurchblutung, erhöht die Sehkraft, fördert das Wachstum, nicht zuletzt hilft er auch den Prostatikern. Viele Menschen, die mir im Laufe der langjährigen Beratertätigkeit über ihre Erfahrungen mit dem Genuss von Pollen berichteten, haben diese Wirkungen bestätigt.

Pollengewinnung
Der Imker gewinnt den Blütenstaub mit Pollenfallen. Dabei wird erreicht, dass heimkehrende Bienen die Höschen beim Durchschlüpfen der Falle abstreifen. Sie sammeln sich in einem Behälter oder darunter stehenden Sammelkästchen.

Nach einer Reinigung von unerwünschten Beigaben, wie Beine oder Flügel der Bienen, ist er umgehend zu trocknen. Zu nasser Pollen fördert die Schimmelbildung und verdirbt rasch. A. Caillas warnt vor verdorbenem Pollen. Er kann gesundheitsschädlich, ja sogar ausgesprochen giftig wirken.

Der Genuss von reinem Pollen ist Geschmackssache. Verwöhnten Gaumen widersteht er, andere kauen ihn mit Vorliebe frisch oder getrocknet. Mit einem Löffel Honig bereichert, wird nicht nur der Geschmack besser, sondern auch die Wirkung ergänzt.

Gut zu wissen

Eine trockene, vor tierischen Schädlingen schützende und dunkle Aufbewahrung des Pollens ist zu empfehlen. Licht und Sauerstoff beeinträchtigen die Wirkstoffe.

Wachs, Kittharz, Bienengift

Neben Honig und Pollen dürfen andere Produkte aus dem Bienenvolk wie Wachs, Kittharz (Propolis) und das Bienengift nicht vergessen werden. Auch alle diese besitzen viele nutzbare Eigenschaften.

Bienenwachs

Im kalten Zustand ist Bienenwachs eine körnig brechende und spröde Masse, die mit zunehmender Erwärmung knet-, dehn- und formbar wird. Der Geruch ist bei gelbem Bienenwachs honigartig, der Geschmack als leicht würzig bezeichnen.

Die chemische Zusammensetzung des Bienenwachses sieht vereinfacht folgendermaßen aus: 79 % Fettsäuren und Ester, 14 % Kohlenwasserstoffe und 1 – 2 % Wasser. Das spezifische Gewicht beträgt 0,95 – 0,968 g / cm³. Der Schmelzpunkt liegt bei 61 – 66 °C; der Verdampfungspunkt bei 250 °C (Spürgin, 2010).

Die Verwendung des Bienenwachses durch den Menschen für seine Bedürfnisse ist wahrscheinlich genauso alt wie die Honiggewinnung. Die Herstellung von Kerzen diente sicherlich nicht nur kirchlichen Zwecken. Künstlerisch wertvolle Stücke entstanden im Laufe der Jahrhunderte und werden auch heute noch angefertigt. Auch wertvolle Wachsbilder und -skulpturen lassen sich aus diesem leicht zu modellierenden Werkstoff herstellen. Sehr gefragt ist Bienenwachs als Konservierungsmittel bei der Erhaltung und Erneuerung alter Möbel und es wird in der Herstellung von Lebensmitteln und Körperpflegeprodukten gebraucht.

Gut zu wissen

Bienenwachs ist in der Regel reinweiß. Es verfärbt sich aber vor allem im Bereich der Brutzellen ins Gelbe, Helldunkel- bis ins Schwarzbraune. Nicht nur von den Farbstoffen des Blütenstaubes und des Kittharzes rührt diese Verfärbung her, sondern auch Verunreinigungen und Zellenrückstände der Brut machen sich bemerkbar.

Rückstände im Bienenwachs
Die nach dem Schmelzvorgang erstarrten Wachsblöcke von verbrauchten und eingeschmolzenen Altwaben können noch sehr viele Verun-

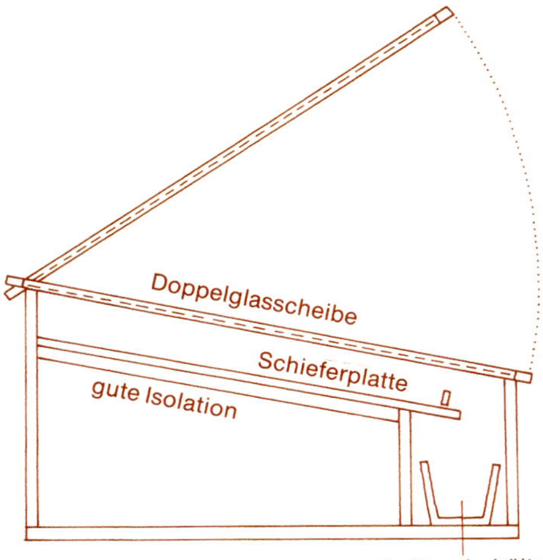

Sonnenwachsschmelzer (Längsschnitt) zur Gewinnung von Bienenwachs.

reinigungen enthalten. Durch Abkratzen und Abschaben der Böden der Blöcke lässt sich vieles davon entfernen. Öfteres Sieben im flüssigen Zustand wird eine zunehmende Säuberung herbeiführen, die braune bis dunkle Verfärbung wird durch diese physikalischen Vorgänge kaum reduziert.

Weitaus mehr Beachtung muss der Praktiker chemischen Rückständen im Bienenwachs schenken – durch die Varroa- und Wachsmottenbekämpfungsmittel, Pflanzenbehandlungsmittel und auch Umwelteinflüsse. So zeigen Untersuchungen von Wachsproben, dass Rückstände von Coumaphos (Wirkstoff von Perizin) über der Bestimmungsgrenze von 0,5 mg/kg liegen (Wallner, 2009) können. Die Gefahr, dass dieser Wirkstoff in den Honig gelangt, ist groß. Dem Imker kann nur geraten werden, die Anwendung dieser Mittel zu reduzieren und sich genau an die Gebrauchsanweisungen des Herstellers zu halten.

Rückläufig oder kaum vorhanden sind Rückstände vom Brompropylat (Folbex Räucherstreifen) und Paradichlorbenzol (Wachsmottenbekämpfungsmittel) im Bienenwachs. Beide Mittel werden nicht mehr angewendet. Intensive Untersuchungen zu den Themen Rückstände von Pflanzenbehandlungsmitteln und Wirkung von Umwelteinflüssen laufen derzeit. In Öko-Imkereien waren keine Pflanzenschutzwirkstoffe nachweisbar (Jahresbericht Landesanstalt für Bienenkunde 2010. Bienenpflege 3/2011).

Kittharz

Während Wachs, zusammen mit Honig gekaut, lindernd auf Heuschnupfen wirkt, tritt bei Kittharz, das die Bienen an Baumknospen und dort wo Harz zutage tritt, sammeln, die hohe Wirksamkeit gegen Bakterien zutage. In der Wundbehandlung und bei Erkrankung der oberen Luftwege wird diese Eigenschaft genutzt.

Bienengift

Dieses ist von jeher als Heilmittel bekannt und daher in verschiedenen Medikamenten enthalten. Salben und Flüssigkeiten zum Einreiben und Lösungen zum Einspritzen sind Mittel, die bei rheumatischen Muskel-, Nerven- und Gelenkerkrankungen sowie Kälteschäden helfen.

Krankheiten und Feinde des Bienenvolkes

Zur Natur des Bienenvolkes gehört es, dass einzelne Mitglieder ihre Behausung zeitweise verlassen müssen, um ihre Aufgabe innerhalb der Gemeinschaft zu erfüllen. Zu den Tätigkeiten der Flugbienen gehört es vor allem, Nahrung in Form von Nektar, Honigtau, Blütenstaub und auch Wasser von draußen herbei zu schaffen. Es liegt auf der Hand, dass dadurch Übertragung und Einschleppung von Krankheiten begünstigt oder überhaupt erst möglich wird. Der Imker hat darauf in vielen Fällen kaum einen Einfluss. Und es muss außerdem ja in seinem eigenen Interesse liegen, dass seine Bienen eifrig sammeln und immer wieder neue Quellen aufspüren, die einen größeren Honigertrag versprechen.

Mehrere Faktoren

Zur Entstehung und Ausbreitung einer Krankheit oder Seuche in einem Bienenvolk gehört nicht nur die Ansteckung durch den betreffenden Erreger. Es müssen auch bestimmte Bedingungen erfüllt sein, bei denen sich der Erreger so entwickeln und vermehren kann, dass er zu einer ernsthaften Gefahr für das gesamte Bienenvolk wird. Im Folgenden werden die wichtigsten Bienenkrankheiten dargestellt.

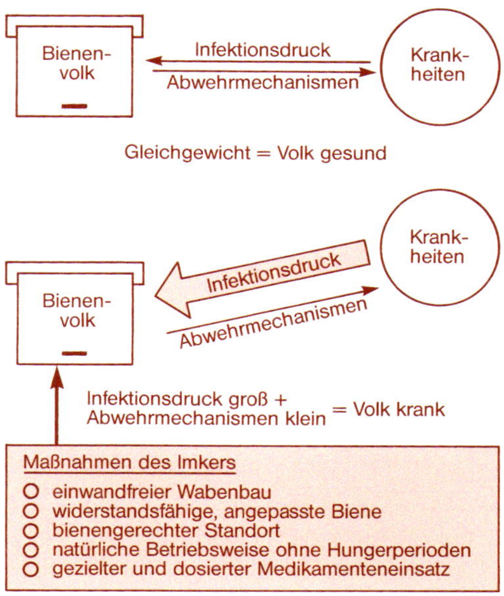

Schema eines gesunden und eines kranken Volkes. Medikamente sollten nur verwendet werden, wenn es absolut notwendig ist.

Krankheiten der Brut und der erwachsenen Biene

Bei näherer Betrachtung der wichtigsten Bienenkrankheiten und des Krankheitsverlaufes wird man feststellen, dass verschiedene Faktoren eine Rolle spielen. Solche sind beispielsweise der Standort mit Temperatur und Luftfeuchtigkeit, die Betriebsweise, Zucht und Vermehrung sowie anderes mehr. Es ist nicht immer leicht, die Zusammenhänge zwischen Ursachen und Wirkungen zu erkennen.

Die bösartige Faulbrut

Diese klassische Infektionskrankheit muss sehr ernst genommen werden. Hat sie sich einmal in einem Volk eingenistet, kann man sie nur mit radikalen Mitteln wieder loswerden.

Nach der alten Weisheit „Vorbeugen ist besser als Heilen" muss in erster Linie auf jeden erdenklichen Schutz gegen Infektionen geachtet werden. Als betriebstechnische Maßnahme wird man bei der Verwendung gebrauchter Betriebsmittel eine gründliche Entseuchung durch Abflammen mit einbeziehen. Bei allen Eingriffen in die Völker ist die Kontrolle auf faulbrutverdächtige Zellen eine Selbstverständlichkeit.

Gut zu wissen

Stehen Bienenvölker in der Nähe von verlassenen verseuchten Bienenständen, so wird es immer wieder zur Ansteckung und zum Neuausbruch der Seuche kommen. Deshalb ist es notwendig, dass man bei der Sanierung eines faulbrutverseuchten Standes den Infektionsherd ausfindig und unschädlich macht.

Erreger

Es handelt sich dabei um das von dem Amerikaner White 1904 entdeckte *Bacillus larvae*. In der Dauerform gelangt es als Spore mit der Nahrung in den Larvendarm. Dort wird es in der Regel aktiv und richtet die Larve zugrunde. Dann geht das Bazillus wieder aus der aktiven teilungsfähigen in die Ruhe- oder Dauerform über. Jahrzehntelang können die Sporen ansteckungsfähig bleiben. Mit chemischen Desinfektionsmitteln lässt sich der Erreger nicht mit Sicherheit unschädlich machen.

Wichtig

Die Faulbrut ist nach dem Viehseuchengesetz anzeigepflichtig. Die Bekämpfung obliegt dem beamteten Tierarzt und, beispielsweise in Baden-Württemberg, auch dem Bienensachverständigen.

Symptome

Vielfach wird die Krankheit erst bemerkt, wenn das Volk so gut wie verloren ist. Die Brutwaben zeigen eingefallene Zelldeckel, oft durchlöchert. Darunter befinden sich abgestorbene Larven. Beim Hineinstechen mit einem Streichholz bildet sich eine zentimeterlange, milchkaffeebraune, stark fadenziehende Masse. Diese läuft an der unteren Längsseite der Zelle zusammen und bildet dann nach und nach dort einen dunkelbraunen, harten, fest anliegenden Belag, den sogenannten Schorf. Ein einziger Schorf kann bis zu 2,5 Milliarden Faulbrutsporen bilden.

Bei der Versorgung der Maden und Larven mit faulbrutsporenhaltigem Futter, kommt es zu einer Übertragung und Ansteckung mit dem Krankheitserreger. Dieses kann vom befallenen Volk selber stammen oder durch Verfliegen und Räuberei ins Volk gelangt sein. Von verlassenen Bienenständen werden vielfach nur die Faulbrutsporen übertragen.

Auch durch Verfütterung ausländischen oder sonstigen Fremdhonigs kann die Faulbrut eingeschleust werden. Eine weitere Übertragungsmöglichkeit ist schließlich die durch den Imker selber, das heißt, durch Kauf, Tausch oder Ausleihen faulbrutverseuchter Geräte, Beuten und Waben.

Behandlung

Eine Heilung kann bei starken Völkern das Kunstschwarmverfahren bringen. Dabei wird das Volk von dem verseuchten Brutkörper samt Waben und Vorräten getrennt und nach dreitägiger „Kellerhaft“ bei Fütterung in eine entseuchte Beute auf frischem Wabenbau gesetzt.

Nach neueren wissenschaftlichen Erkenntnissen ist der Nachweis der bösartigen Faulbrut durch Untersuchungen der Futterkranzproben im Labor möglich. Dabei können Einzelproben pro Volk oder auch eine Gesamtprobe pro Stand oder Standort der Völker in die Untersuchung mit einbezogen werden.

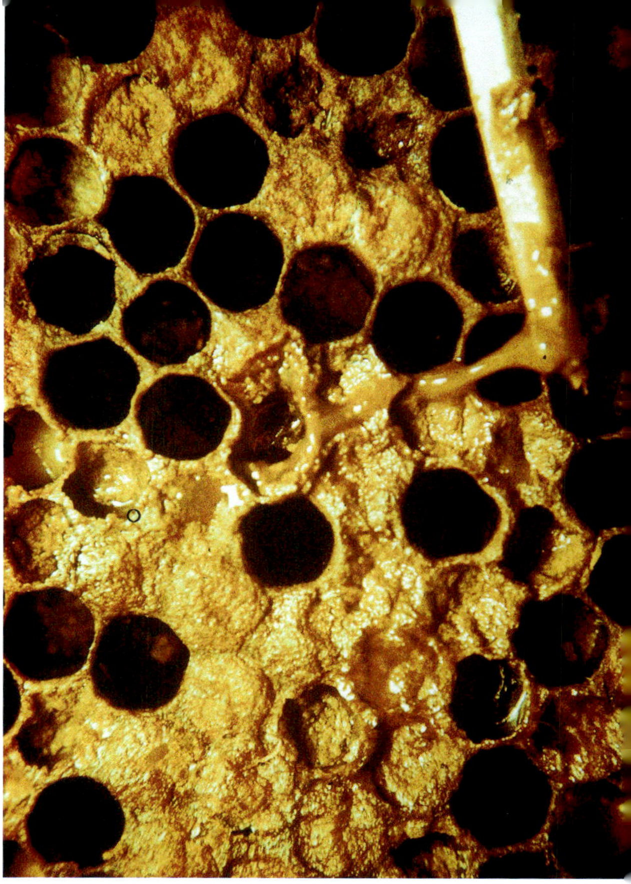

Das typische Zeichen der Faulbrut, die fadenziehende Masse aus der Zelle.

Die Nosema-Krankheit

Der Erreger (*Nosema apis*) ist ein einzelliger, Sporen bildender Mikroorganismus. Er wurde im Jahre 1909 von Zander entdeckt. Nosema gelangt mit der Nahrung über die Honigblase in den Mitteldarm, wo die Sporen auskeimen, sich vermehren und über den Kot wieder ausgeschieden werden.

Die Darmfunktion befallener Bienen ist erheblich gestört und auch der Stoffwechsel erleidet starke Veränderungen. Solche Bienen können allenfalls noch ihre sozialen Aufgaben wie Larvenfütterung aus Körperreserven durchführen, aber keine neuen Eiweißstoffe aus Blütenstaub erzeugen. Sie altern und sterben wegen des einseitigen Verbrauchs ihrer Körperreserven frühzeitig.

Der Erreger ist in jedem Bienenvolk auf der ganzen Erde vorhanden. Den Winter über in der brutlosen Zeit bildet er Ruhestadien, die in den Darmzellen überwintern. Mit Beginn der Verarbeitung von Pollen oder dessen Ersatzstoffen werden sie frei, wandern aktiv in die Darmzellen ein und rufen spontane Neuinfektionen hervor. Jungbienen scheinen gewisse Abwehrkräfte zu besitzen. Jedenfalls werden sie bis zum 15. Lebenstag nicht befallen.

Gut zu wissen

Typisch für ein an Nosema zusammenbrechendes Volk sind Brutwaben mit Königin und wenig Arbeitsbienen. Eine genaue Diagnose, vor allem auch über den Befallsgrad, liefert eine mikroskopische Untersuchung.

Symptome

Bei fortgeschrittener Erkrankung findet man, ähnlich wie bei der Tracheenmilbe, flugunfähige, am Boden krabbelnde Bienen. Braune bis gelbe wässrige Kotflecken, die unzählige Nosemasporen enthalten, sind weitere Anzeichen für eine fortgeschrittene Ansteckung.

Begünstigende Faktoren

Wie bei keiner anderen Krankheit beeinflussen der Standort und die zugehörigen Umweltfaktoren den Verlauf der Krankheit. Durch geringe Flugaktivität gekennzeichnete, also nicht bienengemäße Standorte, fördern das Verbleiben an Nosema erkrankter Bienen im Volk und damit weitere Infektionen. Dies geschieht vor allem durch das bei solchen Standorten auftretende Koten innerhalb des Volkes auf Waben und Beutenwänden.

Die Krankheit wird verschleppt durch Verfliegen einzelner kranker Bienen sowie durch Ansteckung durch die Verwendung verseuchter Waben und von verseuchtem Futter erkrankter Völker. Nicht zuletzt stellen gemeinsame Futter- und Tränkeplätze im Freien einen Infektionsherd ersten Ranges dar. Je geringer die körpereigenen Reserven der Biene, desto eher wird sie sich bei der Brutpflege verausgaben, und desto eher erliegt sie dem Nosemaerreger.

Die Ausbreitung der Nosema im Frühjahr wird begünstigt durch:

- Brutunterbrechungen im vorausgegangenen Sommer
- Einwinterung schwacher Völker
- Verwendung alter, mit Nosemasporen verseuchter Waben

In die Betriebsweise sind deshalb mit einzubeziehen:

- schwarmvorbeugende, schwarmverhindernde Maßnahmen
- die Versorgung der Völker mit genügend Futter in Form von Eiweiß und Kohlenhydraten auch in Trachtlücken
- leistungsfähige Königinnen in den Völkern
- bei leistungsfähigen Königinnen und einem genügenden Pollenangebot eine rechtzeitige, genügende Reizfütterung
- Aussonderung von Schwächlingen und Vereinigungen nicht genügend starker Völker
- die Ausnutzung des im Bienenvolk vorhandenen natürlichen Bautriebs bei Aussonderung zu oft bebrüteter, schwarzer Waben

Behandlung

Durch eine günstige Umwelt, die genügend Pollen und Nektar spendet, wird auf natürliche Weise die Ausbreitung der Nosemaseuche in Grenzen gehalten. Erreichen lässt sich eine solche Umwelt nicht nur durch Anpflanzung entsprechender Pflanzen, besonders im Spätsommer, sondern vor allem dadurch, dass man eine Völkermassierung im Bereich des Flugradius auf 2 bis 3 km vermeidet.

Die Bekämpfung dieser Krankheit erfolgt vorbeugend und unter Beachtung vorher genannter Punkte, die die natürlichen biologischen Kräfte des Bienenvolkes nutzen. Die Nosema zählt nicht zu den anzeigepflichtigen Seuchen. Daher obliegt die Bekämpfung auch nicht dem beamteten Tierarzt und dem Bienensachverständigen.

Die Tracheenmilbe

Die Bienenmilbe (*Acarapis woodi*) ist ein spinnenartiges Tier, etwa 1/10 mm groß, das in den beiden Hauptstämmen des ersten Brustluftröhrenpaares der Biene lebt. Das Eindringen dieses Parasiten erfolgt meist in den ersten acht Lebenstagen der Jungbiene. Zu dieser Zeit sind die Borsten, welche die Tracheenöffnungen umgeben, noch weich, sodass die Milben leicht eindringen können. Die Fortpflanzung der Milben findet ebenfalls in den Luftröhren statt. Nach zwei bis drei Wochen sind wieder neue geschlechtsreife Weibchen vorhanden. Diese können aus den Tracheen ausschlüpfen und weitere Jungbienen befallen.

Die Milben ernähren sich durch Anstechen und Aussaugen der befallenen Gewebe im Inneren der Biene. Dadurch und durch die Folgewirkungen wird die Biene so geschwächt, dass sie ihre normale Leistungsfähigkeit verliert und nach und nach gänzlich ausfällt. Bei starkem Befall wird zusätzlich die Sauerstoffversorgung der Flugmuskulatur gehemmt, was bis zum Verlust der Flugfähigkeit führen kann.

Auf stärkeren Befall lässt eine gewisse Unruhe im Volk schließen. Weitere Anzeichen sind vor dem Flugloch krabbelnde Bienen, die nicht mehr auffliegen können und sich zu kleinen Gruppen an Grashalmen, Blättern und Steinen sammeln. Bei näherer Untersuchung kann man zusätzlich abstehende, leicht ausreißbare Flügel feststellen.

Da solche oder ähnliche Krankheitsbilder auch bei anderen Krankheiten auftreten können, lässt sich eine genaue und sichere Diagnose nur durch eine mikroskopische Untersuchung der Luftröhre stellen.

Ein Leben der Milbe außerhalb der Biene für längere Zeit ist nicht möglich. Deshalb ist ein Übertragen der Parasiten durch Waben, Beuten oder Geräte praktisch nicht gegeben. Die Übertragung geschieht innerhalb des Volkes durch den fortschreitenden Befall von Jungbienen und von Volk zu Volk durch Verfliegen befallener Bienen.

Der Befall weiterer Bienen durch ausgeschlüpfte Milben wird umso leichter geschehen können, je weniger die Bienen in Bewegung sind. Dies ist der Fall bei wenig Flugaktivität, was vor allem für nicht bienengemäße Standorte im Frühjahr in der aufsteigenden Entwicklung des Bienenvolkes zutrifft.

Behandlung

Heute ist man der Ansicht, dass durch eine auf biologisch günstiger Basis betriebene Völkererhaltung und -führung die Tracheenmilbe für das Bienenvolk keine ernste Gefahr mehr darstellt.

Wichtig

Die Milbenseuche ist eine schlimme, anzeigepflichtige Seuche. Die Bekämpfung obliegt, wie bei der Faulbrut, dem beamteten Tierarzt zusammen mit dem zuständigen Bienensachverständigen. Bei der Neufassung der Bienenseuchen-Verordnung vom 3.11.2004, zuletzt geändert 20.12.2005, wurden die Regelungen zur Milbenseuche dadurch erleichtert, dass vielfach Kann-Bestimmungen erlassen worden sind.

Man muss es so sehen: Je länger die Einzelbiene lebt, desto mehr Milben können sich in ihr entwickeln, was bedeutet, dass die Befallstärke steigt. Durch eine entsprechende Betriebsweise ist nun ein gewisser „Bienenumsatz" anzustreben, der den labilen Zustand immer wieder zugunsten des Bienenvolkes reguliert. Dies geschieht durch Anwandern entsprechender Entwicklungstrachten, nicht zuletzt auch durch Anwandern von Massentrachten. Dabei wird verhindert, dass die einzelne Biene bei entsprechender Witterung zu alt wird und ein zügiges Brüten des Volkes erreicht.

Befall mit *Varroa destructor*, die Varroatose, die Varroose

Dieser Parasit befällt sowohl die Brut als auch die erwachsene Biene. In der Bundesrepublik wurde die Varroa-Milbe erstmals im Jahre 1977 im Institut für Bienenkunde in Oberursel im Taunus nachgewiesen. Seither hat sie sich bei uns weiter verbreitet. In der Zwischenzeit kann man von einem flächendeckenden Befall in Mitteleuropa ausgehen. Nicht umsonst wurde die Milbe umbenannt in *Varroa destructor* – die Zerstörende. Diese Wirkung tritt tausendfach in den Bienenvölkern zutage. Die mit bloßem Auge gut sichtbare Milbe ist 1,3 mm lang und 1,7 mm breit. Frei lebend im Bienenvolk wird überwiegend das Weibchen angetroffen, das hellbraun und mit kurzen, dornartigen Borsten und hellen

Sich gegenseitig beschnuppernde Bienen am Anflugbrett lassen auf einen Varroabefall schließen.

Varroa-Milben an der Drohnenbrut.

Härchen bedeckt ist. Die Körperform ist quer-oval. Die vier Beinpaare sind mit Haftkolben ausgestattet. Die Männchen sind kleiner und kreisrund (0,8 mm Durchmesser); ihre Mundwerkzeuge sind verkümmert und zur Nahrungsaufnahme ungeeignet.

Die weiblichen Milben legen zwei bis fünf milchfarbene Eier in die Wabenzellen oder auf die Bienenbrut, wobei Drohnenmaden bevorzugt werden. Innerhalb von acht Tagen wachsen aus den Eiern fertige Milben heran, die dann mit der schlüpfenden Biene die Zellen verlassen. Vorher erfolgt noch die Begattung durch das Männchen, das bald danach stirbt. Dies ist der Grund, warum im Volk nur weibliche Milben angetroffen werden, die bis zu acht Monate am Leben bleiben und dabei bis zu 37 Eier je Weibchen legen können.

Die heranwachsenden Parasiten saugen an der Bienenbrut, wodurch Bienen mit Verkrüppelungen, verkrümmten Flügeln und Beinen und anderen Deformationen entstehen. Solche Bienen sind kaum lebens-, geschweige denn leistungsfähig. Bei unvollendeter Entwicklung werden derart geschädigte Bienen bereits aus den Zellen entfernt.

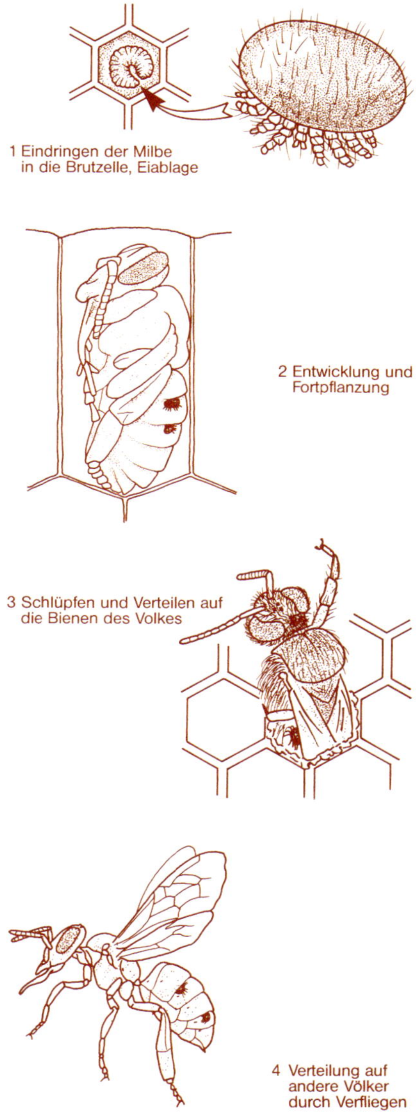

Entwicklungsstadien der Varroa-Milbe.

Symptome

Schwacher Befall bleibt vom Imker zwei bis drei Jahre meist unbemerkt. Erst im 3. oder 4. Befallsjahr bei rund 10 000 Milben und mehr pro Volk ist dann die ganze Brut befallen, sodass in der Regel im Herbst und darauffolgenden Winter der Zusammenbruch des Volkes erfolgt.

Völker werden immer schwächer, unruhiger und verlassen sogar die Brut. 6 bis 8 Milben pro Biene sind bei starkem Befall keine Seltenheit. Heute weiß man, dass bereits bei 5 000 Milben pro Volk dieses stark gefährdet ist.

Die Erfahrung der letzten Jahre macht jedoch auch deutlich, dass die Völker so lange intakt bleiben, wie Drohnenbrut vorhanden ist. Nach natürlicher Einstellung der Aufzucht von Drohnen lässt sich ein zunehmender Befall der Arbeiterinnenbrut feststellen.

Diagnose

Dazu eignet sich die Untersuchung des Gemülls, das auf eingelegten Windeln, die auf Gitterrahmen aufgenagelt sind, gesammelt werden

Gut zu wissen

Treten sackbrutähnliche Erscheinungen an den Larven der Arbeiterinnenbrut auf, ist eine sofortige Reduzierung des Milbenbefalls unerlässlich, sonst sind solche Völker verloren.

kann. Es sollte ein Gitter mit einer Maschenweite von 3 mm verwendet werden, damit die Bienen abgestorbene Milben nicht hinaustragen können. Stehen keine Gitterrahmen zur Verfügung, lassen sich die abgefallenen Milben auch auf Papierunterlagen, die am Bodenbrett eingelegt werden, feststellen und zählen. Brauchbare Befallsgrade sind bei dieser Methode jedoch nur vor intensivem Flugbetrieb zu bekommen.

Eine weitere, aber zeitaufwendigere Diagnose ist die Untersuchung gedeckelter Drohnenbrut. Mindestens 100 Puppen pro Volk müssen aus den Zellen gezogen und betrachtet werden. An der noch weißen Puppe sind die darauf sitzenden hellbraunen, heranwachsenden Parasiten zu erkennen.

Die Bienen verlassen bei zu starken Säuredämpfen nach einer Ameisensäurebehandlung die Beute, kehren aber nach Unterbrechung der Behandlung wieder zurück.

Bekämpfung

Nach Erkenntnissen in der Praxis reichen biologisch-natürliche Maßnahmen wie Drohnenbrutentnahme nicht aus, um eine wirkungsvolle Reduzierung des Milbenbefalls zu erreichen. Der Einsatz chemischer Mittel ist unumgänglich. Jedoch müssen es Mittel sein, die

- dem Bienenvolk nicht schaden,
- eine wirkungsvolle Abtötung der Milben bewirken,
- keine oder nicht belastende Rückstände im Honig und Wachs hinterlassen und
- vom Imker leicht anzuwenden sind.

Zur Bekämpfung dieses Parasiten sind vom Bundesamt für Verbraucherschutz und Lebensmittelsicherheit folgende Tierarzneimittel zugelassen (nach Dr. Wallner, Stand 2011):

- Perizin
- Bayvarol
- Thymovar
- Apilife VAR
- Apiguard

Standardzulassungen erreicht haben:

- Ameisensäure 60 % ad us. vet.
- Milchsäure 15 % ad us. vet.
- 3,5 %ige Oxalsäure – dihydrat ad us. vet.
- Oxuvar

Vielfach wird auch 85 %ige Ameisensäure eingesetzt.

Vor- und Nachteile dieser Mittel

- So ist die hohe Wirksamkeit von Perizin bekannt, jedoch auch die Anreicherung des Wirkstoffes Coumaphos im Wachs.
- Bei den Bayvarolstreifen mit dem Wirkstoff Flumethrin treten bereits Resistenzen der Milben auf.
- Die Präparate Thymovar, Apilife VAR und Apiguard enthalten den Wirkstoff Thymol, dessen Wirksamkeit sehr stark von der Temperatur abhängt.
- Beim Einsatz von Säuren – vor allem Ameisensäure – ist Schutzbekleidung unbedingt notwendig, egal ob mit dem Schwammtuch oder mit einem Verdunster gearbeitet wird. Milchsäure verlangt ein allseitiges Besprühen der Bienen auf den Waben. Oft sehr aufwendig.

Oxalsäurebehandlung

Obwohl diese nur für die Wintermonate Dezember/Januar gedacht ist, zeigen praktische Erfahrungen gute Ergebnisse, wenn eine Lösung dieser Säure gleich nach dem Abschleudern und zwei Wochen danach mit dem Träufelverfahren ausgebracht wird. Nach der ersten Behandlung kann mit der Auffütterung begonnen werden.

Herstellung der Lösung und Anwendungsmenge

35 g kristalline Oxalsäure und 200 g Zucker werden in 750 ml warmem Wasser gelöst. Starke Völker werden mit 50 ml dieser Lösung beträufelt, für schwächere genügen 30 ml.

Ein brauchbares Gerät dafür ist der aus Australien stammende „NJ Phillips Injektor“, eigentlich zur Injektion von Arzneimitteln bei Tieren gedacht. Per Handdruck kann damit sehr schnell die Menge von 5 ml Oxalsäurelösung dosiert und dann in die Wabengassen des Volkes gesprüht werden. (Fa. Manfred Dehner aus 74572 Blaufelden-Billingsbach).

Kunstschwarmverfahren

In der Praxis hat sich in den letzten Jahren zur Varroabekämpfung auch das Kunstschwarmverfahren im Spätsommer und Herbst bewährt. Nur die Bienen ohne Wabenbau werden behandelt. Im Zusammenhang mit der Bildung solcher Kunstschwärme erhält das Volk neuen Wabenbau und wird gleichzeitig umgeweiselt.

Viren im Gepäck

Für viele Völkerzusammenbrüche sind auch Viren verantwortlich, die durch starken Varroabefall aktiviert werden und für die die Milben als Überträger infrage kommen. Zu nennen sind vor allem:

- das Flügeldeformationsvirus (DWV, Deformed Wing Virus),
- das Kaschmir-Bienenvirus (KBV, Kashmir Bee Virus)
- und andere (Schweizer Bienenzeitung 3/2008).

Gut zu wissen

All diese Mittel dürfen nur außerhalb der Trachtzeit eingesetzt werden, um Rückstände und Geschmacksveränderungen im Honig (Böcking, 2007) zu verhindern. Auch ist der Imker gut beraten, wenn er sich an die Gebrauchsanweisungen der Hersteller hält und Überdosierungen vermeidet.

Wichtig

Vor und nach jeder Behandlung gegen Varroa-Milben ist eine Befallsfeststellung notwendig. Als Anhaltspunkte können grob gelten: Im Herbst nicht mehr als 10 Milben/Tag im Winter 1 Milbe/Tag (Ritter, 2011).

Da Bekämpfungsmaßnahmen darüber noch nicht bekannt sind, ist der Praktiker gut beraten, in seiner Betriebsweise die milbenreduzierenden Maßnahmen sehr ernst zu nehmen. Es wäre eine Illusion zu glauben, Varroa-Milben könnten mit noch so intensiven Bekämpfungsmethoden ausgerottet werden. Anzunehmen ist jedoch, dass im Laufe der Zeit eine Anpassung des Parasiten an das Bienenvolk und umgekehrt erfolgt.

Kalkbrut, Steinbrut, Sackbrut

Als Krankheiten der Brut müssen noch die Kalk-, die Stein- und die Sackbrut erwähnt werden. Die wohl am meisten verbreitete dieser drei Krankheiten ist die Kalkbrut.

Kalkbrut

Der Erreger ist ein Schimmelpilz, der auch in Bienenvölkern nachgewiesen werden kann, die kein sichtbares Krankheitsbild aufweisen. Zu seiner Entwicklung und damit zur sogenannten Verkalkung der Made sind gewisse Voraussetzungen wie fehlender Putztrieb der Arbeitsbienen erforderlich.

Als Spore kann der Pilz entweder mit der Nahrung oder von ihrer Körperoberfläche aus in den Darmkanal der Made gelangen. Unter Verfärbung ins Gelbliche bei gleichzeitiger Verhärtung trocknen die Madenkörper ein. Sie werden dann von den Bienen aus den Zellen geschafft; der Imker findet sie vor dem Flugloch. Waben stark befallener Völker geben beim Schütteln klapprige Geräusche von sich.

Sackbrut bei starkem Varroabefall.

Behandlung

Ein Mittel zur Bekämpfung der Kalkbrut gibt es nicht; auch ist es nicht notwendig, ein solches zu entwickeln. Hygienisch einwandfrei gesäuberte Beuten, ein nicht zu alter Wabenbau und vor allem Bienenvölker mit natürlichem Putztrieb sind vorbeugende und ausreichende Maßnahmen, um die Kalkbrut in Grenzen zu halten.

Außerdem wird der Königinnenvermehrer großen Wert darauf legen, keine Königinnen von mit Kalkbrut befallenen Völkern zu vermehren.

Steinbrut

Als zweite Art der Hartbrut, ebenfalls durch einen Schimmelpilz verursacht, kann die Steinbrut bezeichnet werden. Im Anfangsstadium zeigt sie die gleichen Zustände wie Kalkbrut. Im Endstadium sitzen die hart gewordenen Mumien jedoch fest in der Zelle, sodass sie von den Bienen nicht entfernt werden können.

Nach der Sporenbildung der Pilze zeigen sich am Kopfende der Streckmade gelblich grünliche Sporenrasen. Diese können das Bild einer mit Pollen gefüllten Zelle vortäuschen. Gelegentlich überziehen die Bienen solche befallenen Maden mit Kittharz.

Dieser Pilz kann auch erwachsene Bienen befallen, die dann flugunfähig vor dem Stand umherkrabbeln. Ihr Hinterleib fühlt sich hart an.

Gut zu wissen

Steinbrut kann als einzige der Bienenkrankheiten auch den Menschen befallen, mit langwierigen Entzündungen als Folge. Deshalb und wegen der großen Seltenheit des Auftretens ist eine Vernichtung des Volkes samt Beute durch Verbrennen angebracht. Zeigt sich irgendwo der Verdacht, sollte man den Rat des Fachmannes einholen.

Sackbrut

Weniger bedeutsam unter den Brutkrankheiten ist die Sackbrut. Sie wird durch ein Virus hervorgerufen. Wie der Name ausdrückt, können die befallenen Maden – überwiegend Streckmaden – im Anfangsstadium der Erkrankung wie ein Säckchen mit einer Pinzette aus der Zelle geholt werden. Dies kommt daher, dass der Körperinhalt der Maden zu einer jauchig wässrigen Flüssigkeit zerfällt, wobei die Außenhaut der Made erhalten bleibt. Nach und nach trocknen die abgestorbenen Maden dann am Zellenboden zu einem braunen Schorf ein.

Als Gegenmaßnahme genügt im Allgemeinen die Entfernung und Vernichtung der befallenen Waben. Das Kunstschwarmverfahren ist nur bei starkem Befall notwendig.

Ruhr und Schwarzsucht

Als Krankheiten der erwachsenen Bienen wären schließlich noch die Ruhr und die Schwarzsucht zu erwähnen. Während es sich bei der Ruhr um eine nicht ansteckende Art von Durchfall handelt, tritt die Schwarzsucht häufig in Waldtrachtgebieten nach starker Tracht auf.

Die Ruhr kann der Imker von den Völkern fernhalten, indem er rückstandfreies Winterfutter verwendet. Außerdem muss er durch einen bienengemäßen Standort rechtzeitig für die Möglichkeit eines guten Reinigungsflugs sorgen.

Bei der Schwarzsucht ist es nicht so einfach. Gewisse Bestandteile wie Mineralstoffüberschüsse im Honigtau (Horn 1985, 1986) sind die Ursachen für diese Krankheit. Starker Befall hört nach Herausnahme der Völker aus Waldtrachtgebieten und Fütterung von Blütenhonig oder Zucker schlagartig auf.

Feinde des Bienenvolkes

Neben Bakterien und Viren gibt es eine Reihe anderer Insekten und Tiere, die den Bienen schaden können.

Wachsmotten

Mancher Imker hat im Spätsommer seine Waben fein säuberlich in leeren Magazinen oder in einem Wabenschrank aufbewahrt. Doch dann muss er im darauffolgenden Frühjahr und Sommer zu seinem Schrecken feststellen, dass die Waben zu einem Knäuel von Gespinst und damit unbrauchbar geworden sind.

Dies ist das Werk der Kleinen und der Großen Wachsmotte. Es sind nicht die Motten, also die Falter, die den Schaden anrichten, sondern ihre Larven. Als Rankmaden fressen sie sich durch die Waben, zerstören sie und hinterlassen das typische Gespinst. Als Nahrung dient ihnen nicht nur das Wachs der Waben (daher der Name), sondern auch die pollenähnlichen Kotreste, die von den heranwachsenden Bienen in den Zellen zurückgelassen wurden. Dies ist der Grund, warum bebrütete und vor allem sehr dunkle Waben von den Maden bevorzugt werden.

Während die Larven der Kleinen Wachsmotte auf den Mittelwänden entlang kriechen und sich auf den Zellenboden durchfressen, zerstören die Larven der Großen Wachsmotte alles und füllen das entstandene Loch mit Gespinst aus. Darin verpuppen sie sich und entwickeln sich zum Falter. Der Gang der Kleinen Wachsmotte ist ebenfalls durch Gespinst gekennzeichnet. Sie macht auch vor Brutzellen nicht halt. Dadurch löst sich die Bienenbrut vom Zellboden, wird nach oben gedrängt, verkümmert und geht ein.

Gut zu wissen

Bekämpfungsmaßnahmen am Wabenvorrat sind einfach. Altbekannt ist das Schwefeln in dichten Wabenschränken. Das Aufbewahren der Vorratswaben in kühlen Räumen mit Temperaturen unter + 10°C verhindert die Entwicklung der Wachsmotten.

Wespen

Dem aufmerksamen Beobachter fällt auf, dass in manchen Jahren Wespen im Spätsommer und Herbst in Massen auftreten, während sie in anderen Jahren kaum zu sehen sind. Der Imker macht in diesem Zusammenhang eine weitere Feststellung: In guten Honigtautrachtjahren sind die Wespen zahlreicher als in Jahren, in denen diese Tracht gering ist oder ausbleibt.

Im Frühjahr sieht man in der Natur besonders große, schön gelb gefärbte Wespen, die suchend um Gartenhäuser, Bienenstände oder auch auf Dachböden oder an anderen warmen Plätzen umherfliegen. Es sind die Königinnen, die nach der Überwinterung einen Platz suchen, um das Nest zu bauen. Als Eiweißnahrung zur Aufzucht der Brut dient der Wespe im Gegensatz zur Honigbiene meist tierisches Eiweiß. Dazu werden tote Bienen und andere Insekten regelrecht zerlegt. Da sie pflanzliches Eiweiß nicht brauchen, werden Wespen kaum an Blüten gesehen. Sie sind für die Bestäubung ohne Bedeutung.

Wie die Honigbiene benötigt die Wespe als Betriebsstoff und zusätzlich zur Bruternährung Kohlenhydrate in Form von Zucker. Diesen muss sie sich selber beschaffen, die Hauptquelle ist der Honigtau. Diese Abhängigkeit wird deutlich, wenn man beobachtet, dass die Wespennester in schlechten Honigtaujahren etwa Faustgröße erreichen, in guten dagegen etwa Kopfgröße. Im August / September suchen die Wespen andere Nahrungsquellen auf. Äpfel, Birnen, Zwetschgen und Weintrauben werden aufgebissen, zernagt und zerkaut.

Von unserer Honigbiene unterscheidet sich die Wespe deutlich. Sie ist etwa gleich groß wie eine Arbeitsbiene, aber im Flug viel wendiger. Bereits bei 5 bis 7 °C sieht man Wespen fliegen. Allzu gerne machen sie sich an Bienenvölkern und an vor den Fluglöchern liegenden toten Bienen zu schaffen. Ins Bienenvolk eindringende Wespen sind keine Seltenheit. Es kommt dann zum Kampf, den die Wespe durch ihre Wendigkeit sehr oft gewinnt.

Räuberische Wespen im Volk auf einer Honigwabe.

Schwächere Völker oder Ableger, die sich nicht genügend wehren können, werden von massenweise auftretenden Wespen regelrecht ausgeraubt, sodass nur noch abgenagte Wabenreste übrig bleiben. Sämtliche Bienen sind abgestochen und zernagt, die Futtervorräte in den Waben aufgefressen. Starkes Auftreten von Wespen kann dazu führen, dass die Bienen den Flug einstellen.

Info

Die Wespe kann den Menschen nicht nur einmal stechen wie die Biene, sondern mehrmals. Dies hängt mit der anderen Form der Widerhaken an den Stechborsten des Stachels zusammen. Wespenstiche sind meist schmerzhafter als Bienenstiche. Die Schwellungen sind größer und jucken stärker.

Bekämpfung

Eine vorbeugende Wespenbekämpfung kann schon im Frühjahr mit dem Wegfangen der Königinnen beginnen. Sie ist jedoch auf jeden Fall im Spätsommer und im Herbst verstärkt zu betreiben. Wegen der Gefährdung nützlicher Insekten muss von vergifteten Fleischködern oder Zuckerwasser abgeraten werden.

Aufgehängt oder aufgestellt werden die Fanflaschen an Plätzen, an denen sich häufig Wespen zeigen, etwa am Küchenfenster, Bienenstand, Gartenhaus, an Obstbäumen oder auch an frei aufgestellten Bienenvölkern. Bienen meiden diese Fangflaschen.

Die Wespen finden den Weg in die Flaschen schnell, können aber durch den engen Hals meist nicht mehr entweichen, weil sie mit den

Gut zu wissen

Als einfachste, sicherste und billigste Methode haben sich Fangflaschen mit engem Hals bewährt. Sie werden zu einem Drittel mit Zuckerwasser gefüllt, das eine kleine Beigabe von Bier oder Most erhält.

Flügeln immer wieder an die Glaswand stoßen. Schließlich fallen sie in die Flüssigkeit und ertrinken. Von Zeit zu Zeit leert man die Flaschen und füllt sie wieder neu.

Kleinere, freihängende Nester an Balken oder Wänden versucht man – nach Einstellung des Fluges – in einen Kunststoffbeutel zu streifen, der dann samt Nest verbrannt wird. An unzugänglichen Stellen, wie in Rollladenkästen oder bei sehr großen freihängenden Nestern, ist eine Vernichtung durch mehrmaliges Besprühen der Einflugöffnung mit einem Insektizid zu erreichen. Je nach Örtlichkeit muss man sehr vorsichtig mit diesen Giften umgehen und nach dem Eingehen des Nestes die betroffenen Stellen gründlich reinigen.

Hornissen

Gleich wie beim Wespenstaat verhält sich die Lebensweise der Hornissen. Sie sind jedoch mit 2 bis 3 cm Länge viel größer und beeindrucken durch einen tiefen Brummton beim Fliegen. Sie sind seltener als Wespen, sodass sie nur noch gelegentlich als Feinde der Bienen in Erscheinung treten. Hornissen zählen bei uns zu den schutzbedürftigen Insekten. Beim Beobachten von Hornissennestern kann man feststellen, dass sie weit weniger angriffslustig sind als Wespen – vor allem, wenn ihre Nester nicht gestört werden.

Mäuse

In der Zeit des Reinigungsfluges fällt manchmal ein Volk auf, das nicht fliegt. Das Öffnen bringt ein mit abgeschroteten Wabenteilen, Rähmchenholz, Isoliermaterial und manchmal auch mit Blättern verstopftes Flugloch zutage. Dies ist das Werk einer nach Einstellung des Bienenfluges eingedrungenen Feldmaus, die in den Waben Nahrung (Blütenstaub) gesucht und ihr Überwinterungsnest zwischen den abgenagten Rähmchen gebaut hat.

Schwächere Völker erleiden dann an kalten Tagen durch zu viel Unruhe Bienenverluste, was ein Eingehen der Völker bewirken kann. Bei stärkeren Völkern wird die Maus manchmal zu Tode gestochen.

Dringt eine Spitzmaus in ein Bienenvolk ein, zerstört sie nicht die Waben, sondern macht sich an den toten Bienen zu schaffen. Sie zernagt und verzehrt sie bis auf die Beine und Flügel, wobei natürlich ebenfalls Unruhe im Volk entsteht.

Verhindern kann der Imker das Eindringen der Mäuse durch Verengen der Fluglöcher bis auf eine Weite von 6 mm. Durch diese Öffnungen können kranke Bienen in den Wintermonaten noch abfliegen. Mausefallen und das Auslegen von Giftweizen sind weitere Bekämpfungsmaßnahmen. Gifte sollten stets so ausgelegt werden, dass keine nützlichen Tiere zu Schaden kommen können.

Gut zu wissen

Im Frühjahr, Sommer oder Herbst dringen Mäuse nicht in Bienenvölker ein, weil sie durch den Bienenflug davon abgehalten werden.

Service

Rechtliche Vorschriften, Information und Weiterbildung

Ein einheitliches Bienenrecht, in dem alle mit der Bienenhaltung verbundenen Rechtsfragen zusammengefasst sind, gibt es in der Bundesrepublik Deutschland nicht. Immerhin befassen sich mit den Bienen vier Paragraphen des Bürgerlichen Gesetzbuches, das selbstverständlich auch im weiteren Sinne seine Gültigkeit behält. Darüber hinaus haben die einzelnen Bundesländer oft unterschiedliche Vorschriften erlassen. So ist die „berufsmäßige Imkerei" im Baugesetzbuch (BauGB) beispielhaft aufgeführt. Unterschiedliche Vorschriften zur Erstellung von Bienenständen im Außenbereich gibt es zum Beispiel in Bayern und Baden-Württemberg.

Im Landwirtschafts- und Landeskulturgesetz Baden-Württemberg aus dem Jahr 1972 ist die Imkerei beispielhaft neben dem Obst- und Weinbau aufgeführt. Sie erfüllt die Aussagen dieses Gesetzes voll und ganz, nämlich Erzeugung eines hochwertigen Nahrungsmittels und Erhaltung unserer Kulturlandschaft. Nach dem Waldgesetz vom 10.2.1976, in dem die Imkerei ebenso verankert ist wie in weiteren Verordnungen und Erlässen der Bundesländer, hat der Imker die Möglichkeit, seine Bienenvölker zur Trachtnutzung in den Wäldern aufzustellen und deren Wege zu benutzen.

Aufgrund dieser gesetzlichen Aussagen müssen sich viele Behörden mit den Belangen der Imkerei auseinandersetzen. So die Pflanzenschutzdienste mit dem Bienenschutz, die Veterinärverwaltung mit den anzeigepflichtigen Bienenseuchen, die Ausbildungsreferate mit der Erlernung des Berufes Tierwirt und den damit zusammenhängenden Prüfungen und nicht zuletzt die Baurechtsbehörden der verschiedenen Ebenen der Länder mit den Problemen bei der Erstellung imkerlicher

Bauten im Innen- und Außenbereich. Gerade beim Außenbereich spielen landschaftsschützende Gesichtspunkte eine wesentliche Rolle. Die unteren Naturschutzbehörden kümmern sich darum.

Es kann nicht Aufgabe dieses Buches sein, die einschlägigen Gesetze und Vorschriften auch nur annähernd vollständig anzuführen. Einige sind jedoch besonders für den angehenden Imker unerlässlich, etwa welche nachbarrechtlichen Gesichtspunkte beim Aufstellen von Bienenvölkern in Gärten zu beachten sind und unter welchen Voraussetzungen imkerliche Bauten, vor allem im Außenbereich, errichtet werden dürfen.

Nachbarrecht

Sie berühren überwiegend das Privatrecht. Streitigkeiten, die gütlich nicht beigelegt werden können, müssen deshalb vor dem Amtsgericht und dessen weiterführenden Instanzen ausgetragen werden. Jedoch sollte es soweit nicht kommen, vor allem dann nicht, wenn der Imker über seine Rechte und Pflichten bei der Bienenhaltung im Wohn-Dorf- oder in Wohn-Mischgebieten Bescheid weiß.

Im Gegensatz zum Außenbereich wird in Wohngebieten die Bienenhaltung infolge der von ihr ausgehenden Störungen begrenzt. Im Außenbereich werden Nachbargrundstücke von Parzellen mit aufgestellten Bienenvölkern in der Regel nur vorübergehend zur Bearbeitung und Bewirtschaftung aufgesucht. Dagegen wäre im Innenbereich, also in Wohngebieten, eine ständige Belästigung durch die Bienen gegeben. Ausnahmen im Außenbereich sind vorhanden, wenn öffentliche Einrichtungen, wie Schwimmbäder oder Spielplätze, sich in der Nähe befinden. In diesem Sinne sind auch die Gärten und Wochenendhausgebiete zu bezeichnen, wenngleich sie im Außenbereich gelegen sind. Hier sind überwiegend die von Gemeinden und Städten ausgewiesenen Gebiete gemeint, in denen Parzellen von höchstens 3 oder 4 Ar oder weniger geschaffen wurden. Entscheidend ist, dass sich die Besitzer in der Regel dort längere Zeit aufhalten.

Info

Die Biene als Eigentum des Halters gehört damit juristisch nicht zu den wilden Tieren. Sie ist aber auch kein Haustier, da der Besitzer keine ausreichende Verfügungsmacht über sie hat.

Jeder Grundeigentümer muss zwar aus dem nachbarrechtlichen Gemeinschaftsverhältnis heraus gewisse, von anderen Grundstücken ausgehende Störungen hinnehmen, jedoch müssen andererseits derartige Einwirkungen in einem erträglichen Rahmen gehalten werden, wenn das Eigentum des anderen nicht entwertet werden soll. Hier sind insbesondere die Vorschriften über die Zuführung unwägbarer Stoffe (Immissionen), über gefahrdrohende Anlagen und über den Abstand schadendrohender und störender Anlagen zu beachten.

Zuführung unwägbarer Stoffe

Zu den Immissionen nach § 906 des Bürgerlichen Gesetzbuches gehört auch das Einfliegen von Bienen auf Nachbargrundstücken. Dabei handelt es sich aber um eine biologische Notwendigkeit, ohne die ein Bienenvolk gar nicht existieren könnte. Der betroffene Grundeigentümer kann daher den Bienenflug nicht verbieten, wenn durch das Einfliegen der Bienen die Benutzung seines Grundstückes nicht oder nur unwesentlich beeinträchtigt wird. Er muss ihn sogar bei wesentlicher Beeinträchtigung hinnehmen, wenn die Bienenhaltung ortsüblich ist und der Einflug vom Imker nicht durch wirtschaftlich zumutbare Maßnahmen verhindert werden kann.

Unwesentliche und wesentliche Beeinträchtigungen

Von der Bienenhaltung gehen erfahrungsgemäß überwiegend Beeinträchtigungen durch stechende und kotende Bienen aus. Stiche treten meist durch angriffs-und stechlustige Bienen nach der Bearbeitung der Völker auf; manchmal auch nach unterbundenen Räubereien.

Reinigungsflug

Kotende Bienen gibt es im Frühjahr bei den Reinigungsflügen oder, jedoch selten, im Sommer nach längeren Schlechtwetterperioden. Zum Trocknen aufgehängte Wäschestücke oder auch Autos können dabei verschmutzt werden. Da in den Haushalten mehr und mehr elektrische Wäschetrockner Eingang finden, nimmt diese von der Bienenhaltung ausgehende Beeinträchtigung ab. Durch Bienen verkotete Autos sind im Verschmutzungsgrad mit anderen Insektenverunreinigungen gleichzusetzen.

Stechende Bienen

Beeinträchtigungen durch stechende Bienen im Außenbereich sind als gering oder unwesentlich anzusehen. Einsprüche oder auch Klagen sind und werden meistens abgewiesen. Wäre dies anders, so wäre die Bienenhaltung in einem solchen Maß belastet, dass von einer Wirtschaftlichkeit nicht mehr die Rede sein könnte. Der Nutzen der Bienenhaltung für die Allgemeinheit ist höher zu bewerten.

Bienenflug

Als unbegründet, als nicht vorhanden oder zumindest als unwesentlich ist eine Beeinträchtigung durch Bienenflug an Blumen, blühenden Bäumen und Sträuchern oder auch an Wasserquellen in Gärten anzusehen. Ganz einfach deswegen, weil der betreffende Nachbar durch die Blütenbestäubung einen Nutzen hat und davon ausgegangen werden muss, dass solche auf Trachtflug befindlichen Bienen nicht stechen. Man kann sich ohne Gefahr neben eine blühende Weide stellen, die massenweise von Bienen beflogen wird. Man kann sogar die auf den Weidenkätzchen Pollen sammelnden Bienen berühren. Eine Biene wird dann eher fortfliegen als stechen. Sie wehrt sich erst und sticht, wenn wir sie mit der Hand einfangen wollen.

Wesentlich kann die Beeinträchtigung durch Bienenflug werden, wenn in einem dicht bebauten Wohngebiet, womöglich mit Hochbauten, zum Beispiel in einem 3 bis 4 Ar großen Garten 30 bis 40 Völker stechlustiger Bienen stehen, die auch noch an schönen Wochenenden zu einer Zeit vom Imker bearbeitet werden, zu der die Bewohner sich dort auf den Balkonen, Terrassen und in den umliegenden Gärten erholen wollen. In solchen Fällen ist eine Änderungen der Situationen auf Verlangen zumutbar. Dies kann gegebenenfalls die Haltung einer nicht stechlustigen Biene sein, eine Verlegung der Völker innerhalb des Grundstücks oder am besten auf eine ganz andere Parzelle.

Bepflanzungen von 2 bis 3 m Höhe oder das Anbringen von Drahtgeflechten verleiten die Bienen, Nachbargrundstücke in einer entsprechenden Höhe zu überfliegen. Sie nützen aber wenig bei Bienen stechlustiger Völker, die nach einer Bearbeitung aufgeregt und angriffslustig sind.

Ortsüblichkeit, Verjährung

Bei den in § 906 des Bürgerlichen Gesetzbuches behandelten Immissionen wird auch der Begriff der Ortsüblichkeit erwähnt. Auf die Bienenhaltung bezogen, ist eine solche zweifellos nach heutigen Verhältnissen mit 10 bis 15 Völkern in ländlichen Gebieten gegeben. In Wohngebieten mit gelockerter Bauweise kann ebenfalls von einer Ortsüblichkeit gesprochen werden.

Nicht ortsüblich ist eine Bienenhaltung mit 30 bis 40 Völkern in reinen Wohngebieten. Darin sind auch nach der Baunutzungsverordnung vom 26.11.1968 (BGBl. I S. 1237) Bienenstände nicht zulässig. Dies hängt auch damit zusammen, dass nach den Satzungen solcher Wohn- und Baugebiete vielerorts Kleintierhaltungen nicht erlaubt sind.

Der Begriff der Ortsüblichkeit ist je nach den Fortschritten des Verkehrs, der Technik und der Denkweise der beteiligten Menschen wandelbar. Bei der Zuführung von Immissionen ist es gleichgültig, ob diese von einem angrenzenden oder von einem weiter entfernt liegenden Grundstück ausgehen. Auch wenn die Immissionen 30 Jahre und länger unbeanstandet hingenommen wurden, ist nicht etwa durch Verjährung ein Recht auf weitere Gestaltung der Zuführung entstanden.

Gefahrdrohende Anlagen

Der Eigentümer eines Grundstückes kann verlangen, dass auf den Nachbargrundstücken nicht Anlagen hergestellt oder gehalten werden, von denen mit Sicherheit vorauszusehen ist, dass ihr Bestand oder ihre Benutzung eine unzulässige Einwirkung auf sein Grundstück zur Folge hat. Genügt eine Anlage den landesgesetzlichen Vorschriften, die einen bestimmten Abstand von der Grenze oder sonstige Schutzmaßregeln vorschreiben, so kann die Beseitigung der Anlage erst verlangt werden, wenn die unzulässige Einwirkung tatsächlich hervortritt.

Bäume und Sträucher gehören nicht zu den Anlagen im Sinne dieser Vorschriften. Die Ansprüche des Grundeigentümers wegen gefahrdrohender Anlagen auf dem Nachbargrundstück unterliegen nicht der Verjährung. Es muss allerdings beachtet werden, dass die Gefahr nicht von der Anlage, also dem Bienenstand (Bauwerk) ausgeht, sondern von den Bienen.

Abstand schadendrohender und störender Anlagen

Danach dürfen schadendrohende oder störende Anlagen nur in solcher Entfernung von der Grenze und unter solchen Vorkehrungen angebracht, erstellt und aufgestellt werden, dass sie den Nachbarn nicht schädigen.

Anlagen im Sinne dieser Aussage sind unter anderem neben Lagern für Chemikalien, Treib- und Brennstoffbehältern, Futtersilos, Düngerstätten, Jauchegruben und Ställen auch Bienenstöcke. Das Nachbarrecht schreibt jedoch gewisse einzuhaltende Abstände nicht vor. Vereinzelt finden sich Angaben über Grenzabstände in ortspolizeilichen Vorschriften. So müssen nach der Stuttgarter Feldpolizeiverordnung vom 19.12.1957 Bienenstände 5 m von öffentlichen Wegen entfernt erstellt werden. Es ist praktisch auch kaum möglich, verbindliche Grenzabstände mit Bienenvölkern vorzuschreiben, da das Gelände, seine Bepflanzung und andere örtliche Gegebenheiten unterschiedlich sind und einen wesentlichen Einfluss auf das Einfliegen der Bienen haben. Bei Problemfällen ist daher eine genaue Feststellung der Einzelheiten bei Ortsbesichtigungen notwendig.

Schwarmrecht

Das Bürgerliche Gesetzbuch behandelt in den §§ 961 bis 964 ausführlich die mit dem Bienenschwarm auftretenden Probleme. So darf der Imker als Eigentümer des Schwarmes bei der Verfolgung fremde Grundstücke betreten. Der Grundstückseigentümer muss dulden, dass sich gelegentlich ein Bienenschwarm auf seinem Grundstück niederlässt. Er muss dem Imker das Einfangen des Schwarmes gestatten. Der Imker hat jedoch den dabei eventuell angerichteten Schaden zu ersetzen.

Ein Bienenschwarm wird herrenlos, wenn der Eigentümer ihn nicht mehr verfolgt. So gehören Schwärme in der freien Natur demjenigen, der sie findet. Als unkollegial muss es jedoch bezeichnet werden, wenn von Imkern Schwärme in unmittelbarer Nähe von Bienenhäusern oder aufgestellten Völkern weggefangen werden. Hier ist zunächst die Verständigung des Besitzers dieser Völker angebracht, da der Schwarm mit großer Wahrscheinlichkeit von diesen Völkern stammt.

Die mit dem Schwarmrecht auftretenden Probleme führten in den letzten Jahren kaum mehr zu Auseinandersetzungen. Einmal handelt es sich um verhältnismäßig geringe Werte, zum anderen wird vom Imker mehr und mehr eine schwarmlose Betriebsweise praktiziert.

So haben die Aussagen über die Besitzverhältnisse zusammengeflogener Schwärme mehrerer Eigentümer und über das Einziehen von Schwärmen in besetzte oder nicht besetzte Bienenwohnungen heutzutage kaum mehr Bedeutung.

Baurechtliche Vorschriften

Diese sind aufgrund des öffentlichen Rechtes erlassen und beinhalten die Vorschriften, die bei der Erstellung von imkerlichen Bauten zu beachten sind. Die zuständigen Behörden und bei Streitfällen die Verwaltungsgerichte treffen die Entscheidungen und sprechen Recht.

Im Baugesetzbuch (BauGB) vom 8. 12. 1986 ist eine wichtige Aussage für die Imkerei festgehalten. Danach zählt die berufsmäßige Imkerei in allen Belangen des Bauwesens zur Landwirtschaft.

Nach Aussage des § 35 ist der Außenbereich von jeglicher wesensfremder Bebauung freizuhalten. Dies muss auch im Sinne der Imkerei gesehen werden. Könnte dort jeder schalten und walten wie er wollte, so wäre in unseren dicht besiedelten Räumen eine Bienenhaltung kaum mehr möglich.

Bestimmte bevorrechtigte (privilegierte) Vorhaben können ausgeführt werden, wenn

- öffentliche Belange nicht entgegenstehen,
- es einem land- und forstwirtschaftlichen Betrieb dient,
- es wegen seiner Anforderung an die Umgebung, wegen nachteiliger Wirkung auf die Umgebung oder wegen seiner besonderen Zweckbestimmung nur im Außenbereich ausgeführt werden kann.

Dies trifft insbesondere auf Bienenstände zu. Im Außenbereich ist für die Bienenvölker die Nahrungsgrundlage sehr oft besser. Durch die von der Bienenhaltung ausgehenden Beeinträchtigungen gehen in reinen Wohngebieten nachteilige Wirkungen auf die Umgebung aus. Aus diesen beiden Gründen können Bienenstände in der heutigen Zeit wegen der besonderen Zweckbestimmung überwiegend nur im Außenbereich errichtet werden.

Landesbauordnung

Aufbauend auf das Baugesetzbuch haben verschiedene Landesregierungen entsprechende Landesbauordnungen und -erlässe herausgegeben. Diese legen die näheren Einzelheiten bei der Erstellung von Bienenhäusern fest. So definiert die Landesbauordnung Baden-Württemberg (LBO vom 12.2.1980): Gebäude sind selbstständig benutzbare überdeckte bauliche Anlagen, die von Menschen betreten werden können und geeignet sind, dem Schutz von Menschen, Tieren und Sachen zu dienen (§ 2 Abs. 2). Dies trifft auch auf Bienenstände zu.

- Keiner Genehmigung bedürfen zum Beispiel in Baden-Württemberg Gebäude mit weniger als 20 m^3 umbautem Raum, sofern sie keine

Feuerstelle, keinen Abort und keinen Aufenthaltsraum enthalten. Durch Orts- und Kreisbausatzungen kann dies jedoch auch noch wesentlich eingeschränkt werden, sodass zum Beipiel sämtliche Gebäude der Genehmigung bedürfen.

- Keiner Genehmigung bedarf baurechtlich das Freiaufstellen von Bienenvölkern und das Aufstellen von Wanderständen. Die ist für den Imker mit 5 bis 10 Völkern eine wichtige Aussage. Er braucht danach bei keiner Behörde um Erlaubnis zu fragen, sofern er mit dieser Aufstellungsart nicht landschaftsverunstaltend wirkt.
- Bei Beachtung landschaftsschützerischer Gesichtspunkte, wie ordentliche Aufstellung, passende Farbgebung, werden die Landschaftsschützer und Naturschutzbehörden auch in Landschaftsschutzgebieten die Freiaufstellung der Völker und Wanderstände ohne Ausnahmegenehmigung erlauben.

Da Bienenstände und imkerliche Bauten in der Regel mehr als 20 m^3 umbauten Raum aufweisen, bedürfen sie der behördlichen Genehmigung. Sie wird nach Erfüllung der öffentlich-rechtlichen Vorschriften unbeschadet privater Rechte Dritter erteilt.

Das heißt, dass auch bei wesentlichen Beeinträchtigungen von Nachbargrundstücken die behördliche Genehmigung zu erteilen ist. Die Angrenzer haben den Privatrechtsweg zu beschreiten. Selbstverständlich wird jede Behörde im Rahmen des Genehmigungsverfahrens versuchen, diese Dinge auszuräumen.

Die erwähnte LBO schreibt baurechtliche Grenz- und Waldabstände von Gebäuden vor, desgleichen auch die Formalitäten des Bauantrages, der Behandlung des Bauantrages und die Erteilung der Genehmigung.

Bienenhauserlass

Nähere Einzelheiten über die imkerlichen Voraussetzungen des Antragstellers sowie über das beantragte und zu genehmigende Bauwerk sind z. B. in Baden-Württemberg in einem Erlass des Innenministeriums aus dem Jahr 1970 festgelegt. Andere Bundesländer haben ähnliche Richtlinien festgelegt. Weitere werden daran anknüpfend folgen. Solche Erlasse haben den Vorteil, dass Baurechtsbehörden nicht mehr Bauanträge über Bienenstände ablehnen können, weil sie nicht beispielhaft im § 35 des BauGB aufgeführt sind. Andererseits weiß auch der Imker, unter welchen Voraussetzungen er eine Genehmigung erwarten kann. Diese sind:

- Die Fachkenntnisse in der Imkerei und die dauerhafte Haltung und Bewirtschaftung von mindestens 12 Völkern.
- Der Betrieb einer fach- und sachgerechten Imkerei. Dazu gehört der bienengemäße Standort.
- Ein einfaches, dem Zwecke der Bienenhaltung dienendes Bauwerk, das ausschließlich nach Gesichtspunkten einer fach- und sachgerechten Imkerei geplant ist.

Gut zu wissen

Bei realistischer Betrachtung ist dem Anfänger abzuraten, gleich imkerliche Bauten zu planen und zu erstellen. Er weiß zunächst noch nicht, ob er überhaupt auf Dauer bei der Bienenhaltung bleibt. Zudem zeigt die Erfahrung, dass wegen fehlender Kenntnisse solche Bauwerke oft falsch geplant werden. Der Beginn einer Bienenhaltung mit vier bis fünf Völkern in Freiaufstellung oder in einem einfachen Wanderstand ist nach wie vor die billigste und gängigste Lösung.

Nach diesen Richtlinien wird der Anfänger in der Bienenhaltung eine Genehmigung zur Erstellung von imkerlichen Bauten mit mehr als 20 m^3 umbautem Raum noch nicht bekommen. Er besitzt in der Regel die imkerlichen Fachkenntnisse noch nicht. Außerdem bewirtschaftet er nur vier bis fünf Bienenvölker.

Bienenhäuser oder imkerliche Bauten zur Aufbewahrung der Geräte bei Freiaufstellung der Völker werden überwiegend in Holzbauweise errichtet. Dies ist nicht nur dem Bienenvolk am zuträglichsten, sondern erleichtert auch eventuelle Verlegungen. Als Größe kann grob geschätzt 1 m^2 überbaute Fläche pro Volk angegeben werden, wobei in den Erlassen meistens weniger genannt wird.

Eine anderweitige Nutzung, etwa als Wochenendhaus, ist nicht erlaubt. Sollte dies vorgesehen sein, bedarf es der Genehmigung. Die zuständigen Baurechtsbehörden führen auch Kontrollen genehmigter und erstellter Bienenstände durch. Zäune und Einfriedungen stellen ebenfalls genehmigungspflichtige Bauvorhaben dar.

Weitere Verordnungen

Sehr wichtig für die Erhaltung einer gut funktionierenden Imkerei mit einer Streuung der Bienenvölker über das Land ist die Bienenseuchen-Verordnung (zuletzt geändert am 20.12.2005) und deren Ausführungsbestimmungen auf Länderebene, die Bieneneinfuhr-Verordnung vom 24.4.1979 und die Bienenschutz-Verordnung vom 22.7.1992, zuletzt geändert 6.8.2002. Dies sind alles Bundesverordnungen.

Nach der Änderung der Bienenseuchen-Verordnung vom 25.4.2000 besteht Meldepflicht für Bienenvölker. Es heißt in § 1 a: „Wer Bienen halten will, hat dies spätestens bei Beginn der Tätigkeit der zuständigen Behörde (Veterinäramt) unter Angabe der Anzahl der Bienenvölker und ihres Standortes anzuzeigen.

Die Bedeutung der Bienenhaltung für die Allgemeinheit hat heute ihren Niederschlag auch in vielen Gesetzen und Verordnungen der EU und ihrer Mitgliedsstaaten gefunden, die ja nach Situation angepasst oder neu geschaffen werden. So gibt es Richtlinien des Rates der EG über Honig aus dem Jahr 2004. Diese Vorschriften werden je nach Situation angepasst oder neu geschaffen.

Durch verheerende Völkerverluste, vor allem in den Jahren 1984, 1985 und 1986, waren auch viele Kommunen dazu übergegangen, zunächst bei der Anschaffung neuer Bienenvölker finanzielle Hilfe zu gewähren. Das Land Baden-Württemberg gewährte erstmalig 1987 eine Bestäubungsprämie von 5 DM pro Bienenvolk für jeden Imker, der in Baden-Württemberg wohnhaft ist und seinen Imkerbetrieb dort hatte. Viele dieser Beihilfen und Unterstützungsmaßnahmen gibt es heute nicht mehr.

Interessenvertretung, Beratung und Schulung

Dem begeisterten Anfänger kann es meist nicht schnell genug gehen, bis er sein erstes eigenes Bienenvolk hat und mit ihm umgehen kann. Er braucht dazu erst einmal die grundlegenden Fachkenntnisse und auch etwas praktische Erfahrung in der Bienenhaltung.

Der einfachste Weg für den angehenden Imker ist der Beitritt zur nächstliegenden imkerlichen Organisation. Ich möchte jedem dazu raten, weil in diesem Kreis erfahrener Praktiker und Gleichgesinnter die besten Ratschläge gegeben und alle Interessen gut vertreten werden. Außerdem ist mit der Zugehörigkeit zum Verein ein gewisser Versicherungsschutz verbunden.

- Der **Deutsche Imkerbund (DIB).** Die Dachorganisation zählt 19 Landesverbände in der Bundesrepublik Deutschland (Stand 31.12.2010). Im Jahr 2010 hatte er 83 411 Mitglieder, die 616 197 Bienenvölker bewirtschafteten. Die durchschnittliche Völkerzahl pro Imker beträgt 7,4 Völker, die durchschnittliche Honigernte pro Volk 22,5 kg. Neben der Vertretung der Imkerei bei Behörden und Organisationen, kontrolliert der DIB das geschützte Warenzeichen „Einheitsglas mit Gewährstreifen". Durch die intensive Kontrollarbeit neutraler Untersuchungsstellen kann eine hohe Qualität deutschen Honigs gewährleistet werden. Imagepflege und Werbung gehören ebenso zu den Aufgaben der Imkerorganisation wie Schulung, Weiterbildung der Mitglieder und Förderung des Zuchtwesens. Den Unterbau der 19 Landesverbände des DIB stellen die Bezirks-, Kreis- oder Ortsvereine dar, je nachdem wie der Landesverband aufgebaut ist. So sind im Landesverband Württembergischer Imker e.V. 100 Bezirksvereine zusammengeschlossen.
- Eine weitere imkerliche Organisation in der Bundesrepublik Deutschland ist der **Deutsche Berufs- und Erwerbsimkerbund**, der vorwiegend die Interessen der Berufs- und Nebenerwerbsimker vertritt.
- In den letzten Jahren haben sich in den einzelnen Bundesländern die Buckfast-Imker zu Landesverbänden zusammengeschlossen, um den Erhalt der Buckfast-Biene zu gewährleisten und diese auch weiter zu verbreiten. So wurde im Jahr 2000 der **Verband der Buckfast-Imker** Süd e.V. gegründet. Er zählt heute über 200 Mitglieder. Auch auf Bundesebene gibt es solche Organisationen, etwa die Gemeinschaft der europäischen Buckfastimker (GdeB).

Auch im deutschsprachigen Ausland haben die Imker gut funktionierende Organisationen aufgebaut. In Österreich sind neun Landesverbände im Österreichischen Imkerbund organisiert.

Gut zu wissen

*Die **„Apimondia"**, „Fédération d'apriculture mondiale" (Weltverband der Imker), vertritt die Interessen der Imker auf internationaler Ebene. Ihr gehören heute 80 Länder der Erde an. Alle zwei Jahre hält der Verband einen Weltkongress, jeweils in einem anderen Land (2011 in Buenos Aires / Argentinien, 2012 in Dublin / Irland) ab.*

Zeitschriften

Mitteilungen und fachliche Ratschläge erhalten die Mitglieder der Organisationen und auch die Bezieher aus den Verbandsorganen und Fachzeitschriften. So haben wir die „Allgemeine Deutsche Imkerzeitung“ (ADIZ) und das „Deutsche Bienenjournal“, in einzelnen Bundesländern, etwa in Bayern den „Imkerfreund“, in Württemberg die „Bienenpflege“, in Hessen „Die Biene“ und in Schleswig-Holstein die „Neue Bienenzucht“.

Eine gern gelesene Fachzeitschrift in Österreich mit den Mitteilungen des österreichischen Imkerbundes und der Landesverbände ist der „Bienenvater“. Er erscheint als Fachblatt des Österreichischen Imkerbundes.

Bienenwissenschaftliche Institute, Fachberater

Es gibt 16 an der Zahl; sie erforschen und erarbeiten in Deutschland Grundlagen und Erkenntnisse auf allen Gebieten der Bienenkunde und -haltung, die in die praktische Beratung mit eingehen.

- Sie sind in der **Arbeitsgemeinschaft der Bieneninstitute** zusammengeschlossen und meistens einer Universität angegliedert. Dadurch ist auch eine Koordination der Aufgaben gegeben.
- Eng mit den bienenwissenschaftlichen Instituten arbeiten auch die staatlichen **Bienenzucht- oder Bienenfachberater** zusammen. Es sind ausgebildete Fachleute, die dem Imker durch Vorträge und Schulungen die neuesten Erkenntnisse auf dem Gebiet der Bienenhaltung nahe bringen, aber auch dem Anfänger Grundkenntnisse vermitteln. Jedoch sind die Aufgabengebiete je nach Bundesland verschieden, ebenso die dienstlichen Organisationen. Wichtig ist, dass diese staatliche Beratung auf die praktische Bienenhaltung ausgerichtet sein muss.

Die Ausbildung zum Imker

Sie wird in der Verordnung über die Berufsausbildung zum Tierwirt vom 10. 3. 1976 geregelt. Es ist eine Bundesverordnung, in der die Richtlinien der Schwerpunkte Rinder, Schweine, Schafe, Geflügel, Pelztiere und Bienenhaltung zusammengefasst sind. Die Abschluss- sowie die Meisterprüfung für den Beruf Tierwirt ergeben einen abgeschlossenen und anerkannten Berufszweig, der in den vergangenen Jahren an Attraktivität gewonnen hat.

Adressen

Deutsche Imker- und Landesverbände im DIB

Deutscher Imkerbund (DIB)
Villiper Hauptstraße 3
53343 Wachtberg
Tel.: 0228 932920
E-Mail:
deutscherimkerbund@t-online.de
www.deutscherimkerbund.de

Baden-Württemberg

Landesverband Badischer Imker e.V.
Bahnhofstraße 35
77767 Appenweier
Tel.: 07805 2010, Fax: 07805 2093
E-Mail: info@badische-imker.de
www.badische-imker.de

Landesverband Württembergischer Imker e.V.
Olgastraße 23
73262 Reichenbach / Fils
Tel.: 07153 58115, Fax: 07153 55515
E-Mail: info@lvwi.de
www.lvwi.de

Bayern

Landesverband Bayerischer Imker e.V.
Georg-Strobel-Straße 48
90489 Nürnberg
Tel.: 0911 558094, Fax: 0911 58195 56
E-Mail: info@imker-bayern.de
www.imker-bayern.de

Berlin

Imkerverband Berlin e.V.
Lorenzstraße 48
12209 Berlin
Tel.: 030 92126442, Fax: 030 92126443
E-Mail: imkerhans@gmx.de
www.imkerverband-berlin.de

Brandenburg

Landesverband Brandenburgischer Imker e.V.
Dorfstraße 1
14513 Teltow / OT Ruhlsdorf
Tel. u. Fax: 03328 319310
E-Mail: lv.imker@online.de
www.imker-brandenburgs.de

Hamburg

Imkerverband Hamburg e. V.
Cesar-Klein-Ring 22
22309 Hamburg
Tel.: 040 67106693, Fax: 040 63689731
E-Mail: info@ivhh.de
od. TRikkers@ivhh.de
www.ivhh.de

Hessen

Landesverband Hessischer Imker e.V.
Erlenstraße 9
35274 Kirchhain
Tel.: 06422 2624, Fax: 06422 85356
E-Mail:
Geschaeftsstelle@Hessische-Imker.de
www.hessische-imker.de

Mecklenburg-Vorpommern

Landesverband der Imker Mecklenburg und Vorpommern e.V.
Wallstraße 45
19053 Schwerin
Tel: 0385 734011, Fax: 0385 7587240
E-Mail: imkerverband@web.de

Niedersachsen

Landesverband Hannoverscher Imker e.V.
Johannssenstraße 10
30159 Hannover
Tel.: 0511 324339, Fax: 0511 3681031
E-Mail: Info@imkerlvhannover.de
www.imkerlvhannover.de

Landesverband der Imker Weser-Ems e.V.
Mars-la-Tour-Straße 13
26121 Oldenburg
Tel.: 0441 801626, Fax: 0441 885148
E-Mail: Imker.Weser-Ems@t-online.de
www.imker-weser-ems.de

Nordrhein-Westfalen

Imkerverband Rheinland e.V.
Im Bannen 38 – 54
56727 Mayen
Tel.: 02651 72666 u. 02651 904024
Fax: 02651 904023
E-Mail:
imkerverbandrheinland@t-online.de
www.imkerverbandrheinland.de

Landesverband Westfälischer und Lippischer Imker e.V.
Langewanneweg 75
59063 Hamm (Westf.)
Tel.: 02381 51095, Fax: 02381 540033
E-Mail: LV.Imker.WL@t-online.de
www.imkerverband-westfalen-lippe.de

Rheinland-Pfalz

Imkerverband Nassau e.V.
Gartenstraße 6
65558 Lohrheim
Tel.: 06430 30097, Fax: 06430 925369
E-Mail: IV-Nassau@web.de
www.imkerverbandnassau.de

Imkerverband Rheinland e.V.
Im Bannen 38 – 54
56727 Mayen
Tel.: 02651 72666 u. 02651 904024
Fax: 02651 904023
E-Mail:
imkerverbandrheinland@t-online.de
www.imkerverbandrheinland.de

Imkerverband Rheinland-Pfalz e.V.
Breitenweg 71
67435 Neustadt a. d. Weinstraße
Tel.: 06321 9688 -37 (T-Net-Box), -38
Fax: 06321 968839
E-Mail: info@imkerverband-rlp.de
www.imkerverband-rlp.de

Saarland

Landesverband Saarländischer Imker e.V.
Obere Hohlstraße 2
66571 Eppelborn-Wiesbach
Tel.: 06806 8690151, Fax: 06806 8690152
E-Mail: pfaender@saarlandimker.de
www.Saarlandimker.de

Sachsen

Landesverband Sächsischer Imker e.V.
Bahnhofstraße 95a
04158 Leipzig
Tel.: 0341 2198966, Fax: 03221 2367174
E-Mail: info@sachsenimker.de
www.sachsenimker.de

Sachsen-Anhalt

Imkerverband Sachsen-Anhalt e.V.
Ebereschenweg 8
06642 Nebra
Tel.: 034461 23109
E-Mail: falko.breuer@t-online.de
www.imkerverband-sachsen-anhalt.de

Schleswig-Holstein

Landesverband Schleswig-Holsteinischer und Hamburger Imker e.V.
Hamburger Straße 109
23795 Bad Segeberg
Tel.: 04551 2436, Fax: 04551 93194
E-Mail: info@imker-sh.de
www.imkerschule-sh.de

Thüringen

Landesverband Thüringer Imker e.V.
Ilmstraße 3
99425 Weimar
Tel.: 03643 4920401 und 4920402
Fax: 03643 4920403
E-Mail: lvthi@t-online.de
www.lvthi.de

Deutscher Berufs und Erwerbs Imker Bund e.V.

Hofstattstraße 22 a
86919 Utting a. Ammersee
Tel.: 08806 924509 und 0172 8206459
Fax: 08806 924972
E-Mail: info@berufsimker.de
www.berufsimker.de

Fachberatung für Bienenzucht

Stand: Oktober 2010

Bayern

Staatliche Fachberatung für Bienenzucht in Niederbayern
Erhard Härtl
Graflinger Straße 81
94469 Deggendorf
Tel.: 0991 208-159 oder 208-143
Fax: 0991 208-191
E-Mail: Erhard.Haertl@lwg.bayern.de

Staatliche Fachberatung für Bienenzucht in Schwaben
Johann Fischer
Otto-Müller-Straße 1
87600 Kaufbeuren
Tel.: 08341 939425, Fax: 08341 939430
E-Mail: Johann.Fischer@lwg.bayern.de

Fachberatung für Imkerei in Oberbayern
Arno Bruder
Prinzregentenstraße 14
80538 München
Tel.: 089 2198-35001 und 0881 64851
Fax: 089 2198-05 und 35002 und 0881 9095730
E-Mail: arno.bruder@t-online.de und arno.bruder@bezirk-oberbayern.de

Staatliche Fachberatung für Bienenzucht in der Oberpfalz
Werner Zwillich
Hockermühlstraße 53
92224 Amberg
Tel.: 09621 6024-101
Fax: 09621 6024-222
E-Mail: werner.zwillich@lwg.bayern.de

Staatliche Fachberatung für Bienenzucht in Oberfranken
Barbara Bartsch
Adolf-Wächter-Straße 10–12
95447 Bayreuth
Tel.: 0921 591235, Fax: 0921 591111
E-Mail:
Barbara.Bartsch@aelf-by.bayern.de

Staatliche Fachberatung für Bienenzucht in Mittel- und Unterfranken
Gerhard Müller-Engler
Universitätsstraße 38
91054 Erlangen
Tel.: 09131 8849-26, Fax: 09131 8849-20
E-Mail: gerhard.mueller@lwg.bayern.de

Baden-Württemberg

Regierungspräsidium Freiburg
Armin Spürgin
Bertoldstraße 43
79098 Freiburg
Tel.: 0761 208-1285, Fax: 0761 208-1236
E-Mail: armin.spuergin@rpf.bwl.de

Regierungspräsidium Karlsruhe
Siegfried Dietrich
Schlossplatz 4-6
76131 Karlsruhe
Tel.: 07 21/9 26 36 64
E-Mail: siegfried.dietrich@rpk.bwl.de

Regierungspräsidium Tübingen
Remigius Binder
Konrad-Adenauer-Straße 20
72072 Tübingen
Tel.: 07071 757-3490
Fax: 07071 757-93490
E-Mail: remigius.binder@rpt.bwl.de

Regierungspräsidium Stuttgart
Thomas Kustermann
Ruppmahnstraße 21
70562 Stuttgart
Tel.: 0711 904-13307
Fax: 0711 78285113307
E-Mail:
Thomas.Kustermann@rps.bwl.de

Brandenburg, Berlin, Sachsen, Sachsen-Anhalt, Thüringen

Länderinstitut für Bienenkunde Hohen Neuendorf e.V.
Jens Radtke
Friedrich-Engels-Straße 32
16540 Hohen Neuendorf
Tel.: 03303 293838, Fax: 03303 293840
E-Mail: Jens.Radtke@rz.hu-berlin.de
www.honigbiene.de

Hessen

LLH Bieneninstitut Kirchhain
Bruno Binder-Köllhofer
Erlenstraße 9
35274 Kirchhain
Tel.: 06422 9406-14, -0
Fax: 06422 9406-33
E-Mail:
bruno.binder-koellhofer@llh.hessen.de
www.bieneninstitut-kirchhain.de

Mecklenburg/Vorpommern

Bienenzuchtzentrum Bantin
Dr. Winfried Dyrba
Wittenburger Straße 3
19246 Bantin
Tel.: 038851 25281, -82
Fax: 038851 25281
E-Mail: imker-mv@t-online.de

Niedersachsen

Niedersächsisches Landesinstitut für Bienenkunde
Wulf Ingo Lau
Eleonore Straße 4
29221 Celle
Tel.: 05141 9050-340, -364
Fax: 05141 9050-344
E-Mail:
Ingo.Lau@LAVES.Niedersachsen.de
www.bieneninstitut.de

Niedersächsisches Landesamt für Verbraucherschutz und Lebensmittelsicherheit
– LAVES – Institut für Bienenkunde
Guido Eich
Sandkruger Str. / Ecke Westerholtsweg
26133 Oldenburg
Tel.: 0441 57026-124
Fax: 0441 57026-179
E-Mail:
Guido.Eich@LAVES.Niedersachsen.de

Nordrhein-Westfalen

Landwirtschaftskammer
Nordrhein-Westfalen
Werner Mühlen
Nevinghoff 40
48147 Münster
Tel.: 0251 2376-663, Fax: 0251 2376-551
E-Mail: Werner.Muehlen@lwk.nrw.de

Landwirtschaftskammer
Nordrhein-Westfalen
Marlene Backer-Struß
Nevinghoff 40
48147 Münster
Tel.: 0251 2376-662, -667
Fax: 0251 2376-551
E-Mail:
marlene.backer-struss@lwk.nrw.de

Rheinland-Pfalz

DLR Westerwald-Osteifel
Fachzentrum Bienen und Imkerei
Dr. Alfred Schulz
Im Bannen 38-54
56727 Mayen
Tel.: 02651 9605-22
Fax: 06719 2896-101
E-Mail: alfred.schulz@dlr.rlp.de
www.bienenkunde.rlp.de

DLR Westerwald-Osteifel
Fachzentrum Bienen und Imkerei
Johannes Kraus
Im Bannen 38–54
56727 Mayen
Tel.: 02651 9605-32
E-Mail: johannes.kraus@dlr.rlp.de
www.bienenkunde.rlp.de

Julius-Kühn-Institut Braunschweig

Institut für Pflanzenschutz
in Ackerbau und Grünland
Untersuchungsstelle für Bienen-
vergiftungen
Dr. Jens Pistorius
Messeweg 11/12
38104 Braunschweig
Tel.: 0531 299-4525, Fax: 0531 299-3008
E-Mail: jens.pistorius@jki.bund.de

Fachberatung für Bienenzucht in Nachbarländern

Dänemark

Danmarks Biavlerforening
Flemming Vejsnaes
Fulbyvej 15
DK-4180 Sorø
Tel.: +45 578654-67
Mobil: +45 61672140
Asger Søgaard Jørgensen
E-Mail: asj@biavl.dk

Österreich

Biene Österreich
Christian Boigenzahn
Geschäftsführer
Dresdnerstraße 89/90
A-1200 Wien
Tel: +43 (0)1334 172170
E-Mail: office@bienenoesterreich.at

Schweden

Sveriges Biodlares, Riksförbund
Preben Kristiansen
Trumpetarevägen 5
S-59019 Mantorp
Tel.: +46 735233122
Fax: +46 708901732
E-Mail:
preben.kristiansen.sbr@biodlarna.org

Schweiz

Verein Deutschschweizerischer und
Rätoromanischer Bienenfreunde VDRB
Richard Wyss
Hirschberg
CH-9050 Appenzell
Tel.: +41 (0)4171 7889532

INFORAMA Bildungs-, Beratungs-
und Tagungszentrum
Ruedi Ritter
Rütti 5
CH-3052 Zollikofen
Tel.: +41 (0)31 9105375
Fax: +41 (0)31 9105238
E-Mail: rudolf.ritter@vol.be.ch
www.vol.be.ch
www.informama.ch

Südtirol

Fachschule für Obst-, Wein- und
Gartenbau Laimburg
I-39040 Post Auer
Andreas Platzer
Tel.: +39 0471 599141
E-Mail:
PlatzerA@fachschule-laimburg.it
www.fachschule-laimburg.it

Tschechische Republik

Bee Research Institut at Dol
Dalibor Titera
Výzkumný ústav včelařsky, s.r.o.
Dol 94
CZ-252 66 Libčice nad Vltavou
Tel.: +420 220940480
Fax: +420 222941259
E-Mail: titera@beedol.cz

Gemeinschaft der europäischen Buckfastimker e.V. (GDEB)

1. Vorsitzender Peter Thießel
Am Heisterkamp 7
D-29456 Hitzacker
Tel.: +49 (0)5862 985646
Fax: +49 (0)5862 985645
www.buckfast.de, www.gdeb.eu

Mitgliedsverbände der GDBE:

Buckfastimker Sachsen-Anhalt-Thüringen e.V.

Landesverband der Buckfastimker Berlin Brandenburg e.V.

Landesverband Buckfastimker Bayern e.V.

Landesverband der Buckfastimker Mecklenburg-Vorpommern e. V.

Buckfastzuchtgruppe Saar

Verband der Buckfastimker Süd e.V.

Landesverband Nordrhein – Westfälischer Buckfastimker e.V.

Landesverband Niedersächsischer Buckfastimker e.V.

Landesverband Schleswig-Holsteiner Buckfastimker e.V.

Landesverband Rheinland-Pfalz

Buckfastimkerverband Schweiz

Österreichische Buckfastvereinigung

Landesverband Sächsischer Buckfastimker e.V.

Bund Deutscher Buckfastimker e.V.

Präsident und Geschäftsstelle
Herbert Kummer
Kleinsteller Weg 11
32339 Espelkamp
Tel.: 05771 3318
E-Mail: Herbert.Kummer@gmx.de

Mit den Landesverbänden:

Landesverband Hannoverscher Buckfastimker e.V.

Landesverband der Buckfastimker Weser-Ems e.V.

Landesverband der Buckfastimker Westfalen e.V.

Literatur

Bücher

Bundeslehr- und Versuchsanstalt für Bienenkunde (Hrsg.): Bienenkundliche Lehrtafeln. Wien 2004.

Frank, R.: Honig. Ulmer, Stuttgart 2005.

Kohfink, M.-W.: Bienen halten in der Stadt. Ulmer, Stuttgart 2010.

Lampeitl, F.: Bienenbeuten und Betriebsweisen. Ulmer, Stuttgart 2009.

Ritter, W.: Bienen gesund erhalten. Ulmer, Stuttgart 2012.

Schick, B., Spürgin, A.: Die Bienenweide. Ulmer, Stuttgart 1997.

Spürgin, A.: Die Honigbiene. Ulmer, Stuttgart 2008.

Spürgin, A.: Bienenwachs. Ulmer, Stuttgart 2010.

Zander, E., Böttcher, F.K.: Haltung und Zucht der Biene. Ulmer, Stuttgart 1989.

Zander, E.; Böttcher, F.K.: Krankheiten der Biene. 7. Auflage. Ulmer, Stuttgart 1984.

Vergriffene, aber empfohlene ältere Literatur

Büdel, A. und Herold, E.: Biene und Bienenzucht. Ehrenwirth, München 1960.

Bruder Adam (Kehrle): Auf der Suche nach den besten Bienenstämmen. Walmar, Zell Weierbach 1966.

Bruder Adam (Kehrle): Meine Betriebsweise. Walmar. Zell Weierbach 1969.

Frisch, K. von: Aus dem Leben der Bienen. Springer, Berlin – Heidelberg – New York 1969.

Grout, R.A. und Ruttner, F.: Beute und Biene. Ehrenwirth, München 1963.

Herold, E.: Heilwerte aus dem Bienenvolk. Ehrenwirth, München 1970.

Jacoby, R.: Das Imker-ABC. Verlag „Die Bienenzucht", Bad Segeberg 1964.

Lampeitl, F.: Ertragreich imkern. Bechtermünz, Augsburg 1999.

Pfefferle, K.: Unser Imkern mit dem Magazin. Selbstverlag, Untermünstertal 1977.

Ries, G.: Meine Erfahrungen mit der Buckfast-Biene. Selbstverlag, Ahnatal 1992.

Schundau, W.: So imkern wir in einer Segeberger Kunststoff-Magazinbeute. Selbstverlag, Kuhholz 1983.

Weiß, K.: Der Wochenend-Imker, Ehrenwirt, München 1980.

Zander, E.: Der Bau der Bienen. Ulmer, Stuttgart 1946.

Zander, E.: Das Leben der Bienen. Neu bearbeitet von K. Weiß. Ulmer, Stuttgart 1964.

Empfehlenswerte Zeitschriftenartikel

AID-Broschüre Nr. 290: Schützt die Bienen. Bonn 1980.

AID-Broschüre Nr. 323: Imker im Dienst der Umwelt. Bonn 1980.

Böcking, O.; Kubersky, U.: Beigeschmack unerwünscht. Deutsches Bienenjournal 7, 2007.

Horn, H.: Die Waldtrachtkrankheit der Honigbiene. Apidologie 1985, 16 (2), S. 139-156; 17 (4), S. 307-324.

Jahresbericht der Landesanstalt für Bienenkunde, Hohenheim 2010. Bienenpflege 3/2011, Seite 86.

Jung-Hoffmann, I.: Magazine in Deutschland. Die neue Bienenzucht 11, 320, 2000.

Masaki Kamakura: Royalactin induces queen differentiation in honeybees. Nature, 24. April 2011 (englisch)

Lampeitl, F.: Das Mini-Plus-Zuchtmagazin in der Praxis. Die Biene 5, 27 ff., 1996.

Lampeitl, F.: Dadant-Beuten haben Vorteile. Landw. Wochenblatt 8, 16 ff., 2000.

Lampeitl, F.: Varroabekämpfung durch Kunstschwarmbildung. Schw. Bienenzeitung 5, 27 ff., 2006.

Lampeitl, F.: Kunstschwarmbildung im Frühjahr. Der Buckfastimker 01/2011, Seite 14.

Lampeitl, F.: Weissacher Dadantbeute und Betriebsweise. Bienenpflege 5/2010, Seite 185 und Bienenpflege 2/2011, Seite 54.

Lenz, S. und Lampeitl, F.: Rechtliche Grundlage für die Bienenhaltung in Wohngebieten. Protokoll Fortbildungslehrgang der Techniker für Bienenhaltung. Beilage. Stuttgart 1970.

Mauthe, R., Horn, H. und Lampeitl, F.: Drohnensammelplätze, Schwarm- und Nistplätze der Honigbiene. Allg. Dt. Imkerzeitung 26, 12 ff., 1992.

Pflanzenkatalog zur Verbesserung der Bienenweide und des Artenreichtums (Kurztitel: Bienenweidekatalog). Ministerium für Ernährung, Landwirtschaft, Umwelt und Forsten, Stuttgart 1985.

Rau, H.J.: Honig als Nahrungs- und Genussmittel. Fortbildungslehrgang 1977 der Beratungsstelle für Imker des Regierungspräsidiums Stuttgart beim Landwirtschaftsamt Leonberg.

Ruttner, F.: Ein Bienenkorb von der Nordseeküste aus prähistorischer Zeit. Allg. Dt. Imkerzeitung 9, 257-263, 1977.

Vorwohl, G.: Der Honigfund von Hochdorf. Allg. Dt. Imkerzeitung 1985, 18 (11), S. 345-348.

Wahl, O.: Die Nahrungsgrundlagen des Bienenvolkes. Die Bienenpflege 5, 103-106, 1979; 6, 130, 1979; 7/8, 155-157, 1979.

Register

Bildquellen

Titelfoto:
Dr. Hubert Lampeitl

Fotos im Innenteil:
Alle Aufnahmen, auch auf der Umschlagrückseite, stammen vom Verfasser, außer
Dr. Hubert Lampeitl: Seite 8
Dr. Eva-Maria Götz: Frontispiz und Seite 46, 123, 125,
Heinz Waldukat – Fotolia: Seite 56
Elisabeth Hoch: Seite 168

Zeichnungen:
Alle Zeichnungen erstellte Helmut Flubacher, Waiblingen nach Vorlagen des Verfassers und der Literatur.

Bibliografische Information der Deutschen Nationalbibliothek
Die Deutsche Nationalbibliothek verzeichnet diese Publikation in der Deutschen Nationalbibliografie; detaillierte bibliografische Daten sind im Internet über http://dnb.d-nb.de abrufbar.

Wollgrasweg 41, 70599 Stuttgart (Hohenheim)
E-Mail: info@ulmer.de
Internet: www.ulmer.de
Lektorat: Dr. Eva-Maria Götz, Elke-Sabine Barth
Herstellung: Gabriele Wieczorek
Umschlagentwurf und Satz: Atelier Reichert, Stuttgart
Druck und Bindung: Firmengruppe APPL,
aprinta druck, Wemding
Printed in Germany

ISBN 978-3-8001-6707-4